해양과학총서 2

해양과 인간 3판

국립중앙도서관 출판시도서목록(CIP)

해양과 인간 / 3판 / 최형태, 김웅서 엮음. -- 안산 :
한국해양과학기술원(전 한국해양연구원), 2012년 7월 1일
p.244 ; 18.8×25.7 cm

ISBN 978-89-444-1024-6 04450 : ₩18,000
ISBN 978-89-444-1022-2(세트) 04450

해양 과학[海洋科學]

454-KDC5
551-DDC21 CIP2012002838

해양과학총서 2

해양과 인간

발행인 | 강정극
발행처 | 한국해양과학기술원
책임편집 | 최형태, 김웅서
출판기획 | 한종엽, 함춘옥
편집디자인 | 모모새비지니스
인쇄 | 올리브 디앤피
표지 일러스트 | 손정호

초판 발행 | 1994. 04. 15
2판 발행 | 1999. 12. 25
3판 발행 | 2012. 07. 01

출판등록 | 1990. 09. 07 안산시 제9호
ISBN 978-89-444-1022-2 (세트)
ISBN 978-89-444-1024-6 (04450) 값 18,000원

한국해양과학기술원 www.kiost.ac
주 소 | 426-744 경기도 안산시 상록구 해안로 787
Tel. 031)400-6000
주문·보급 | 계백북스
Tel. 02)734-2267, 734-9914 Fax. 02)736-9917

해양과 인간 (3판)

최형태 · 김웅서 엮음

KIOST
한국해양과학기술원

목 차

1장 바다와 인류

인류가 바다에 의존해서 생활하고 있는 것은 예나 지금이나 다를 바 없다. 오히려 바다의 중요성은 예전에 비해 점점 커지고 있다.

2장 문학 속의 바다

해양문학의 걸작들 속에서 우리는 바다라는 대자연 속에 던져진 인간들의 적나라한 모습을 보며 생의 의미를 감지하게 된다.

3장 바다의 예술

바다는 음악과 미술과 영화의 소재로서 그 어느 주제보다도 강렬하고 매혹적이다. 바다는 어쩌면 그 자체로 웅혼한 예술이다.

4장 생활 속의 바다

단순한 식량자원의 차원을 넘어 건강장수식품의 공급처로서, 그리고 현대사회의 고급 놀이문화의 제공처로서, 바다는 더욱 각광받고 있다.

5장 우리 민족과 바다

나라가 이순신을 필요로 할 때, 그는 언제나 위기 극복의 중심에 섰던 호국 영웅이었다. 또한 장보고는 일찌감치 '동북아 바다의 패자(霸者)'로 군림하였다.

바다에 대한 지배력은 바다에 대한 보다 깊은 이해에서 나올 것이다.

– 3판에 붙여 –

> 은색별이 바다 위에 빛나고, / 물결도 조용하며 바람도 부드럽다 / 오라, 경쾌한 나의 배로, / 산타 루치아, 산타 루치아! / 산들바람이 이다지도 상쾌하다니, / 배를 타는 일은 얼마나 멋진가 / 자, 오라, 노 저어가자, / 산타 루치아, 산타 루치아!

이 책 113쪽에 소개되어 있는 산타루치아의 가사이다. 예전에 학교에서 배웠던 것과는 좀 다르지만 바다에서의 상쾌한 감흥을 참으로 멋지게 살려내고 있다. 이 노래 하나만으로도 충분히 이탈리아 사람들이 갖고 있는 바다에 대한 정서가 이런 거구나 하고 짐작할 수 있을 것 같다. 이에 대해 바다의 음악을 소개한 본문의 글에서는 이탈리아의 작곡가들은 바다를 삶의 터전 내지는 고향과도 같은 이미지로 인식하는 경향이 강했던 것 같다고 평가하고 있다.

음악 속에는 이처럼 그 민족의 바다에 대한 정서가 고스란히 담겨 있다. 미술에서도 그렇고 문학에서도 그렇다.

> 한국어, '바다'는 정말 절묘하다. 자음을 떼어버리면 바다는 감탄사 '아아'가 되기 때문이라고 한 작가는 찬탄해마지 않았다. '아아'는 감탄사가 둘 겹친 게 된다. 사람에 따라서는 '아아, 넓다'가 되는가 하면 또 다른 사람에게는 '아아, 영원한 자유여'라고 감탄케 하는 것, 그것이 다름 아닌 '바다'요 '아아'다(본문 중에서).

이렇게 우리가 늘상 쓰는 말에도 바다는 절묘하게 스며들어 있다. 한자의 바다 해(海) 속에 어미 모(母)가 들어 있는 것, 프랑스어의 어머니(la mere)라는 말 속에 바다(la mer)가 들어 있는 것 또한 우리를 놀라게 하는 언어의 신비임을, 우리는 위의 같은 글에서 찾아 볼 수 있다

> 전세계를 충격에 몰아 넣었던 일본의 쓰나미를 보면서 내진 설계든 방재 시스템이든 그것은 그냥 우리 인간들의 보잘것 없는 발버둥처럼 느껴졌었다. 바다는 인간의 이해나 의지와는 아무런 상관도 없다는 듯 우리 인간이 결코 이해할 수 없는 자신만의 법칙을 가지고 그곳에 존재한다.

역시 이 책 속에 나오는 해양영화 소개 글 일부이다. 이 필자가 토로한 것처럼 바다 앞에서 우리 인간은 한없이 작아지고, 초라해 진다. 그러나 인간의 위대성은 바로 이 양극단의 국면, 즉, 절대 우위와 절대 열세의 국면에서 발생되는 것인지도 모른다. 그렇다. 바로 이 지점에 우리 인간의 도전이 있고 모험이 있고 불굴의 투지가 있다. 호머의 대서사시 〈오딧세이아〉, 허먼 멜빌의 〈백경〉,

헤밍웨이의 〈노인과 바다〉 같은 해양문학의 걸작들이 적나라하게 보여 주는 것처럼 인간은 바다라는 대자연 속에 던져진 한없이 안쓰러운, 왜소한 존재이기도 하지만, 영국 계관시인 존 메이스필드의 〈바다의 열병〉에서처럼 바다에 대해 떨쳐버릴 수 없는 열병을 앓는 존재이기도 하다.

바다에 둘러싸여 살아 온 우리 민족도 어쩔 수 없이 바다와 얼크러설크러져 살아왔다. 이를테면 이어도는 바다살이의 신산고초로부터 벗어나려는 뱃사람들과 해녀들의 이상향이었고, 인당수는 옛사람들에게 현실의 박복과 전락을 통렬히 역전시켜 주었던 구원과 부활의 해상 비상구였다. 우리에게는 거북선을 통해 세계해전사에 우뚝한 이순신과 청해진을 통해 동북아 일대의 해양 상권을 주름잡았던 장보고라는 두 걸출한 영웅이 있었다. 통일신라의 위업을 이룬 문무대왕은 죽어서는 용이 되어 바다지킴이이자 국토지킴이가 되었다. 그는 세계에서도 유례가 없는 수중왕릉을 만들게 하여 자신의 사후거처로 삼음으로써 역사의 무대에서 신화의 무대로 걸어 들어간 왕이 되었다.

돌이켜 보건대 우리 민족은 바다경영에서 타 민족에 결코 뒤질 것이 없다. 이러한 민족적 저력이 바로 우리나라가 현재 세계 5대 해양강국을 바라 보게끔 해주는 잠재력일 것이다. 예나 지금이나 바다에 대한 지배력은 세계에 대한 지배력으로 간주된다. 바다에 대한 지배력은 바다에 대한 보다 깊은 이해에서 나올 것이다.

이러한 점에서 이번 해양과학총서 2권 〈해양과 인간〉의 3판 발간으로 바다의 깊이 있는 이해에 한 걸음 더 다가서게 된 것을 기쁘게 여긴다. 이번 3판에서는 바다에 대한 인문학적 탐색을 보다 비중있게 다루어 보고자 「바다의 문학」에서 '한국의 바다시'와 '한국의 해양소설'을 추가하고, 「바다의 예술」을 별도의 장으로 기획하여 '바다의 음악', '바다의 미술', '영화 속의 바다' 등을 새로 포함시키게 되었다. 이 주제들은 국내에서는 아직 많이 다루어지지 않은 내용들이어서 독자들에게 좋은 읽을거리가 될 것으로 믿는다. 또한 4장과 5장의 원고들은 대폭 손질하거나 새 필자에 의해 새로 집필되었다. 옥고를 주신 필자들과 원고 수정에 귀한 시간을 쪼개어 주신 모든 필자들께 심심한 감사를 드린다.

또한 본 책자의 사진 편집은 각 지방 자치단체들로부터 큰 도움을 받았음을 밝힌다. 흔쾌히 사진을 제공해 주신 경주시청, 부산시청, 순천시청, 강화군청, 신안군청, 고흥군청, 옹진군청, 통영시청, 장보고기념사업회, 현충사, 서울대 이종상교수님께 두루 감사드린다.

프랑스 물리학자 아르망 트루소는 "최악의 과학자는 예술가가 아닌 과학자이며, 최악의 예술가는 과학자가 아닌 예술가이다" 라고 하였다. 해양과학총서 2권의 기획 취지는 어느 정도 이 말의 관점에 닿아 있다고 할 수 있다. 이 책이 한편으로는 우리 인간과 바다 사이의, 다른 한편으로는 과학과 예술의 징검다리가 될 수 있기를 바란다.

2012. 7. 1

편저자 최형태, 김웅서

역사를 통해 보면 바다는 수많은 국가,
민족의 흥망성쇠를 가른 영욕의 현장이었다.

– 책머리에(2판) –

오랜 세월에 걸쳐 많은 사람들이 해안지역을 택해 삶을 영위해 왔으며 오늘날에도 열사람중 여섯이 연안지역에 거주하고 있는 것으로 파악되고 있다. 무역과 상업, 그리고 여행의 중심지로서 다른 어느 지역보다도 왕성한 인간활동이 이루어지는 이곳에서는 동서와 남북이 이어지고 서로 다른 문명세계가 연결된다.

연안역은 바다와 육지가 직접 영향을 주고 받는 곳이다. 바닷물은 침식과 퇴적작용을 일으키고 종종 홍수를 유발하기도 한다. 또한 큰 해일이 일어나면 몇십년, 또는 몇백년에 걸쳐 가꾸어진 삶의 터전도 순식간에 폐허가 되어버리고 만다. 연안역은 바다와 인간의 역사가 숨쉬는 곳이다. 여기서 사람들은 바다를 꿈꾸고 바다와 싸우고 바다와 융화되어 왔다. 바다는 언제나 생동하는 변화를 연출하면서, 그러나 늘 변함없는 모습으로 거기에 있어 왔다. 바다의 거대한 힘은 언제나 인간을 압도하였다. 바다를 생활 터전으로 삼았던 옛사람들은 그래서 신에게 바다에서의 삶과 안전을 빌었다. 고대 그리이스인들의 포세이돈, 중국이나 우리나라의 용왕과 같은 바다의 신들은 그 자연의 위력을 뛰어넘는 초자연적인 힘과 권능을 가지고 있었다.

바다는 또한 문학과 예술의 소재로서 다른 어느 주제보다도 풍요롭다. 호머의 대서사시 「오딧세이아」에서부터 존 메이스필드의 「항해」와 같은 시편에 이르기까지, 바다는 꿈과 동경과 모험의 세계로 우리를 인도하고 끊임없이 우리들의 시적 상상력의 공간에 출렁인다. 허만 멜빌의 「백경」이나 헤밍웨이의 「노인과 바다」와 같은 해양문학의 걸작 속에서 우리는 바다라는 대자연 속에 던져진 인간들의 적나라한 모습과 생의 의미들을 감지하게 된다.

역사를 통해 보면 바다는 수많은 국가, 민족의 흥망성쇠를 가른 영욕의 현장이었다. 바다에서의 힘의 우위는 국력의 상징이었다. 특히 서양사에 있어서 한 시대를 지배했던 강대한 제국들은 해양진출을 통해 번영을 구가하였다. 그래서 바다를 지배하는 자가 세계를 지배한다는 말이 보편적 경구로 통용되었다. 이러한 측면에서는 장보고와 같은 인물에 의해 동북아 일대의 해상권을 확고히 장악했던 역사를 우리도 가지고 있었지만 이것이 계속 후대로 이어지지 못하고 한 시대의 짧은 역사로 단절되어 버리고 말았던 것은 참으로 애석하기 그지 없는 일이다.

사람들이 온갖 괴물로 가득한 신비의 세계로만 여겼던 바다를 보다 과학적으로 이해하게 된 것은 마젤란의 세계일주항해에 의해 지구가 둥글다는 사실이 증명되고부터였다. 콜럼버스와 마젤란으로 대표되는 대탐험시대의 개막을 촉발케 한 사람은 베네치아의 상인 마르코 폴로였다.

그의 동방견문록에 의해 서양사람들에게 소개된 '신비한 동양'은 유럽의 많은 탐험가들로 하여금 앞다투어 이 새로운 땅을 찾아나서게 하였고 이때부터 바다는 새로운 영토와 부와 명예를 가져다 주는 '열려진 통로'가 되었다.

오늘날에 와서도 바다는 여전히 인류에게 번영을 이어줄 희망의 영역으로 남아있다. 바다이용 기술의 상당한 진보에도 불구하고 현재 인간의 해양자원 이용은 어떤 의미에서는 육상의 수렵단계 수준에 불과한 것으로 보는 견해도 있다. 그러나 그렇다고 하더라도 바다의 물고기들은 이미 남획되어서 자원고갈에 대한 우려가 대두되고 있고 오염으로 말미암아 생태계도 크게 훼손되고 있다. 그래서 과학자들은 생물자원의 경우, 야생상태로 있는 해양자원을 단순히 채취하여 이용하는 것에서 탈피하여 이를 과학적으로 잘 관리하고 필요에 따라 생산량을 조절하는 방향으로 나아가야 한다고 역설하고 있고 또 이를 위한 여러 가지 방법을 연구하고 있다.

결국 각종 육상자원의 고갈과 환경의 오염문제가 날로 심각성을 더해가고 있는 지금 인류는 바다가 소중한 만큼 바다의 개발, 이용과 관리, 보전에 보다 진지한 자세로 임해야 할 것이다.

해양과학총서 제1권에서 다루어졌던 내용이 주로 현대 산업사회와 앞으로 전개될 고도과학문명 시대에 있어서의 해양과 해양자원, 그리고 그것의 개발에 관한 것이었다면 이번 제2권에서는 지나온 시대에 해양이 우리 인류에게 무엇이었으며 어떻게 탐구되어져 왔는가, 그리고 오늘날 우리 인간은 바다와 어떻게 융화되어 있는가를 살펴보는 데 초점을 맞추어 보고자 하였다. 그래서 '바다의 신화와 문학', '바다의 탐험사', '바다의 고고학', '우리 민족과 바다' 등이 다루어졌다.

특히 이번 2판에서는 '바다와 인간'을 새로운 장으로 추가하였다. 또한 우리의 실생활 속에 스며 있는 바다를 조감한 '바다와 레저', '해산물의 영양과 건강', '잠수의학', '해양개발 기술의 발전 전망' 등을 '바다의 이용' 이라는 하나의 장으로 묶는 한편, 전체 장들의 내용을 대폭, 또는 소폭으로 손질하고 보완하였다. 초판에서 아쉬움으로 남았던 편집 외관을 보다 세련되게 바꿀 수 있었던 것도 큰 다행이었다.

아무쪼록 이 책이 우리 국민들, 특히 학생들이 바다와 더 친해질 수 있도록 조금이나마 보탬이 되고 해양과 해양과학에 대한 이해의 길잡이가 되어 주기를 바랄 뿐이다.

끝으로 초판에서와 마찬가지로 이번 2판에서도 편집실의 무리한 청탁을 흔쾌히 수락하여 옥고를 주신 집필자들께 깊이 감사드린다. 또한 사진자료를 배려해 주신 경향신문사 포토뱅크, 바쁜 업무 중에도 본 책의 출판에 많은 관심을 가지고 조언과 자료협조를 해주신 연구소의 모든 분들께 감사드린다.

1999. 12. 30

편저자 최형태 · 김웅서

바다와 인류

Sea and human

인류가 바다에 의존해서 생활하고 있는 것은 예나 지금이나 다를 바 없다. 오히려 바다의 중요성은 예전에 비해 점점 커지고 있다.

인류에게 바다란?

김웅서 한국해양과학기술원 책임연구원

김웅서

울산 반구대 암각화는 한반도에 살던 인류가 바다와 밀접한 관계를 맺고 살았음을 보여 준다.

인류는 예로부터 바다와 떼려야 뗄 수 없는 긴밀한 관계를 맺으며 생활해 왔다. 먼 옛날 원시인들이 조개를 까먹고 버린 껍데기가 쌓여 있는 유적지를 패총 또는 조개무덤, 조개무지라고 한다. 바닷가나 호숫가처럼 조개를 잡기 쉬운 곳에 주로 만들어진 패총은 전 세계에 분포하며, 한반도에서도 여러 곳에서 발견되었다. 예를 들어 부산광역시 영도구 동삼동 패총과 전남 여수시 안도 패총에서는 신석기 시대의 유물과 함께 조개껍데기가 출토되었으며, 제주도 대정읍 상모리 패총에서는 청동기 시대의 유물과 함께, 충남 태안 고남리 패총에서는 신석기와 청동기 시대의 유물과 함께 조개껍데기가 발견되었다. 한편 경남 창원시 성산 패총은 철기 시대의 패총이다. 이처럼 역사적으로 보면 길게는 약 1만 년 전부터 한반도에 거주하던 인류가 바닷가에서 조개를 식량으로 하였다는 것을 알 수 있다.

울산광역시 반구대 암각화는 오래 전 한반도에 살았던 인류가 바다와 밀접한 관계를 맺고 살았다는 또 다른 증거를 보여준다. 이 암각화는 청동기나 초기 철기 시대에 만들어진 것으로 추정되며, 포경선을 타고 고래를 잡는 모습과 다양한 종류의 고래 그림이 새겨져 있다. 당시에 이미 배를 타고 나가 작살을 이용해 고래를 잡아 식용으로 했다는 사실을 알려주는 그림이다.

인류가 바다에 의존해서 생활하고 있는 것은 예나 지금이나 다를 바 없다. 오히려 바다의 중요성은 예전에 비해 점점 커지고 있다. 인구가 늘어나면서 식량자원, 에너지와 물, 광물자원, 거주 공간의 수요도 점점 늘어나고 있다. 삶의 질이 향상되면서 바다는 여가활동의 장소로도 각광 받기 시작하였다. 또한 경제 성장으로 국가 간 물류 이동은 폭발적으로 늘어나고 있다. 이러한 수요를 모두 충족시켜 줄 수 있는 곳이 바로 바다이다.

김웅서

상아에 그려진 고래잡는 그림

많은 미래학자들은 21세기 인류가 기댈 곳은 바다 밖에 없다고 이야기 한다. 깊은 성찰을 통해 인류의 미래가 바다에 달려있다는 사실을 갈파한 것이다. 이처럼 석학들의 혜안을 통해 조명해 본 바다는 향후 우리의 생존 여부를 가름하는 소중한 곳이다. 그러나 우리가 가진 바다에 대한 생각은 어떠한가? 육지가 주된 생활 무대인 우리는 바다를 한낱 여름철 피서지 정도로만 생각한다. 공기와 물이 우리 생활에 없어서는 안 되는 아주 중요한 요소임에도 불구하고 그 고마움을 모르고 살아가듯이, 우리는 바다의 고마움을 잊고 산다.

이제 바다가 우리에게 어떤 혜택을 베풀고 있는지 하나씩 살펴보기로 하자. 우리는 다양한 먹을거리를 바다로부터 얻는다. 우리 식탁에는 수산물이 거의 빠지지 않는다. 수산식품 종류는 김이나 미역 같은 해조류, 새우나 게와 같은 갑각류, 조개나 오징어 같은 연체동물, 성게나 해삼과 같은 극피동물, 멍게나 미더덕과 같은 피낭동물, 멸치, 조기, 고등어, 광어와 같은 각종 어류, 지금은 상업적인 포획이 금지된 고래와 같은 해양포유류 등 이루 헤아릴 수 없이 많다. 특히 우리나라 사람들은 동물성 단백질 섭취량의 많은 부분을 수산물에서 얻고 있으므로, 식량자원의 보고로서 바다의 중요성은 더욱 크다. 우리는 광대한 바다가 가지고 있는 해양생물자원은 무한하여 고갈되지 않을 것이라고 생각하고 무분별하게 이용해왔다. 그 결과 예전에는 흔했던 어종들이 지금은 비싼 가격을 주고 사먹어야 할 형편이 되었다. 생물자원은 관리만 잘하면 고갈시키지 않고 계속 이용할 수 있으므로, 해양생물자원의 현명한 관리가 필요하다.

바다는 생물자원뿐만 아니라 다양한 무생물자원을 간직하고 있다. 우리는 석유, 석탄, 천연가스, 메탄하이드레이트 등과 같은 화석연료와 각종 금속을 함유한 광물, 모래와 자갈 같은 골재 등을 바다에서 얻는다. 최근 산업 발달로 인해 광물자원의 수요가 늘어나고 있음에 비해, 육상 매장량은 점차 줄어들고 있어 앞으로 자원이 부족할 것은 불 보듯 뻔하다. 유일한 대안은 해저에 있는 각종 자원광물을 개발하는 것이다. 이에 따라 한국해양과학기술원(전 한국해양연구원)에서는 심해에 잠자고 있는 광물자원의 개발을 위해 태평양과 인도양에서 자원탐사와 환경조사를 하고 있다.

현대 생활양식은 에너지를 떼어 놓고는 생각할 수조차 없다. 일상생활에서 에너지를 필요로 하지 않는 때는 없다. 우리는 전기 공급이 끊기면 아무 일도 할 수 없게 되었다. 우리가 주로 사용해 온 화석연료는 매장량에 한계가 있고, 공해를 유발하는 등 많은 문제점이 있다. 따라서 인류는 미래를 위해 새로운 에너지원 개발을 필요로 한다. 에너지 수요는 향후 늘어나면 늘어났지 줄어들지는 않을 것이다. 늘어나는 에너지 수요를 해결할 수 있는 곳이 바로 바다이다. 바다는 무한한 에너지를 가지고 있다. 미래의 이상적인 에너지원은 재사용이 가능하며, 공해 문제를 유발시키지 않는 것이라야 한다. 그래서 파력과 조력 등과 같이 해양에서 무공해 에너지를 얻는 것에 관심이 모이고 있다. 에너지의 해외의존도가 80% 이상인 우리나라에서는 더욱 에너지원의 다변화가 필요하다. 조력 발전이란 조석차가 큰 하구나 만을 방조제로 막고 발전기를 설치하여 간만의 해수면 위치에너지 차이를 이용해 발전하는 방식이다. 우리나라 서해안은 조석 간만의 차이가 크므로 조력발전에 적합한 장소가 많다. 2011년 8월말 시화호에서는 이미 조력발전소가 시험발전을 시작했으며, 향후 더 많은 조력발전소가 서해안에 건설될 것으로 예견된다. 빠른 조류를 이용하여 발전하는 조류발전소도 진도 울돌목에서 시험가동 중이다. 이외에도 바다에서 전기를 얻을 수 있는 방법은 많다. 끊임없이 밀려오는 파도를 이용하여 전기를 얻을 수 있는 발전장치도 이미 개발되어 실용화 단계만 남겨놓고 있으며, 표층의 더운 물과 심층의 찬 물 사이의 온도 차이를 이용한 해양온도차발전(Ocean Thermal Energy Conversion, OTEC) 기술도 개발되었다.

우리 삶의 방식은 경제 성장으로 인해 많이 바뀌었다. 그 가운데 하나가 물의 사용량이 늘어난 것이다. 우리나라는 예로부터 물이 풍부한 국가였으나, 지금은 물부족국가로 평가될 정도로 사용할 수 있는 물의 양이 부족하게 되었다. 물 부족은 바닷물을 담수화함

해양심층수의 다목적개발 및 다단계 이용

해양심층수 이용

으로써 해결할 수 있다. 지금은 멀리 떨어진 섬뿐만 아니라 부산과 같은 대도시에서도 해수담수화 시설을 이용하여 부족한 물을 충당하고 있다. 최근에는 해양심층수를 이용한 산업이 부상하고 있다. 수심 200미터보다 깊은 곳에 있는 바닷물을 채수하여, 음료수, 주류, 화장품, 식품 등 다양한 산업에 이용하고 있다. 바다에는 무궁무진한 물이 있다. 해수를 담수로 만드는 방법 개발은 향후 물 부족 현상을 해결할 수 있는 유일한 대안이다.

위에서 살펴 본 대로 인간은 바다에서 생물자원, 광물자원, 에너지원, 수자원을 얻고 있다. 이외에도 바다는 기후조절 장치, 폐기물처리장, 생활공간, 해상수송의 운송로 그리고 여가활동의 장소로 우리에게 커다란 혜택을 주고 있다. 바다는 지구의 기후를 조절해 주는 역할을 한다. 물은 비열이 높기 때문에 다량의 열을 받아들여도 온도가 많이 올라가지 않는다. 그래서 태양에서 오는 복사에너지를 바닷물 속에 저장하였다가, 해류를 통해 지구 골고루 전달해 준다. 만약 저위도에서 고위도로 흐르는 해류가 없었다면 고위도 지역은 사람이 살기에 부적절한 곳으로 남아있었을 것이다. 바다는 기온이 올라가면 열을 흡수하고, 기온이 내려가면 열을 방출하여 기온을 조절한다. 지구가 생물이 살기에 알맞은 온도를 유지할 수 있는 것도 바다 덕분이다.

바다는 도시에서 흘러드는 생활하수, 공장에서 흘러드는 산업폐수, 농촌에서 흘러드는 농·축산폐수 등 인간 활동으로 발생하는 각종 폐기물을 받아들이는 처리장이다. 또한 육상 매립장의 부족으로 많은 쓰레기가 해양투기장에 버려진다. 바다는 폐기물이 유입되더라도 자정작용을 통해 오염물질을 깨끗하게 처리하지만, 과도한 양의 폐기물이 유입되면 오염으로 몸살을 앓게 된다. 인간의 편리함을 위해 만들어진 플라스틱 종류는 생물에

미래의 해저도시

의해 분해가 되지 않기 때문에 장기간 바다에 남아 오염을 유발한다. 인구가 증가하고 살 수 있는 공간이 점점 부족해지면서 바다를 거주공간으로 이용하려는 시도가 활발히 진행되고 있다. 이미 몇몇 선진국에서는 해상도시 건설을 서두르고 있으며, 해저도시도 계획하고 있다. 아침에 일어나 창문의 커튼을 열면 창밖에 물고기들이 헤엄치는 것을 볼 수 있는 날이 곧 올지도 모른다. 또한 전 세계적으로 물동량의 거의 대부분이 해상수송을 통해 이루어지고 있으므로 바다의 운송로로서의 역할 또한 크다. 물론 하얗게 부서지는 파도, 눈부신 태양과 반짝이는 백사장이 있는 바다가 좋은 휴양지라는 것은 더 말할 필요도 없다. 이처럼 바다는 우리 생활 구석구석에 큰 영향을 미치고 있다.

우주에서 바라보면 마치 블루 사파이어처럼 빛나는 푸른색 지구. 그 지구 표면의 약 71%를 차지하고 있는 바다. 그래서 지구라고 부르기보다는 수구(水球)나 해구(海球)라고 불러야 더 적절할 우리가 사는 행성. 해양에서 제일 깊은 곳은 서태평양의 마리아나 해구(Mariana Trench)로 수심이 11,000m가 넘는다. 육지에서 가장 높은 에베레스트산 높이 8,848m와 비교해 보면 바다가 얼마나 깊은지 짐작이 갈 것이다. 바다의 평균 수심은 약 3,682m가 된다. 만약 육지의 흙으로 바다를 메워 지구표면을 고르게 한다면 육지는 평균 수심 2,440m의 바닷물 속에 잠겨버리게 된다. 바다는 이처럼 거대하며, 다양한 생물들이 살고 있는 가장 큰 서식지이다. 바다는 향후 인류가 살아야 할 곳이 될지도 모른다. 인류는

박정규

지금 육지에서 바다로 삶의 영역을 넓혀 나가는 방향으로 진화하고 있다. 새로운 해양 인류의 탄생이 영화 속에서나 볼 법한 이야기가 아닐 수도 있다.

영국의 과학자 제임스 러브록(James E. Loverock, 1919-)은 1979년 옥스퍼드대학 출판부에서 발간한 '가이아, 지구상의 생명체를 보는 새로운 관점(Gaia: a new look at life on Earth)'이란 책에서 지구 자체가 하나의 거대한 생명체라는 가이아 이론(Gaia theory)을 주장하였다. 그리스 신화에 나오는 대지를 관장하는 여신인 가이아의 이름을 붙인 이 가설의 요지는 지구는 생물적, 무생물적 요인이 상호작용을 하는 복잡한 계를 이루고 있는 생명체와 같다는 것이다. 다시 말해 지구도 뭇 생명체들처럼 최적 생활 조건을 유지하며 생존하도록 자기 스스로 변화하고 조절할 수 있는 거대한 생명체라는 설명이다.

인간을 비롯한 모든 생명체도 무리를 하면 병이 나듯 거대한 바다를 품에 안고 있는 지구도 무리를 하면 병이 나게 된다. 특히 지구의 기후를 조절하는 바다가 병이 나면 지구는 중병에 걸리게 된다. 최근 해양 환경오염 문제에 대한 우려의 목소리가 높아지는 것도 바다가 아프면 인간을 포함하여 지구에 살고 있는 모든 생물들이 최적의 환경에서 살 수 없기 때문이다. 바다가 죽으면 우리도 죽는다. 지구상의 모든 생명체의 모태인 바다가 몸살을 앓지 않고 건강하게 숨 쉴 수 있도록 우리가 보호하지 않으면 안 되는 이유가 여기에 있다. 바다만이 우리의 미래를 책임져 줄 수 있다.

바다, 발견과 탐험

신홍렬 공주대학교 교수

● 수렵시대 – 고대

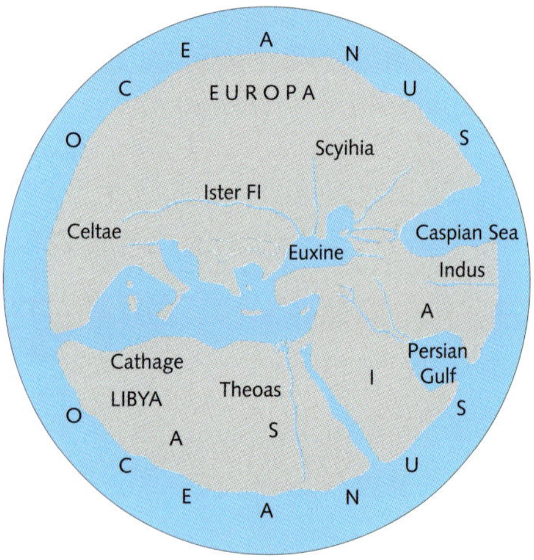

유럽 고대인의 바다에 대한 인식

해안지대에 살던 석기시대 고대인의 패총에서는 식용 어패 및 어구가 발견되었고 통나무, 대나무, 바다표범 가죽, 쇠가죽 등으로 만든 배도 출토되어 고대의 어업상황을 보여준다. 시간이 지남에 따라 배는 점차 대형으로 발달되었고, 노, 돛, 키를 갖추어 연안을 항해할 수 있게 되었다. 그 과정에서 획득된 고대인의 세계관은 '세계는 바다로 둘러싸여 있다', '바다 저 멀리 나가면 무서운 바다 끝이 있다'는 것이었으며 이러한 생각은 바빌론, 인도, 지중해 등의 세계 각지에 자연스럽게 퍼졌다. 소금의 이용은 수천년 전 이집트의 기록에서부터 찾아볼 수 있는데, 해수로부터 소금을 얻는 일은 고대인의 생활 기반이었다.

조석, 파랑, 해 · 조류 등의 현상도 차츰 연안에 살던 고대인에 의해 발견되었으며, 조석 간만의 현상에 관한 전설과 항해하기에 어려운 장소 등의 옛기록을 찾아 볼 수 있다. 해륙분포에 관한 지식은 5,000년 훨씬 이전부터 메소포타미아, 이집트 및 크레타지방에서 문명의 여명과 함께 발전했다. 고대 이집트에는 기원전 5,000년경에 홍해로부터 인도양의 아프리카 연안과 통상을 한 페니키아인들의 선단이 있었다. 그들은 지브롤터 해협을 빠져나가 대서양을 건너 북미대륙까지 항해하였고, 동쪽으로 기원전 1,500년경에 페르시아만까지 가서 교역하였다. 또한 기원전 609년에는 이집트왕 네코의 명령으로 홍해를 빠져나가 아프리카 동안을 따라 남하하여 3년 후에 지브롤터 해협을 통하여 귀국함으로써 아프리카를 일주하였다.

또한 솔로몬왕(기원전 975-930)은 페니키아인들의 도움을 받아 아프리카 남동 오피르(Ophir)황금국에 탐험대를 파견하여 식민지를 만들었다. 기원전 470년대에는 카르타고의 한니발이 60척의 선단을 이끌고 서아프리카의 나이제리아, 세네갈강, 기니아항을 탐사하여 신식민지를 만들었다. 이와 같이 지중해의 해상권은 국가의 흥망성쇠와 직접 관련이 있었으며, 페니키아인으로부터 그리스인, 카르타고인 그리고 로마인으로 인계되었다. 과학적 측면에서는, 아리스토텔레스(Aristoteles, 기원전 384-322)가 '태양에 의해 해면에서 증발한 수증기가 다시 응결하여 강수가 되고, 하천수, 지하수원을 이루어 바다에 유입되어 순환하는데 전체 수량은 변하지 않는다'라고 했다. 또한 그는 해양생물학, 조석, 파랑 등의 연구도 하여 고대 해양학의 아버지라고 불린다. 그리스의 천문학자 피티아스(Pytheas, 기원전 약 360-290년)는 고대 최초로 과학적 대탐험 항해를 동대서양에서 실시하였다. 그는 기원전 320년 3월 마르세이유항을 떠나 북해로 들어가 아이슬란드 부근까지 항해하였다. 그 항해는 순수한 해양탐구를 목적으로 한 최초의 해양과학 탐험이었다. 그는 위도를 재고, 대조와 소조를 기록하였으며 달과 조석의 관계를 알아내 조석이 주로 달의 운동으로 일어난다고 하였다. 기원전 1세기에는 인도양에서 계절풍을 이용하여 아라비아해 벵갈만 부근을 왕복하는 교역항해가 활발하였고 이로 인하여 동방의 물산이 유럽으로 건너가게 되었다. 그리스인 다음으로 지중해의 상권을 지배한 로마인들은 대제국을 건설하였지만 해양과학에 관해서는 큰 공헌이 없었다. 그후에는 중세의 긴 암흑시대가 이어진다. 그동안 그리스 · 로마시대의 과학적 지식은 겨우 아라비아인 과학자들에 의해서 보존되다가, 후에 십자군에 의해 역으로 유럽으로 수입되는 기묘한 결과를 낳았다.

페니키아 상선(좌). 기원전 수천년 전부터 지중해 전역을 항해하면서 통상을 하였다.
고대 해양학의 아버지 아리스토텔레스(우)

갤리선.
범선이면서도 바람보다는 주로 노를 사용하여 항해하였다.

나침반

탐험시대 – 중세

대서양과 인도양

로마제국이 멸망한 5세기 이후, 중세(서기 400-1500년경)에 접어들어서는 이렇다 할 해양학의 발전이 없었고, 서유럽에서는 오히려 퇴보하였다. 그러나 사회구조가 서서히 변화하면서 문화, 문명도 고대와는 다른 형태를 취하기 시작하였다. 노동력이 종전처럼 쉽게 구해지지 않아 인력을 동력으로 대체시킬 필요성이 대두됨에 따라 과학기술이 점차 일반사회에 널리 보급되기 시작하였다. 다시 말해 근대사회로 발전하기 위한 기초가 서서히 구축되었다고 할 수 있다.

이 시대에 들어 배의 구조에 큰 변화가 일어났다. 고대부터 지중해나 그 주변 해역에서 이용되어 온 배는 갤리선이라 하여 배의 양측에서 밖으로 내밀어진 많은 노를 저어 항해하는 배였다. 11세기에 십자군(1096-1270년)이 조직되면서부터 국가간에 기술교류가 성행하여 북방의 범선이 지중해에 등장하기 시작하였고, 북유럽에서는 바이킹이 활약하였다.

13세기에 접어들면서 배의 키가 오늘날 선박에서 사용하는 키와 같이 선미에 확실하게 고정되어 배의 조작이 훨씬 용이하게 되었다. 또한, 십자군에 의해 자석이 중국으로부터 유럽에 전해졌으며 범선이 널리 사용되었다. 범선의 보급과 자석의 이용으로 인간은 미지의 세계와 무역의 이익 추구를 위하여 더 많이 해상으로 진출하게 되었다. 14세기 초에는 나침반이 거의 완성되어 배의 항해 안전에 크게 기여했을 뿐만 아니라, 그 이전보다 더 정밀한 해도를 만들 수 있었다. 15세기에 선박은 대형화, 고속화 되었다. 특히 항해 기술의 발달과 인쇄 기술의 발명에 힘입어 새로운 항로가 발견되고, 또한 전파되면서 대항해의 시대에 접어들게 되었다. 대항해시대의 개막은 대서양에서부터 시작되었다.

범선(좌), 스칸디나비아의 역사책에 나오는 전설의 바다 괴물 크라켄(우)

중세의 암흑시대에 바다는 괴물 등으로 가득 찬 신비의 세계로 여겨졌었다. 그러나 그런 인식 속에서도 8-11세기에 어업과 해적 등으로 대서양과 지중해에서 대활약을 한 민족은

북유럽에 살던 노르만족인 바이킹(Viking)들이었다.

용감한 전사인 그들은 우수한 항해자이기도 했다. 그 후예들이 19세기 이후의 근대 해양학에 큰 공헌을 한 것은 특기할 만한 사실이다. 그들은 어느 민족보다도 일찍이 아이슬랜드에 진출하였고, 982년에 에릭(Eric the Red)은 그린랜드에 진출하여 식민지를 건설하였다. 또한 에릭의 아들 레이프 에릭손은 서기 1003-1004년에 라브라도를 경유하여 북미대륙 뉴잉글랜드 부근까지 항해하였다. 이 사실은 최근에 발견된 유적을 C^{14}동위원소로 연대 측정하여 알려졌다. 바이킹족들이 용머리에 길이 20-30m, 폭 6m의 소형배로 나침반도 없이 짙은 안개와 유빙, 그리고 높은 파도를 넘어서 콜럼버스(Christopher Columbus, 1451-1506)보다 500년 빨리 북미대륙의 뉴펀드랜드와 케이프 코드(Cape Cod)부근에서 활약한 흔적은 놀랄만한 일이다. 서기 900-1000년 경에는 현재보다 기후가 온난하여 그린랜드라는 이름이 붙여질 정도로 해빙이 적은 시대였으므로 항해가 가능했다고 한다. 그 후 기후가 한랭시대로 바뀌자 얼음 때문에 항해가 곤란해져 그린랜드의 식민지도 없어지게 되었다.

대서양에서 맹활약을 한 민족은 북유럽에 살던 노르만족인 바이킹들이었다.

13세기 중반까지만 해도 유럽 사람 가운데 인도나 중국에 가본 이는 없었다. 유럽 귀족들이 사치품으로 즐긴 중국의 비단이나 인도의 향료, 페르시아의 융단, 샴(타일랜드)의 흑단나무들도 직접 아시아에서 가져온 것이 아니라 지중해 동쪽 레반트(Levant)항에서 아랍 상인들로부터 사온 것들이었다. 아시아의 귀한 상품들은 아랍 상인들이 중간 통로에서 엄청난 세금을 거두었기 때문에 이탈리아 상인들의 손에 들어갈 때는 이미 값이 세 배나 오른 뒤였다. 유럽 사람들이 보기에 아시아란 꼭 가고 싶은 곳, 그러나 갈 수 없는 신비한 전설의 고장일 따름이었다.

바이킹선 - 뱃머리가 뱀의 형상을 하고 있었고, 길이가 약 20m로 갑판이 없으며 30여명의 노젓는 사람들이 탈 수 있었다.

그러나 13세기 들어 징기스칸의 몽고군이 서아시아를 지배하면서부터 유럽과 아시아의 무역이 자유로워졌고 왕래가 빈번해졌다. 이때 베네치아의 상인 마르코 폴로(Marco Polo, 1254-1324)는 몽고, 중국, 동남아시아의 여러 나라를 돌아다녀 얻은 지식과 경험을 책으로 엮어 아시아를 생

마르코 폴로와 동방견문록.
그의 동방 탐험은 세계사의 흐름을 바꾼 탐험중의 탐험이었다.

생하게 소개함으로써 유럽인들의 눈을 뜨게 하였다. 마르코 폴로가 깨우쳐 준 신비한 동양은 그 뒤 콜럼버스를 비롯한 많은 탐험가들로 하여금 아시아로 가는 뱃길을 찾아나서게 함으로써 바다 시대를 열었다. 바다를 통해 인류의 역사에서는 대탐험 시대가 펼쳐지고, 비로소 세계는 하나의 지구촌으로 바뀌었으니 마르코 폴로의 동방 탐험은 세계 역사의 흐름을 바꾼 탐험 중의 탐험이라 부를 만하다.

그 당시 유럽인들이 가장 탐내는 아시아 물건들 중의 하나는 향료였다. 향료란 신부들이 미사때 피우는 아라비아산 향료와, 향신료, 즉 음식물에 맵고 향기로운 맛을 더해 주고 방부제 역할도 하는 조미료를 말한다. 17세기까지는 영국을 비롯한 유럽 북쪽에서는 겨우내 가축들을 먹일 사료의 부족으로 가축들이 겨울을 나기가 어려웠다. 그래서 사람들은 늦가을이 되면 많은 가축을 죽여 그 고기를 소금에 절였다. 기나긴 겨울동안 그 고기는 고약한 냄새를 풍기고 맛이 좋지 못했다. 그 당시 썩기 쉬운 음식을 보관하는 데는 일반적으로 염장이나 건조, 훈연 등의 방법을 사용했지만 썩는 냄새를 없애지는 못했다.

육두구

이러한 때 등장한 것이 바로 후추와 정향, 육두구 등의 향신료였다. 후추는 인도 남부가 원산지로서, 매운 맛을 내면서도 독특한 향내를 풍겨 고기의 누린내와 생선의 비린내를 없애주었다. 정향은 포르투갈 사람들이 인도네시아의 몰루카제도에서 처음 찾아낸 것으로, 역시 향신료와 약재로 쓰인다. 육두구 열매는 인도네시아의 반다제도(런섬을 포함한 6개의 섬들로 구성)가 주산지로 식료품 위에 육두구를 골고루 뿌려두면 악취 제거는 물론이거니와 음식의 산화 속도를 대폭 줄여 자연적인 부패 과정을 늦출 수 있었다. 이것들은 아주 인기가 좋아서 황금보다도 귀한 상품으로 취급되었다. 반다 제도에서의 육두구 가격에 비하면 런던에서는 거의 600배나 비싸게 거래되었다. 이처럼 인류 역사에 대탐험 시대를 열게 한 주인공은 한낱 조미료에 지나지 않았던 것이다.

포르투갈의 인도 항로

바이킹 이후 바다 개척에 가장 뛰어났던 이들은 포르투갈 사람들이었다. 15세기부터 150여년간 포르투갈은 탐험의 본보기를 보여주듯 짜임새 있게 차근차근 바다를 탐험해 나갔다. 포르투갈로 하여금 세계의 바다를 주름잡게 한 사람은 뒷날 "항해왕"이라고 불린 헨리왕자(Henrigue O Navegador, 1394-1460)였다. 그 당시는 징기스칸 이후 약 100년간 자유로왔던 동방과의 교통과 무역이 1350년 이후 티무르제국과 오스만터어키가 서아시아를 차지함으로써 다시 장벽에 가로막힌 시대였다. 그러나 마르코 폴로의 여행기 등으로 동방세계에 관한 관심은 오히려 더욱 고조되던 때로, 해로를 통해서라도 동방과의 교통을 열망하는 상태였다. 헨리왕자는 십자군 원정이 끝나자 포르투갈 남쪽 끝에 있는 사그레스 성내에 항해연구소를 설치하여 천문, 지리, 지도를 연구하였고, 우선 아프리카 연안을 따라 남진을 계획하였다.

포르투갈의 항해왕 헨리왕자(상)
인도 항로를 개척한 바스코 다 가마(하)

헨리왕자의 가장 큰 자랑거리는 캐라벨선을 만든 일이다. 캐라벨은 겨우 50톤쯤밖에 안 되었다. 길이 20m, 너비 7-8m로 오늘날 같으면 작은 강물에나 띄울 조그만 배였다. 그러나 이 배는 물에 잠기는 흘수가 얕아 바닷가를 따라 탐험하기에 알맞았고, 삼각돛을 달아 맞바람에서도 나아갈 수 있는 빠른 배로, 당시로 보아서는 '바다를 달리는 가장 훌륭한 배'였다. 탐험 준비가 무르익은 후 헨리왕자는 차례차례 아프리카 서안을 따라 원정대를 보냈다. 당시만해도 지구가 둥근지 몰랐던 뱃사람들은 '가보지 않은 곳'이라는 두려움 때문에 누구도 바다 멀리 가려들지 않았다. 그들은 바다 저멀리가 세상의 끝이며 밑도 끝도 없는 어둠이라고 믿었기 때문이었다.

그러한 미신을 믿지 않은 헨리왕자는 계속해서 원정대를 보내어 1445년에는 아프리카 서쪽에서 제일 튀어나온 베르테 곶을 지났으며, 1457년 마침내 세네갈강과 갬비아강에 닿았다. 그러나 1460년 헨리왕자는 탐험대가 적도를 넘는 것을 보지 못하고 세상을 떠났다. 이때는 아프리카의 슬픈 역사가 막을 올린 시대이기도 했다. 1441년 포르투갈 탐험대가 아프리카 원주민 두사람을 잡아오자 1444년에 애니시(Eanisi)가 아프리카인 20명을 사로 잡아다 노예로 팔았다. 이 일은 전유럽으로 빠르게 퍼져나가 너도나도 노예사냥 · 노예 무역으로 한 밑천 잡으러 아프리카로 몰려들었다. 그후 아프리카는 탐험보다는 노다지를 캐는 곳으로 바뀌었다.

초기 탐사는 이슬람권과의 투쟁과 금, 노예, 말라게타, 상아 등의 교역이라는 두가지 목표를 지향하였다. 이 시기에는 아프리카만이 목전의 대상이었지만 항해 가능성이 점차 높아지자 목적지를 인도양으로 확대하였다. 1481년 왕이 된 후앙 2세는 헨리왕자의 뜻을 이어 해마다 탐험대를 남으로 보낸 결과, 1488년에 유럽인으로서는 처음으로 디아스(Bartolomeu Diaz, 1450-1500)가 아프리카 남단 희망봉을 발견하고 회항하는 큰 공을 세웠다.

그 후 1497년 7월 8일 바스코 다 가마(Vasco da Gama, 1469-1524)가 인도로 가는 뱃길을 개척하기 위하여 리스본 항을 떠났다. 그는 뛰어난 항해술에 용기와 외교술을 갖춘 사람으로, 출항한 지 10개월만인 1498년 5월 22일에 인도의 캘리컷에 도착하여, 오랫동안 꿈이었던 인도양과 대서양을 잇는 해로를 개척하였다.

이 항해에서 한 가지 특이한 일은 바스코 다 가마가 아프리카 서해안을 끼고 남으로 내려가지 않고, 경험자인 디아스의 말대로 대서양 가운데로 멀찍이 돌아서 내려갔다는 점이다. 그렇게 함으로써 그는 기니아 만의 무풍지대와, 해안을 따라 올라오는 무역풍 맞바람을 피할 수 있었다. 그는 1524년까지 3차에 걸친 항해를 통하여 인도에서 동방 경영의 계기를 만들었다. 1502년 2차 항해 때 그는 캘리컷을 점령한 후 군함 다섯 척을 그곳에 남겨두고 포르투갈로 돌아왔는데, 이것이 식민지에 함대를 주둔시킨 최초였다. 또한 1511년 포르투갈 상선이 향료의 섬(인도네시아 몰루카제도)에 도착해 배 한가득 향료(육두구, 후추, 정향)를 싣고 귀환함으로써 400년 이상을 이어온 중세 베니스 상인들의 향료 독점은 붕괴되었다. 바스코 다 가마의 인도 항로 개척으로 포르투갈은 인도양을 지배하게 되었고,

콜럼버스와
산타마리아호의 모형

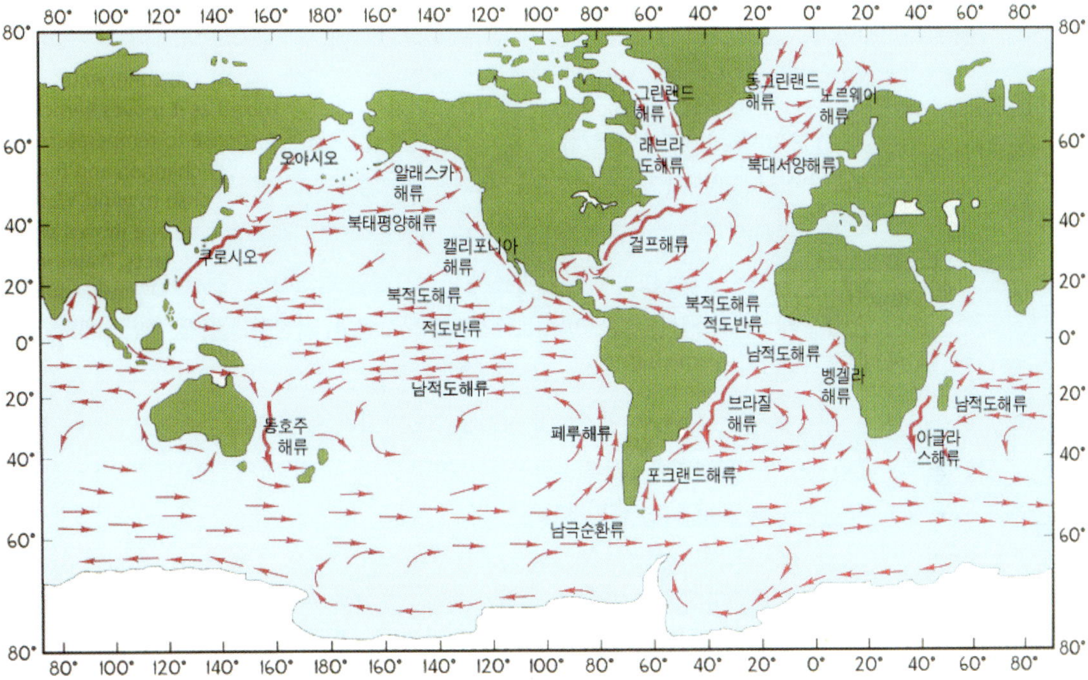

해양의 표층 순환

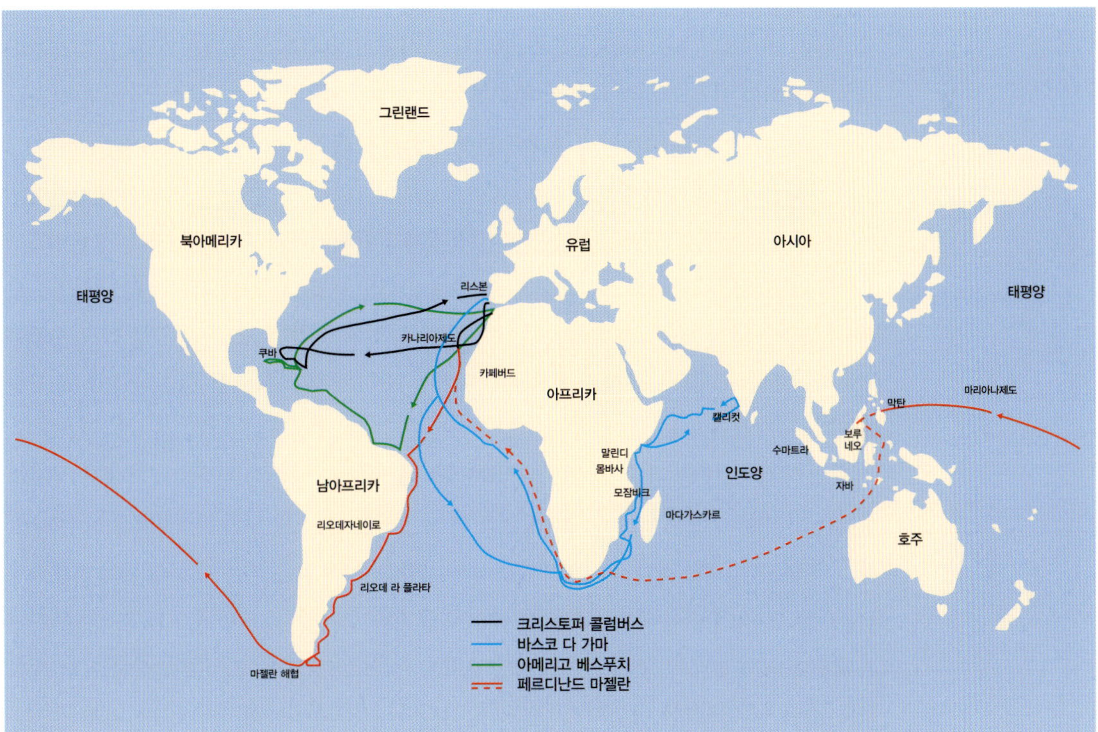

콜럼버스, 바스코 다 가마, 아메리고 베스푸치, 마젤란의 항해도

세계의 모든 곳이 뱃길로 이어지는 바다 시대가 열렸다.

에스파냐(스페인)와 서인도제도 탐험

이탈리아 제노바 출신인 콜럼버스는 천문, 수학, 지도를 배우고 해운 수업 등을 쌓은 후, 스페인 이사벨라여왕의 승낙을 얻어 1492년 8월 3일 산타마리아호(280톤) 등 2척의 배를 이끌고 값 비싼 향신료와 금은 보화가 넘치는 인도를 향해 파로스 항구를 떠났다. 2개월 9일 후인 10월 12일 그는 바하마 부근의 산살바도르섬을 발견하여 상륙하였다. 콜럼버스는 인도에 가까운 아시아대륙 연변에 도착한 것으로 믿고, 발견한 섬들을 서인도제도, 섬에 살던 긴 머리카락을 가진 나체의 갈색 원주민들을 인디안이라고 불렀다. 이어서 콜럼버스는 아이티, 쿠바 섬 등을 발견하고 정착촌 "라 나미다"를 건설한 후 1493년 3월 15일에 스페인으로 귀환하였다. 그 후 콜럼버스는 1504년까지 4회에 걸쳐 카리브해 주변의 섬들과 온두라스, 코스타리카를 탐험하였다.

콜럼버스가 대서양 횡단 항해에 성공할 수 있었던 것은, 그가 바람과 파도를 아주 잘 아는 뛰어난 뱃사람이기 때문이었다. 그는 마구잡이로 서쪽을 향해 나아가지 않고 우선 남쪽으로 내려감으로써 북대서양에서 불어오는 맞바람을 피했다. 그런 다음 카나리아제도에서 서쪽으로 부는 계절풍을 등에 받으며 신대륙으로 나아갔다. 그는 유럽으로 돌아가는 뱃길 또한 귀신같이 잘 잡아서 먼저 북동쪽으로 올라간 뒤 유럽쪽으로 부는 바람을 타고 무사히 돌아왔던 것이다. 그는 항해 경험을 통해서 무역풍과 편서풍의 존재를 알았고, 북대서양 해류의 존재와 자석의 편차가 장소에 따라 다른 것을 알았다. 그 후 1503년까지 코사(Juan Del Cosa)는 서인도와 대서양의 윤곽에 관한 신발견을 정리하여 지도로 나타내었다.

이탈리아 출신인 아메리고 베스푸치(Amerigo Vespucci, 1451-1512)는 브라질 해안탐험의 여행기를 발간하면서 자신의 이름을 따서 신세계를 아메리카라고 호칭하였다. 콜럼버스의 부하였던 알라미노스(Antonio de Alaminos)는 1513년 플로리다해협으로부터 대서양으로 빠지는 대해류인 만류(Gulf Stream)의 존재를 발견했다. 알라미노스는 만류를 타고 순풍을 이용하여 서인도제도로부터 유럽으로 건너가는 최적의 범선 항로를 발견한 최초의 사람이었다.

유럽의 해외 팽창 선두 국가인 포르투갈과 에스파냐(스페인)는 팽창과정에서 상이한 성격을 드러냈다. 포르투갈이 상대적으로 더 상업적인 반면 에스파냐는 정복에 더 큰 무게가 실려 있었다. 에스파냐는 서인도제도에서 약탈을 통해 얻은 부를 다음 탐험의 비용으로 사용하였고, 이어서 곧 아메리카 대륙 본토로 공격해 들어갔다. 1519년 코르테스가 쿠바에서 출발하여 중남미에 상륙한 다음 해안지역에 베라크루스라는 도시를 건설하고 더 내륙으로 들어가서 1521년 아스텍제국을 멸망시켰다. 1531년에는 피사로가 180명의 군인과 27마리의 말을 가지고 잉카제국을 멸망시켰다.

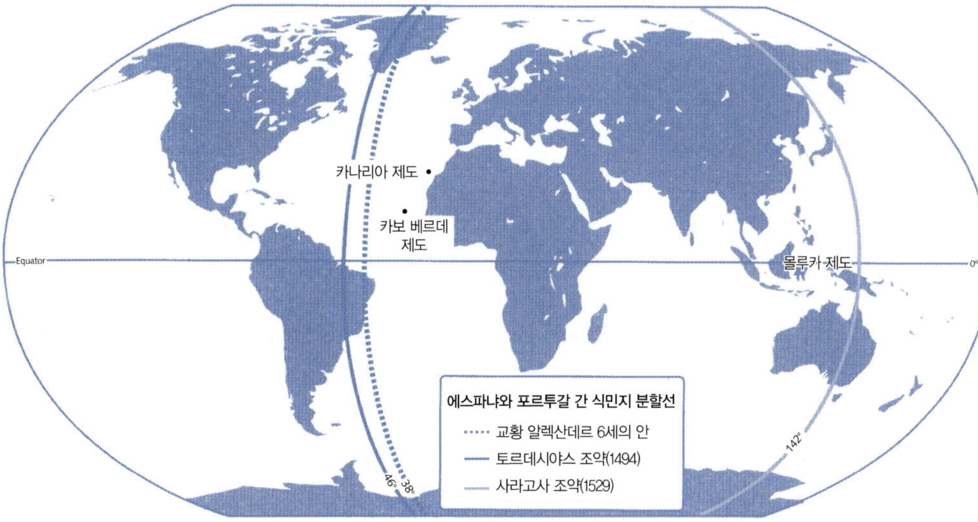

포르투갈과 에스파냐 간 세계 식민지 분할선

포르투갈과 에스파냐 간 세계 식민지 분할선

유럽의 해외 탐사를 양국이 거의 주도하던 시절, 두 나라는 매우 치열한 식민지 쟁탈전을 벌였다. 교황(알렉산데르 6세)이 이것을 중재하여 북대서양의 영역을 구분하여 제시하였고, 양국이 약간 수정, 합의하여 북대서양에 대략적인 중간선(토르데시야스 조약, 1494)을 설정하고, 이 선의 동쪽은 포르투갈이, 서쪽에서 발견된 육지는 모두 에스파냐에 속한다는 교시를 발표했다. 이에 따라 중간선의 동쪽에 위치한 브라질이 포르투갈령이 되었고, 나머지 멕시코 이남의 중남미에서 대부분의 지역이 에스파냐(스페인)의 식민 지배하에 들어갔다.

포르투갈 동쪽 항로에 의해 독점되었던 향료 수입은 마젤란이 이끈 스페인 선단이 귀국길에 향료(정향과 육두구)를 싣고 1522년 9월 6일 귀항하면서 향료섬에 대한 양국간의 권리 다툼이 심해졌다. 수년 동안의 협상에서도 합의점에 도달하지 못하고, 1529년 스페인 카를 국왕이 포르투갈로부터 금화 35만 듀카트라는 막대한 돈을 받고, 포르투갈에게 향료섬에 대한 권한을 넘겨주면서 두 나라의 다툼은 막을 내렸다(사라고사조약). 그러나 지구 전체를 포르투갈과 에스파냐가 식민 지배한다는 것은 그들만의 희망 사항이었을 뿐 다른 국가들은 이런 조약들의 내용을 존중하지 않았다. 향료섬을 향한 항해에 네덜란드, 영국, 프랑스 등의 열강들도 점차 관심이 높아졌고, 항로를 개척하고자 안간힘을 썼다.

네덜란드 동인도회사와 북아메리카 탐험

네덜란드는 1607년 지브롤터 해전에서 승리하여 에스파냐의 지배를 물리치고 막강한 해군력을 바탕으로 열강의 대열에 합류하였다. 이미 1602년 네덜란드 동인도회사를 설립

허드슨의 항해

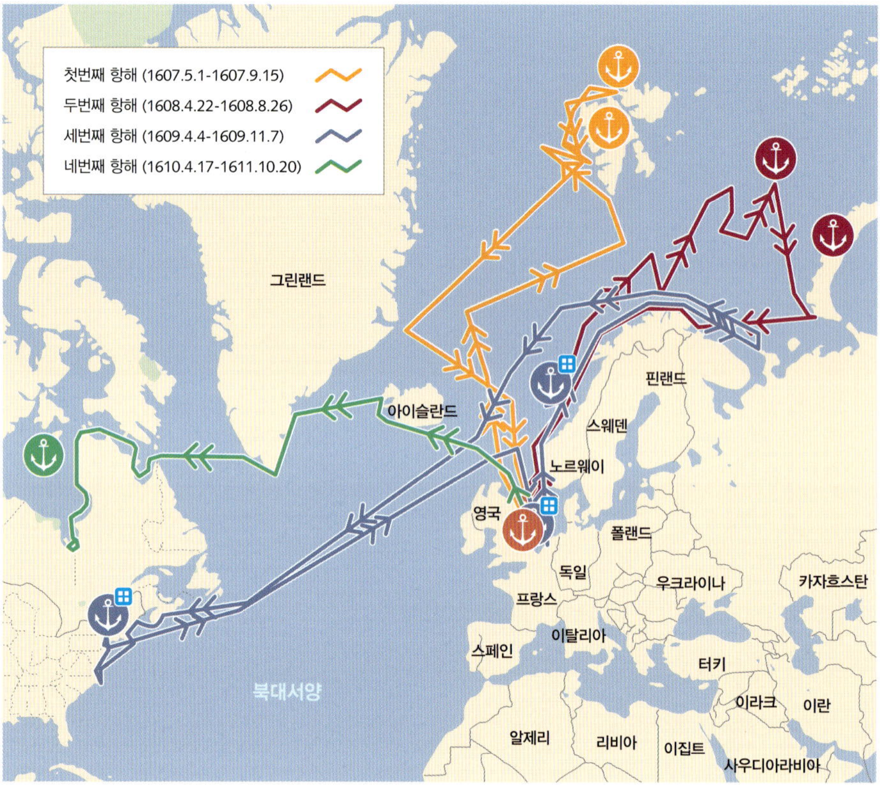

하고 해외 식민지 쟁탈전에 뛰어 들었던 네덜란드는 16-18세기 유럽의 해외 팽창에서 가장 중요한 주체였다.

네덜란드의 향료섬 탐험계획은 극비리에 진행되어, 1595년 봄 네척의 배로 구성된 원정대를 동인도제도로 파견하였다. 그 원정대는 수마트라, 자바섬의 부유한 항구인 반탐(Bantam)을 경유하여 2년이 지난 1597년 8월에 약간의 향료만을 싣고 귀항하였다. 이 원정 과정에서 선원들은 각종 질병과 원주민들과의 싸움으로 출항할 때 인원의 1/3만이 돌아왔다. 그러나 놀랍게도 그들이 싣고 온 소량의 향료만으로도 이익을 남길 수 있었는데, 그 까닭은 원정기간 동안 향료 가격이 폭등했기 때문이었다. 동방을 향한 네덜란드의 처녀 항해에서 여러 가지 문제점이 발생하기는 했지만, 위험을 무릅쓰고라도 향료 전쟁으로 더 많은 돈을 벌겠다는 암스테르담 상인들의 생각에는 변함이 없었다.

네덜란드는 1590년대부터 아시아와 교역 활동을 하던 회사들을 통합하여 1602년에 "통합 동인도회사"를 출범시켰다. 1799년까지 존립한 이 회사는 약 2세기 동안 세계에서 가장 큰 기업이었고, 역사적으로 최초의 근대적 주식회사였다. 이 회사는 인도양과 태평양에서의 독점적 교역, 아시아 국가들과의 조약 체결, 전쟁 선포, 군사력 사용 등 국가로부터 막강한 공권력을 부여받았다. 일련의 무력행사를 통해 네덜란드는 17세기 중엽에 대략

20여 곳의 상관들을 차지하고 그곳들을 연결하는 네트워크를 건설하였다. 동쪽으로는 일본의 나가사끼, 대만, 베트남, 수마트라의 팔렘방, 인도의 캘리컷, 아라비아의 모카, 페르시아의 곰브룬, 실론 등이었다. 이런 지역들을 중심으로 동인도회사는 향신료, 후추와 직물 등 다양한 상품 거래를 하였다.

17-18세기 인도양을 둘러싼 교역 네트워크 형성과정에서 네덜란드는 포르투갈, 스페인, 영국 등의 유럽 세력들과 격렬한 전쟁을 벌여 향신료 교역의 독점 정책을 강하게 추구하였다. 특히 육두구 산지인 반다제도 런섬에 대한 포르투갈과 영국의 쟁탈전은 매우 치열해서 뺏고 빼앗기는 싸움을 반복하였다.

유럽을 떠나 러시아 북쪽 해안을 따라 향료섬으로 가는 북동항로는 1553년 첫번째 탐험 이후 끊임없는 시도와 실패가 반복되면서도 영국과 네덜란드 상인들에게는 포기할 수 없는 매력적인 항로로 생각되었다. 1609년 3월에 네덜란드 동인도회사는 영국인 허드슨(Henry Hudson, 1550-1611) 선장을 고용하여 또다시 북동항로 개척에 나섰다. 북극해의 추운 날씨와 유빙 때문에 허드슨은 북동항로 발견을 포기하고 대신 서쪽으로 나아가 대서양을 항해하여 북아메리카의 동쪽 해안선을 따라 남쪽으로 내려가 태평양으로 나갈 생각을 하였다.

북아메리카 대륙의 뉴펀들랜드, 노바스코샤(캐나다 동부 연안)를 거쳐 델라웨어만(미국 뉴저지주와 델라웨어주 사이에 있는 좁고 긴 만)에 도착하여 태평양으로 나가는 해협을 찾으려고 했으나 실패했다. 해안선을 찾던 원정대는 롱아일랜드(미국 뉴욕주 남동부의 섬)의 허드슨강의 입구에 있는 코니아일랜드(Coney Island)에 도착하였다. 이로써 본격적인 미국 역사가 시작되었던 것이다. 허드슨의 하프문(Half Moon)호는 인디언들과 물물교환을 통해서 물자를 보급하면서 인도로 향할 수 있는 항로를 찾았지만 아무것도 알아낼 수 없었다. 하프문호는 다시 상류를 거슬러 올라가 '마나하타(Manna-hata)라는 강가'에 도착했는데 이곳이 바로 오늘날의 뉴욕 맨해튼섬이었다.

네덜란드 동인도회사가 처음에는 허드슨의 발견에 대해 거의 관심을 보이지 않았지만, 네덜란드 상인 몇몇은 1611년에 배를 보내 허드슨의 말대로 모피와 가죽이 풍부할 뿐만 아니라 맨해튼의 토양이 비옥하다는 사실을 확인하게 되었다. 몇 년후, 네덜란드인들은 영국인들과 토지권을 두고 싸움을 벌이면서 섬의 남쪽 끝자락에 두채의 통나무집을 세웠다. 이 집은 곧 마을이 되었으며, 10년 후에 뉴네덜란드(New Netherland)가 되었다. 1623년 봄 몇몇 근면한 개신교도 가족들이 이곳으로 이주해 와서 경작으로 먹을 것과 잠자리를

뉴암스테르담.
지금의 뉴욕.

세계 최대의 도시로 성장한 오늘날의 뉴욕 맨해튼 모습

스스로 해결하고, 소, 돼지 등의 가축을 비롯한 원조 물자를 보급 받으면서 정착에 성공한다. 이후 그들은 맨해튼 남부에 뉴암스테르담 요새를 건설하면서 인디언 원주민들로부터 맨해튼을 사들였다.

인도네시아의 반다제도에서 영국과 네덜란드와의 쟁탈전에서 밀린 영국은 보복으로 아프리카 및 북아메리카의 네덜란드 무역기지를 공격한다. 영국의 호전적이고 강력한 공격에 뉴암스테르담(맨해튼)의 네덜란드인들은 1664년 9월 8일에 항복하고 맨해튼에 대한 권리를 영국에 넘겨준다. 곧이어 네덜란드는 영국의 맨해튼 섬에 대한 공격에 강력히 항의하고, 영국은 이것을 무시한다. 육두구 산지인 인도네시아 반다제도 런섬에 대한 네덜란드의 점령도 같은 상황이었기 때문이었다. 이후 인도네시아 반다제도와 북아메리카의 맨해튼 섬에 대한 소유권 주장으로 양국은 2년 넘게 전쟁에 휘말렸지만 어느 쪽도 승기를 잡지 못했다. 1667년 3월에 양국은 전쟁을 끝내고 전후 처리 협상에 들어가, 4월에 "브레다 조약"을 맺는다. 이 조약으로 런섬은 네덜란드, 뉴암스테르담(맨해튼)은 영국이 차지했다. 또한 이 조약으로 네덜란드는 반다제도에서 향신료 교역의 독점에 성공한다.

한편 영국인들은 뉴암스테르담을 접수한 후 도시 이름을 뉴욕으로 개칭했다. 1667년까지 맨해튼은 인구 1000명 미만의 작은 무역 중심지였지만, 지금은 전 세계에서 가장 큰 도시로 성장했다. 반면 런섬은 육두구 산업의 쇠락과 더불어 그 후 점차 쇠퇴하여 지금은 그 존재 자체가 매우 미미하다.

영국의 해양 탐사와 동인도회사

향료섬으로 항해하고자 하는 열망이 컸던 영국은 포르투갈이나 스페인과는 달리 북극을 경유하는 북동항로를 따라 동인도제도까지 가는 길을 첫 번째 항해로 선택하였다. 북동항로는 항로 단축은 물론 인도양의 열대성 질병들을 피하고, 또한 동쪽항로를 장악하고 있던 포르투갈과의 충돌도 피할 수 있었기 때문이다. 1553년 6월 23일에 런던의 "미지의 땅 발견을 위한 상인 모험가들의 조합 상사"는 3척의 배를 출발시켰다. 그러나 세 척 모두 북극해의 유빙과 악천후를 이기지 못하고 실패하고 말았다.

런던의 상인들은 다시 향료섬으로의 탐험을 시도하여 1579년 프랜시스 드레이크(Francis Drake, 1540-1596)가 이끄는 선단의 새로운 원정대를 파견하였다. 드레이크는 마젤란의 항로를 따라 동인도제도의 향료섬을 거쳐 1580년 마젤란에 이어 두 번째로 세계 일주를 하고 영국으로 돌아왔다. 그의 배에는 향료 외에도 금과 은, 진주 등의 보석들이 엄청나게 실려 있었다. 보석들은 드레이크가 귀환 도중에 에스파냐와 포르투갈의 상선들과 교역항을 약탈한 것이었다. 무역상이라기보다는 해적으로서 세계를 일주한 드레이크의 업적에 대해 엘리자베스 1세 여왕은 몸소 배에 올라 드레이크에게 기사 작위를 수여하였다. 에스파냐 측에서는 드레이크의 처벌을 요구했지만, 영국 여왕은 오히려 드레이크에게 영국 해군의 병력을 내 주면서 해적질을 노골적으로 도와주었다. 이후 에스파냐의 왕 펠리페 2세는 1588년 네덜란드 공화국을 지원하는 영국을 저지하기 위해 무적함대인 '아르마다 함대'를 내세워 영국을 공격하게 된다. 그러나 영국은 이 해전에서 승리함으로써 이후 해상력을 장악하게 되었다.

1600년 12월에 설립된 영국의 동인도회사는 세계 최초의 동인도회사이지만, 초기에는 네덜란드의 동인도회사에 비해 교역 상태가 열세를 면치 못했다. 양국의 동인도회사는 성장해 가는 과정에서 때로는 평화 분위기도 있었지만 무력도 불사하는 치열한 상권 쟁탈전을 벌이게 된다. 영국의 동인도회사가 크게 성장한 것은 17세기 중엽의 크롬웰 시대였다. 인도네시아의 육두구 산지인 반다제도에서 네덜란드와 치열한 전쟁을 치른 끝에 영국은 인도로 눈을 돌렸고, 캘리코를 수입하는 사업을 통해 크게 성장했다. 캘리코는 평직으로 직조한 순면직물로, 17-18세기에 인도와 유럽 사이의 중요한 무역 품목이었다. 또한 북아메리카에서 네덜란드와 "브레다 조약"을 통해 뉴암스테르담(맨해튼)을 접수하는 큰 성과도 거두었다.

16-18세기에 해양탐험 활동이 침체기를 맞은 것은, 유럽 각국이 전쟁을 계속하여 해상 제패권이 스페인, 네덜란드, 프랑스, 영국으로 점차 이동하는 과도기였기 때문이다. 그 사이에 해양조사 자료의 수집, 정리가 해양지리 · 수로지의 입장에서 진전되는데, 그 중에서도 1595년 네덜란드의 린스크호텐(Van Linskhoten, 1562-1644)이 가장 오래된 수로지를 작성, 대서양의 바람과 해류를 상세히 설명하였고 이는 그 후 백년간 선원들의 교과서처럼 이용되었다.

1663년 네덜란드의 보시우스(Vossius)는 북대서양에서 바람과 해류가 시계방향으로 흐르고, 남대서양에서는 반시계 방향의 2대 환류를 형성하므로, 북대서양에서 해류를 따라 배를 타고 아프리카의 베르데곶을 떠나면 브라질 북쪽 해안으로 건너가고, 다시 북미 연안을 통해서 대서양을 건너 원래의 장소로 돌아올 수 있다고 말했으나 당대의 지식인들로부터 비웃음을 받았다. 그러나 수년 후 많은 해류병을 투입함으로써 그의 말은 실험적으로 증명되었다.

영국의 핼리(Edmund Halley, 1656-1742, 76년을 주기로 회귀하는 핼리 혜성의 발견자)는 주요 바람과 해류의 관계를 계통적으로 탐구하여 1686

핼리.
핼리 혜성의 발견자인 그는 바람과 해류의 관계를 탐구하여 해양과학사에도 큰 족적을 남겼다.

년에 발표하였다. 또한 1698-1700년 사이에 자기변화와 경도 측정을 목적으로 파라무아핑크호를 타고 대서양으로 나가 52도까지 조사하여 자기편차와 무역풍을 보고하였다.

중국의 인도양 해상 활동 : 정화 함대의 원정(1405-1433년)

명나라의 영락제는 해외 무역 시장을 개척하기 위해 "서쪽 바다"라 불렀던 인도양으로 함대를 진출시켰고, 이 거대 함대는 이슬람 교도 출신의 환관 정화(鄭和, 1371-1433)가 이끌었다. 정화는 1402년 영락제를 왕위에 올린 반란의 핵심 전략가로 그 후 중국의 실권자이자, 중국 최강의 수군 부대 제독이 되었다. 정화는 1405년부터 1433년까지 총 일곱 차례에 걸친 원정에 연 27,000명을 통솔하여 모두 185,000km에 달하는 거리를 항해하였다. 함대는 60여척의 대형 함선과 100여척의 소형 함선으로 구성되어 있었다.

정화의 원정은 첫째, 행방불명된 전 황제인 건문제를 찾고, 둘째 인도양의 여러 지역의 지배자들에게 중국의 위엄을 과시하여 조공을 바치게 만들고, 셋째 중국의 해상교역을 장려하는 등에 목적이 있었을 것으로 추정되고 있다.

정화의 함대는 중국의 난징, 말레이시아의 말라카, 인도의 캘리컷, 아라비아 반도의 아덴, 이집트의 카이로까지 원정하면서 무역망을 구축하였다. 그 당시에 무역선들은 인도양의 계절풍을 이용하였다. 인도양에서는 4월부터 11월까지는 남서 계절풍이, 12월부터 다음해 3월까지는 북동 계절풍이 분다. 중국, 인도, 아프리카 등지를 왕래하던 뱃사람들은 이 계절풍을 등진 채 출항했고, 다음 계절풍을 이용하여 출발지로 돌아왔다.

이집트와 중국이 무역 사절단을 서로 교환한 것은 정화의 항해 이전 수세기 전부터 있었다. 아라비아 상인들은 중국의 도자기와 비단을, 중국 상인들은 아라비아산 유향(乳香)

정화원정대 항로

을 대량 수입하였다. 또한 카이로에는 중국인들이, 중국의 취안저우(泉州)에는 아라비아인들이 거주하고 있었다. 정화가 활약하던 시대에 인도양에서는 중국인과 아라비아인이 대양 무역을 장악하고 있었다. 중국인들은 청화백자와 비단, 금, 노예뿐만 아니라 지도, 항해 도구와 천문력 등도 유럽인들에게 전해 주었다. 그 지도와 항해 도구 등은 15세기 이후 유럽인들의 해양 탐험에 중요하게 사용되었다.

태평양

폴리네시아 민족의 대항해가 유사이전부터 행하여졌다는 증거가 태평양의 여러 섬들에 많이 남아있고, 뉴질랜드의 마오리족은 서기 350년경 거대한 카누를 타고 타히티 방면으로부터 약 2,500해리를 항해하여 건너왔다고 전해진다. 또한 서기 166년 중국과 로마와의 교통이 있었다고 하나, 실제로는 그 이전부터 서양과 동양의 교통이 다소 있었던 것 같다. 그러나 해양의 발견과 탐험에 대한 기록은 거의 없었다.

1292년 마르코 폴로가 취안저우에서 배를 타고 남중국해-말라카해협-인도양-아라비아해를 거쳐서 페르시아만의 호르무즈항까지 항해한 후에 이탈리아로 돌아가서 쓴 「동방견문록」은 유럽인들에게 동양을 신비와 매력의 대륙으로 소개하여 대항해시대를 여는 계기가 되었다.

1513년 9월 25일 스페인의 발보아(Vasco Nunez de Balboa, 1475-1519)는 아메리카대륙을 횡단하여 파나마만에서 처음으로 태평양을 보고 만세를 불렀다. 그후 발보아의 이야기를 듣고 세계일주 탐험을 결심한 사람이 포르투갈 태생의 마젤란(Ferdinand Magellan, 1480-1521)이었다. 그는 스페인왕 카알 5세를 설득하여 5척의 배를 이끌고 1519년 9월 20일 세비야항을 출발했다.

1520년 10월 마젤란해협을 발견하고, 약 20일간 역류와 폭풍에 시달리는 악전고투 끝에 11월 28일 태평양에 진입하였다. 그후 110일간은 북서쪽으로 비교적 좋은 해상상태에서 항해했지만, 괴혈병과 기아 때문에 배안의 쥐를 잡아먹고 마스트에 감은 쇠가죽을 벗겨먹는 고통 속에서 선원들의 약 10%가 굶어죽었다.

마젤란.
필리핀의 막탄섬에서 원주민들에게 살해되었지만, 처음으로 세계 일주 항해를 완성하였다.

1521년 3월 필리핀 동쪽 괌에 와서야 비로소 신선한 식량을 구할 수 있었던 마젤란은 그러나 필리핀의 세부에서 원주민들의 싸움에 말려들어 1521년 4월 27일 원주민인 막탄족들이 쏜 독화살과 창 · 칼에 맞아 죽었다. 마젤란은 비록 막탄섬에서 죽었지만, 예전에 포르투갈 함대에 있을 때 아프리카를 돌아 인도네시아의 몰루카 제도에 왔던 적이 있었으므로 결국 처음으로 세계를 일주한 사람이 되었다. 마젤란이 죽은 후, 살아남은 카노 선장 등 15명의 선원들(출발할 때는 270명)이 향료섬(인도네시아의 몰루카 제도)에 들러 빅토리아호(300톤) 1척에 향료를 싣고 1522년 9월

6일(출항후 3년 27일) 스페인의 세비야항에 도착함으로써 세계 일주를 완성했다.

당시의 유럽 국가는 해군, 통상, 해적이 상호간에 밀접한 관계를 맺고 있었다. 가장 대표적인 예가 영국으로서, 국가를 배경으로 한 해양정책으로 큰 발전을 했다. 처음에는 프랑스와 손을 잡고 상업국 네덜란드를 능가한 후, 18세기 중반에 북미와 인도에서 프랑스와 불꽃 튀는 경쟁을 벌였다. 결국 영국은 1805년 트라팔가해전에서 대승리를 거두어 세계에서 해가 지지 않는 국가를 자랑하게 되었다.

한편 네덜란드의 대항해자 태즈먼(Abel Y. Tasman, 1603-1659)은 1642년부터 1645년까지 호주, 뉴질랜드, 피지, 통가, 타스마니아 등을 발견하였고, 오호츠크해와 사할린 방면까지 항해하였다.

1724년 러시아의 황제는 옛날부터 아시아와 아메리카 대륙 사이를 갈라놓은 바다라고 전해오는 아디나르 수로가 실제로 있는 지 알아보라고 덴마크인 베링(Vitus Vering, 1681-1741)에게 명령하였다. 약 3년동안의 준비 끝에 그는 1728년 7월 항해를 시작하여 8월 15일 시베리아의 동쪽 끝에 닿아 시베리아와 아메리카가 뭍으로 이어져 있지 않다는 생각을 굳히게 되었는데 이것이 즉, 오늘날 베링해협이라고 부르는 아시아와 아메리카 대륙 사이, 약 88km의 좁은 바다의 발견이었다. 그는 또한 1741년에는 캄차카반도와 치시마로부터 일본 근해까지 항해하였다.

해양 역학에 관한 연구는 15세기말 경부터 활발하였다. 특히 해양에서 일어나는 현상 중에서도 우선 밀물과 썰물의 간만 차인 조석이 주요한 토론 대상이 되었다. 독일의 천문학자 케플러의 연구에 이어 영국의 물리학자이자 수학자인 뉴턴(Isaac Newton, 1643-1727)이 조석론을 발표하였다. 또한 심해잠수정의 아버지라 불리는 프랑스의 메이렛트는 이 시대의 과학자로서, 바다밑과 바닷물의 움직임을 관찰하기 위해 잠수정의 원리와 구조 등에 관해 연구하였지만 실제로 잠수정이 건조되었는지는 확인할 수가 없다.

해양지리학에 있어서 역사상 최대의 공헌을 한 사람은 영국인 제임스 쿡(James Cook, 1728-1779)이었다. 그는 1768-1780년 사이에 정확한 측량을 수행하면서 3차에 걸친 세계일주 항해를 하여 남반구 해륙의 윤곽을 거의 파악하였다. 이 탐험은 단지 새로운 섬을 발견하거나 새로운 항로를 개척하는 것에만 그친 것이 아니라, 과학자가 참가한 최초의 학술조사였다는 의의를 지닌다. 이는 새로운 개념의 해양탐사의 막을 연 것이었다. 첫 번째 탐사는 1768-1771년에, 두 번째는 1772-1775년에, 세 번째는 1776-1779년에 실시되었는데 남쪽은 남극해로부터 시작하여 북쪽은 베링해협을 지나 북위 81°41′부근까지 조사하였다. 대영제국의 위대한 탐험 항해자 제임스 쿡은 52세를 일기로 하와이에서 세상을 떠났다. 그렇지만 그는 전 생애를 오직 국가에 봉사하는데 바쳤으며, 새로운 영토 확장에 크게 공헌하였다.

그는 우수한 과학적 두뇌와 함께 부하에게는 엄격하고 자상한 완전무결한 지휘관이었다. 긴 항해중 선원들의 생활 위생에도 주의를 기울여 항상 깨끗하고 청결한 환경을 유지시켰으며, 식사에 신선한 과일과 야채가 끊이지 않도록 하였다. 태평양 같은 거대한 바다를 항해할 때는 선원들 절반이 죽는 것은 보통이었고 심지어 사망자가 75%에 달하는 것도 이상한 일이 아니었다. 쿡 선장은 이에 대한 대응책으로 비타민 C가 많이 함유된 양배추를 소금에 절여 3,000kg 넘게 배에 실었다. 또한 의복은 매일, 침대보는 일주일에 두 번씩 갑판 위에서 공기를 쐬게 했고, 배의 바닥을 규칙적으로 소독하고 요리 냄비는 매일 문질러 닦았다. 이러한 조치 덕분에 괴혈병으로 죽은 사람이 없었다. 이에 대한 감사의 뜻으로 영국왕립학회는 1776년 2월 비록 평민 출신이지만 그를 회원으로 선출하였고, 최고 영예인 코플리 메달을 수여하였다. 제임스 쿡은 단순히 영국 선원들의 선망의 대상에 머무르지 않고 전 세계 항해자들이 숭배하는 위인들 중의 한 사람이 되었다.

제임스 쿡 선장. 3차에 걸쳐 세계 일주 항해를 하여 남반구 해륙의 윤곽을 거의 파악하였다.

근대해양학 – 학술조사의 시작

19세기에는 배를 주행시키는 동력원으로써 증기가 사용되기 시작하였다. 프랑스의 파핀이 증기기관을 만든 것이 1690년경이며, 미국의 플턴이 최초의 증기선 크레아먼트호를 주행시킨 것이 1807년이었다. 1819년에는 보조기관으로써 증기기관을 구비한 범선이 처음으로 대서양을 횡단하였다. 현재와 같은 추진기가 사용되기 시작한 것은 1830년대였다. 1879년에는 석유를 연료로 한 기선이 등장하였고 1893년에는 디젤기관이 제작되었다.

19세기야말로 배의 동력에 일대 전환기였다고 할 수 있다. 19세기 초에는 세계의 주요 바다와 육지가 거의 알려져 있었으므로, 발견을 위한 탐험보다는 기상 · 지질 · 생물 등 학술조사를 위한 탐험에 힘을 쏟던 때였다. 러시아인 크루센스턴(Krusenstern, 1770-1846)은 1782년에 발명된 믹스식 최고최저온도계로 1804년 처음으로 대양의 7개 지점에서 각 층의 수온을 측정하여, 수온의 연직 분포를 파악하였다. 1823년에서 1826년까지 행하여진 프레드훼리야드호의 세계일주 항해에는 유명한 물리학자 에밀 렌즈(Emil Lenz)가 승선하여 처음으로 채수기(후에 난센이 같은 원리로 완성하였음)를 사용하여 각 층에서 채수를 하고, 온도 및 해수의 비중을 측정하였다. 그는 내압 해수 온도계를 발명하여 수심 2,000m까지의 온도 측정에 성공하였다. 렌즈는 관측 결과를 분석하여, 지금도 그 가치를 인정받고 있는 해양 남북단면도를 그려 처음으로 연직대순환을 명확히 밝혔다.

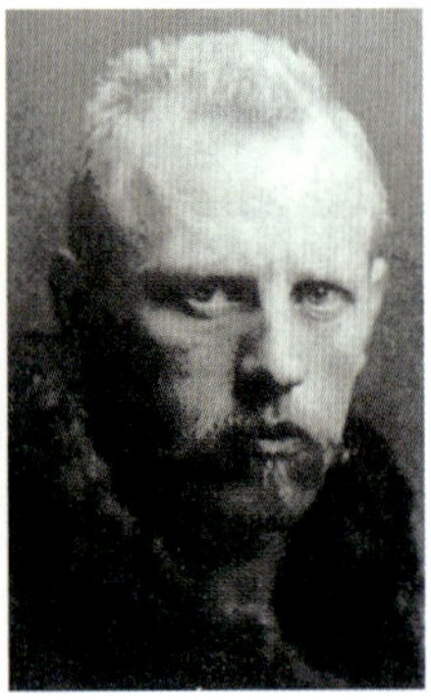

찰스 다윈(좌), 채수기를 완성한 난센(우)

한편 영국에서는 피츠 로이(Fitz Roy)함장이 지휘하는 해군 측량선 비글(Beagle, 242톤 목선)호가 남아메리카 서해안과 태평양의 여러 섬을 탐사하는 임무를 띠고 1831년 12월 27일 영국을 떠났다. 귀족인 다윈(Charles Darwin, 1809-1882년)이 비글호에 승선하게 된 까닭은 역시 귀족 출신인 함장이 과학 활동 강화는 물론 자신의 말벗으로 삼고자 했기 때문이었다.

비글호는 영국을 떠나 남아메리카 해안을 따라 항해하면서 수심을 재고 해류를 조사하였는데, 특히 다윈은 육상 생물은 물론 많은 플랑크톤과 바다 생물을 채집하고 연구하였다. 남아메리카를 빙 돌아온 비글호는 1835년 9월 15일 페루에서 950km 떨어진 갈라파고스 제도에 이르렀다.

갈라파고스 제도의 생물은 글자 그대로 원시 때의 모습을 그대로 간직한 것이었으며, 같은 동물이라도 섬마다 특징이 조금씩 달랐다. 그 원인은 페루해류가 한쪽 방향으로만 흐르는 탓에 서로 오갈 수 없었고, 바람마저 잔잔해서 식물의 씨앗과 벌레들이 바람에 날려가거나 날려오는 일이 없었기 때문이었다. 다윈은 이곳에서 생물이 어떻게 환경에 적응해가는가를 관찰함으로써 뒷날 진화론을 세우는 바탕을 마련했다.

비글호는 계속해서 타히티, 뉴질랜드, 오스트레일리아와 인도양 및 대서양에 위치한 여러 섬들을 거치면서 탐험을 한 후 1836년 10월 2일에 4년 10개월의 세계일주 대탐험을 끝내고 영국으로 무사히 돌아왔다. 그 탐험에서의 연구 결과를 정리하여 다윈은 1859년 11월 24일 생물학사에 큰 획을 그은 유명한 저서 「종의 기원(The Origin of Species)」을 발표하였다.

1851년에는 영국의 도버해협과 프랑스 캐레이 항구간에 세계 최초로 해저전선이 설치되었고, 곧이어 1856년에는 대서양에 해저케이블이 부설되었다. 이 해저전선이 계기가 되어 바다밑의 지형이나 바닷물의 움직임에 관한 연구가 활발해지게 되었다. 1854년에는 미국의 모리(Maury)에 의해 북대서양의 해류, 바람, 수온 및 수심 분포도 등이 작성되었다. 또한 최초의 연구용 잠수정 브랜드튜춰호가 독일인 바우어에 의해 만들어진 것이 1850년이었다.

다윈을 태우고 4년 10개월에 걸친 세계일주 대탐험 항해를 한 비글호

19세기 후반부터는 과학기술의 진보와 사회적인 요청 등에 의하여 대탐험의 항해가 연달아 실시된다. 그 중에서도 가장 명성이 높은 것은 1872년부터 1876년까지 세계를 일주한 영국의 챌린저

(H. M. S. Challenger)호의 조사였다. 챌린저호는 당시로서는 최신의 관측, 연구장비를 갖춘 2,306톤급의 나무로 된 범선 군함으로서, 조사 목적은 해저전선 부설을 위한 대양저 조사였다.

챌린저호에는 생물, 물리, 화학, 지질분야의 권위있는 학자 6명이 승선하여 태평양, 대서양, 인도양, 남빙양을 3년 반동안 항해하면서 68,890해리, 362측점에서 해양에 관한 종합조사를 수행하였다. 수심과 수온을 재고, 드레지, 트롤 등에서 얻어진 수많은 해양생물 표본과 저질 표본, 각 위도별, 각 수층별 해수 표본 등을 당시의 세계적인 학자들이 모여 연구 · 분석하여, 세계 해양을 계통적으로 해부함으로써 근대해양학이 사실상 이때부터 시작되었다고 할 정도의 큰 공적을 쌓았다. 특히 표층부터 심해저까지 해양동물학 지식을 급증시킨 것이 최대의 공적이었다.

12,000개의 저질 표본은 머레이(John Murray, 1841-1914)등이 분석하여 후세에 남을 고전적 지질분야 연구 업적을 완성하였다. 특히 심해의 연니와 적점토를 발견하여 분류하였고, 적점토 중의 망간단괴에 주목하였다. 해양물리에서는, 지자기의 측정으로 항해 중 콤파스의 편차를 알았고, 수심 약 183m아래에서는 수온의 계절 변동이 거의 없으며, 대양저의 수온은 광범위한 지역에 걸쳐 거의 일정하다는 사실 등을 알았다. 그외 해류와 기상 등도 조사되었다. 해수의 화학적 측면에서는, 디트마(Willian Dittmar, 1833-1894)가 1880년 염분의 화학적 성분 상호비가 총량에 관계없이 세계 해양 어디에서도 일정하다는 것을 실증하였다. 이들 생물, 지질, 물리, 화학분야 등 다방면의 연구 결과는 20년에 걸쳐 작성되어 50권의 보고서로 출판, 발표되었다.

제 1차 세계대전 중에는 일시적으로 해양조사도 중단되었으나, 전후 음향측심이 일반에 보급되어 심해자료가 급증하게 되었다. 당시 태평양 전역에서 가장 큰 활약을 한 배는

H.M.S. 챌린저호.

생물, 물리, 화학, 지질분야의 권위있는 학자 6명이 승선하여 태평양, 대서양, 인도양, 남빙양을 3년 반동안 항해하면서 해양에 관한 종합조사를 수행하였다.

챌린저호 내의 연구실.

생물표본을 분석하는 등 상세한 연구를 하였으며 생물, 지질, 물리, 화학분야 등 다방면의 연구 결과는 20년 동안 작성되어 50권의 보고서로 출판되었다.

미국의 카네기(1909-1920년)호로 지자기를 중심으로 해양조사를 하였다. 카네기호는 철을 전혀 사용하지 않고, 청동을 사용하여 건조한 특수 목조선으로 자장을 띠지 않았다. 그 배의 관측은 심층에까지 도달하였다. 스베드럽(H. U. Sverdrup)의 유명한 해양대순환설은 카네기호의 자료에 근거를 두고 있다.

대서양에서는 1925년 4월부터 1927년 7월까지 독일의 메테올(Meteor)호가 조직적이고 정밀한 관측을 하여, 해황과 기상 자료를 얻었다. 1924년경 독일은 제1차 세계대전 패전으로 극심한 경제적 궁핍을 겪게 되었다. 그 난국을 타개하기 위해서는 과학진흥에 의한 방법 이외에는 없다고 판단하여 독일과학 긴급협회의 거국적 지지를 얻어 군함 메테올호에 의한 조사위원회가 발족되어 탐험을 실시하였다. 탐험후 해저, 해양물리, 화학, 생물학, 기상 등을 16권의 보고서로 발간하여, 챌린저 이후의 획기적인 탐험으로 인정받았다. 또한 이 성과가 좋은 자극제가 되어 덴마크, 영국, 네덜란드, 미국 등도 잇달아 세계일주 조사나 심해 조사에 나서게 되었다.

국제공동연구시대

제2차 세계대전 이후

전쟁 중 상륙작전을 실시하기 위해서는 파랑(작은 물결과 큰 물결)예보가 절대 필요하므로 파랑의 성질에 관한 기초연구와 실제 활용을 위한 예보연구가 세계대전 중에 급속히 발전하였다. 또한 해중음의 반사와 전파가 군사 작전상 필요하게 되자 해양음향학이 눈부시게 발전하였다.

전쟁 중 · 후기의 과학기술 중 특히 전자공학과 전기공학의 진보는 해양조사 계측기에도 영향을 미쳐 새로운 계측기가 제작되었다. 조사방법에도 많은 변화가 일어났다. 일반적으로 바다의 현상 중에는 변화가 빠른 것도 있지만 느린 것도 있다. 다양한 바다의 현상을 규명하기 위해서는 많은 배를 동시에 사용하거나, 항공기, 잠수정 이용 및 자동관측계기를 설치하기도 한다. 또한 최근에 활발해진 인공위성의 이용은 넓은 범위를 신속히 조사할 수 있다는 잇점이 있어 해양학 연구의 큰 전환점이 되고 있다. 위성에 적외선 방사온도계를 적재하여 해면의 온도를 측정하거나, 해수의 색깔 차이에서 해류의 위치를 구하거나, 위성에서 바로 아래인 바다밑 까지의 거리를 정확히 측정하여 해저의 굴곡을 알 수 있다.

이와 같은 관측방법의 변화와 계측기기의 발달에 따라 많은 양의 자료가 수집되었다. 막대한 양의 자료처리에는 컴퓨터가 필요하게 되었고 컴퓨터에 의한 수학적인 수치해석 및 수치실험은 해류순환 등 많은 해양현상의 물리적인 파악을 가능하게 해주고 있다.

해양조사의 규모가 커짐에 따라 한 나라의 힘만으로는 부족하기 때문에 19세기 중반부터 태동되었던 국제협력에 의한 해양학 연구가 제 2차 세계대전 이후에는 더욱 활발해져 해양학의 새로운 진보가 이루어졌다.

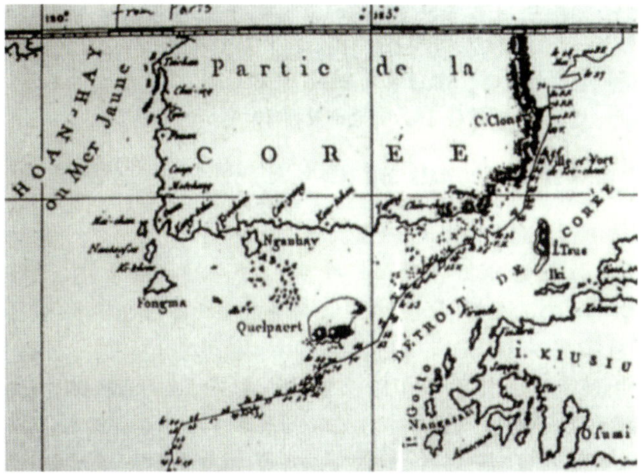

라 페루즈 일행이 1787년 우리나라 남동해역을 항해하여 작성한 해도 대한해협을 '한국해협(DÉTROIT DE CORÉE)'으로 표기하였다.

1919년 당시 세계적인 자연과학의 발전이 국제협력을 필요로 하였기 때문에, 임의 가맹제의 비정부 · 비영리 학술단체로서 국제학술연합(International Council of Scientific Unions, ICSU)이 창설되었고, 그 하부기구로서 국제해양지학 · 지구물리연합(International Union of Geodesy and Geophysics, IUGG)이 설립되었다. 또한 1921년 IUGG의 내부에 해양학 부문으로 국제해양물리학협회(IAPO)가 설치 되었다. 그후 이는 1967년 베를린에서 개최된 14회 총회에서 국제해양과학협회(IAPSO)로 개칭되었으며, 내부에 해양물리, 해양화학, 해양지질학의 3분회를 두었다.

국제공동 관측으로서는 1955년 여름 국제 북태평양 공동조사(NORPAC)가 미국, 일본, 캐나다 등 3국의 참여로 이루어졌고, 1956년 여름에 국제 적도 태평양 공동조사(EQUAPAC)가 미국, 일본, 프랑스 3국의 참여하에 성공리에 완수되었다. 또한 IUGG가 중심이 되어 1957-1985년에 실시된 국제지구관측년(International Geophysical Year, IGY)의 전지구 규모의 관측사업 성공과 이에 동반된 세계해양학자료센터(WODC)의 발족은 해양학에 있어서 신시대의 계기가 되었다.

이러한 세계공동 대관측 행진과 더불어 세계 해양연구를 선도하고 추진하기 위하여 국제해양학연구위원회(Scientific Committee on Ocean Research, SCOR)를 1955년 국제학술연합 총회에서 하부기구로 설치하여 제 1회 회의가 1957년 8월 미국의 우즈홀해양연구소(Woods Hole Oceanographic Institution, WHOI)에서 열렸다. 이 회의에서는 인도양에서 국제공동관측을 실시하기로 방침을 정하고, 원자력 평화 이용에 수반되는 방사성 폐기물의 해양투기 문제, 해양 단백질 식량 생산력 분포와 그 과정 및 세계 기후변화에서 해양의 역할(대기중 CO_2증가에 의한 기후 온난화 문제) 등을 협의하고 연구팀을 설치하였다. 그후 SCOR은 유네스코의 해양연구 자문기관으로서, 1957년 이후 해양연구의

국제 지구관측년의 주역 글로마 챌린저호

국제협력 발전에 공헌하였다.

정부간해양과학위원회(Intergovernmental Oceanographic Commission, IOC)의 제 1회 총회는 1961년 10월 프랑스 파리의 유네스코 본부에서 열려, 동남아시아 해역과 인도양 등의 해양 조사 실시가 논의되었다. 1962년 9월 파리에서 열린 제 2회 총회에서는 세계 해양 연구 전체 계획이 논의되었고, 쿠로시오 및 인접수역 공동조사(CSK)가 승인되어 1965년부터 1979년까지 북서태평양과 동중국해, 남중국해 그리고 동해에서 많은 관측이 실시되어 해양학 발전에 큰 공헌을 하였다. CSK의 관측에는 한국의 조사선 4척, 일본 15척, 소련 3척, 미국 1척, 대만 1척, 홍콩 1척 등 총 25척의 조사선이 참여하였다. 태평양에서 이렇게 많은 관측선이 넓은 해역에 걸쳐서 같은 시기에 같은 목적으로 국제적 조사에 참여한 것은 처음이었으며, 1967년부터는 인도네시아와 태국도 참여하여 남중국해 관측을 실시하였다.

1959년 미국은 스톰멜(Stommel)이 예측한 심층류 대순환을 확인하기 위하여 중립부이 관측을 실시하였다. 그 결과 그때까지 초당 1cm 이내로 예상되었던 심층류의 유속이 5-10cm에 이르는 것으로 알려져 심층류에 대한 인식을 새롭게 하였고, 해양에 직경 약 100-200km의 중규모의 소용돌이(eddy)가 많이 존재하고 있다는 사실이 알려졌다. 그후 1970-1973년에 중규모 소용돌이에 대한 집중 관측이 북대서양에서 미국 (MODE 관측), 소련(POLYGON 관측), 프랑스, 캐나다, 영국, 독일 등에 의해 실시되었다. 이 연구에 의하여 중규모 소용돌이에 대한 기본적인 특성과 연직구조 및 시 · 공간 규모가 상당히 밝혀졌다.

최근 해양에 관한 연구로서 가장 중요한 국제 공동연구는 세계 기후 연구계획(World Climate Research Program, WCRP)의 일환인 열대 해양과 전지구 대기 상호작용 연구(Tropical Ocean and Global Atmosphere Program, TOGA)와 세계해양대순환실험(World Ocean Circulation Experiment, WOCE)이었다.

TOGA 계획은 1986년부터 10년간 실시되었는데, 열대 해양순환과 해면온도 이상 현상 및 이것들과 대응하는 대기 대순환과 강수분포의 변동과의 관계를 명확히 밝히는 것을 목적으로 하였다. 특히 TOGA는 수년이내의 시간 규모에 대한 기후변동의 해명을 목표로 하였으며, 동부 태평양 적도해역에 수년 간격으로 발생하는 엘니뇨현상의 연구가 좋은 예이다. TOGA 계획에는 미국, 일본 등 세계의 많은 국가들이 참여 하였으며, 우리나라에서도 한국해양연구원(현 한국해양과학기술원), 기상청(기상연구소) 및 서울대학교와 연세대학교 등이 참여하였다.

WOCE 계획은 수십년 정도의 시간규모에 대한 기후변동에 대하여 해양 대순환이 어떤 역할을 하고 있는가를 조사하는 것을 목적으로 1990년부터 2002년까지 13년간 실시되었다. WOCE 계획의 중심 과제는 (1)전 지구 규모의 해양에 관한 기술, (2)남반구의 해양연구, (3)해양순환 기작 등이며, 전 지구 규모의 해양자료 작성이 중요한 목표였다.

남극 세종기지 앞의 온누리호

● 우리나라 주변해역에 대한 해양과학 탐사

한국을 서양 세계에 최초로, 그리고 직접적으로 소개한 인물은 1653년 8월 제주도에 표착한 네덜란드 동인도회사 소속의 하멜(H. Hamel, 1630-1692)이었다. 그가 13년간에 걸친 한국에서의 억류 생활을 기록으로 남긴「하멜 표류기」는 1668년 암스테르담에서 첫 출판되었다.

그후 약 100년이 지난 1787년 5월 하순에 프랑스의「라 페루즈(La Perouse)」일행이 우리나라 남동해역을 조사한 것이 해양조사 활동의 효시를 이룬다. 라 페루즈 일행은 4년 동안 세계일주 탐사항해를 위해 1785년 8월 프랑스의 브레스트항을 떠났는데, 루이 16세로부터 우리나라 해안을 조사하도록 명령받았다. 그들은 1787년 5월 20일 까지는 동중국해를 조사하고 계속해서 황해를 조사하려고 하였으나, 해류가 예상외로 강하고 기상상태가 악화되어, 항로를 바꾸어 제주도 남쪽을 거쳐 5월 25일까지 남해를 조사하였다. 이어서 5월 29일까지 영일만 북쪽으로 거슬러 올라가 울릉도 주위를 조사하였다. 라 페루즈 일행은 정확한 위치 측정과 함께 수심을 측량하여 기록하였는데, 이것이 아마도 우리나라 최초의 해도일 것으로 믿어지는데 대한해협을 한국해협(Détroit de Corée)으로 표시하고 있음을 볼 수 있다. 또한 그들은 해상기온, 해상기압, 자침의 편각과 복각 등을 측정한 최초의 기록을 남기기도 하였다. 그러나 우리나라의 역사 기록에는 이들에 대한 언급이 없으므로, 이들이 우리나라에 상륙하여 접촉한 일은 없었던 것으로 여겨진다.

1791년 8-9월에 영국의 콜네트(J. Colnett)는 대한해협을 지나 동해를 탐사하였는데,

이 때 콜네트가 스케치한 기록에는 한국과 일본사이의 바다가 한국해(Corean Sea)로 기재되어 있었다. 1797년 10월 영국의 브로우튼(W. R. Broughton)일행은 북태평양 탐험 항해의 일환으로 우리나라를 찾아왔다.

그들은 청진에서부터 부산까지 동해안의 해안선을 경위도 측정과 함께 스케치하였다. 또한 10월 21일 부산을 떠날 때까지 1주일동안 부산항의 수심과 조석을 조사하였으며, 10월 29일에는 제주도의 서쪽해안을 중심으로 스케치하였다. 이들의 도착에 대하여는 우리나라의 역사기록인 정조실록에 실려 있다. 그후 1816년 8-9월에 영국의 멕스웰과 할에 의해 서해안이 개략적으로 조사되었고, 1845년 6월에는 영국의 벨쳐(Belcher)가 제주도, 거문도와 거금도 일대를 정밀 측량하여 해도를 작성하였다.

일찍부터 동북아시아 해역에 관심을 기울여 온 러시아는 1852년에 뿌치아친(E. V. Putiatin)을 일본과 중국에 파견하였다. 그는 1854년 4월에 거문도를 측량하였고, 5월에는 3주일동안 부산에서 두만강에 이르기까지 6백마일의 해안선을 조사하였다.

개항전인 1860-1870년대에는 서양사람들의 통상 및 식민지 확장 또는 열강들의 세력 견제의 필요성에 의하여 한국 근해에서의 수로조사 활동이 왕성했었다. 1860년대에는 영국 해군이 남해에서, 러시아가 동해에서, 프랑스가 강화도와 한강입구에서, 미국이 대동강 입구를 측량하여 해도를 작성하였다. 1870년대에는 독일의 전함이 부산과 서해남부에서, 미국함대가 인천 앞바다에서 측량하였다. 영국해군의 측량선 실비아호는 남해안을 정밀 측량하였고, 세인트 존(St. John)함장이 저서생물을 채집하고 저층수온도 조사하여 1879년 런던의 동물학회지에 발표하였다. 러시아도 계속적으로 우리나라에 대한 조사를 진행하여 1873년 스렌크(Schrenek)는 '대마해류'와 '리만해류'에 대한 연구 발표를 하였다.

개항기의 한국 근해 수로조사는, 일본이 개항장 물색을 위해 1877년부터 1879년까지 서해안과 동해안에서 실시한 결과를 토대로 인천과 원산을 개항장으로 선택하였다. 이외에도 외국인들에 의한 많은 수로측량이 이루어졌고, 해도가 작성되었는데 이것들 대부분이 자신들의 이익을 위한 것이었고, 한국 진출을 위한 디딤돌로 이용되었다.

우리의 영토안에서 이루어진 비교적 체계적인 해양조사 사업은 1915년부터 연안 수온 조사를 실시함으로써 시작되었다. 1917년에는 시험조사선의 건조와 함께 근해 해양조사 활동이 시작되었으며, 1921년 수산시험장이 부산에 세워지면서 어로활동을 위한 해양조사 사업이 본격화 되었다. 수산시험장의 후신인 국립수산과학원(구 국립수산진흥원)에서는 수산업 진흥을 위한 기본조사로서 우리나라 연근해에서의 정기적인 해양조사 사업을 계속하고 있어서 우리나라 해양학 발전에 큰 공헌을 하고 있다.

1960년대 이후 수로국(현 국립해양조사원)은 항해 안전을 위해 조석, 조류 관측, 수로 측량과 해저지형 조사를 수행하고 있다. 또한 항만청(현 국토해양부)에서는 주요 항구에서의 파랑 관측을, 기상청에서는 우리나라 주변 해역에서 파랑과 해양 관측을 하고 있다.

1941년 4년제의 「관립부산고등수산학교」로 출발한 부산수산대학교(현 부경대학교)는 지금까지 수산해양학 분야 인재 양성에 많은 기여를 하고 있다. 또한 1968년 서울대학교에 해양학과가 설립된 것을 필두로 하여 현재는 10여개 대학에서 해양학 및 해양 관련학문 전공자를 교육하면서 연구에 임하고 있다.

정부에서도 1970년대 초부터 해양학 육성을 위하여 많은 노력을 기울여, 1973년 10월 한국과학기술연구소(KIST) 부설 해양개발연구소가 설립되었다. 이후 1990년 6월 1일 재단법인 한국해양연구소로 독립, 발전하였으며, 2001년 1월 1일에는 한국해양연구원으로 이름을 바꾸었고, 2012년 7월 1일에는 한국해양과학기술원(Korea Institute of Ocean science and Technology, KIOST)으로 확대, 개편되었다.

해양과학기술원 설립을 위한 '해양과학기술원법'은 2011년 12월 29일 국회 본회의에서 의결됨으로써 종전 교육과학기술부 소속이었던 한국해양연구원은 해양정책 주무부서인 국토해양부 소속으로 바뀌었다.

한국해양과학기술원은 '해양과학기술의 창의적 원천기초연구, 응용 및 실용화연구와 우수전문인력의 교육 · 훈련을 통하여 국내 · 외적으로 해양과학기술의 연구개발을 선도하고 그 성과를 확산함'을 목적으로 설립된 정부출연연구기관이다. 국내에는 안산 본원(경기 안산시 소재)을 중심으로 대덕분원(대덕연구단지 소재), 남해분원(경남 거제시 소재), 동해분원(경북 울진군 소재)을 설치, 운영하고 있으며, 부설기관으로 극지연구소를 운영하고 있다. 또 해외에는 중국 칭다오에 한 · 중해양과학공동연구센터를, 마이크로네시아 공화국 축주에 한 · 남태평양해양연구센터를, 그리고 미국 해양대기청(NOAA) 내에 KIOST-NOAA lab을, 영국 플리머스해양연구소(Plymouth Marine Laboratory)에는 KIOST-PMI lab을 설치 · 운영하고 있으며 부설 극지연구소에서 남극 세종과학기지와 북극 다산과학기지를 운영하고 있다.

주요 기능은 해양과학기술 및 해양산업 발전에 필요한 원천연구, 응용 및 실용화연구를 수행하는 것을 비롯해서, 해양 및 극지과학기술 정책, 제도연구, 해양분야 우수 전문인력 양성 및 대국민 서비스, 해양관련 기기 · 장비기술개발과 검 · 교정 및 표준화, 해양과학기지 등 해양인프라 구축 및 운영, 국내 · 외 대학, 연구기관, 산업체 등과 수탁 · 위탁 연구 공동연구 및 기술제휴, 그리고 이러한 각 기능에 부대되는 사업과 연구개발성과의 실용화 및 기타 해양과기원의 목적달성을 위하여 필요한 사업 등을 수행하는 것으로 되어 있다. 해양과기원은 또 해양분야 우수 전문인력 양성을 위하여 「과학기술분야 정부출연 연구기관 등의 설립 · 육성에 관한 법률」 제33조 및 동법시행령 제23조에 의거 부설 대학원대학을 설치, 운영하도록 하였다.

해양과기원이 설립됨에 따라 앞으로 해양에 대한 연구투자와 범위가 더욱 확대되고 학 · 연 협력도 더욱 왕성해질 것으로 예상된다.

바다의 시학과 신화

김열규 서강대 명예 교수

● 바다와 시적인 상상 : 그 위대한 혼돈

자연의 자명함에 현혹되어서는 안 된다. 그 멀쩡한, 빤한 그 겉모습에 홀려서는 안 된다. 겉모양이 비록 단서라고는 해도 그것에만 눈길 던져서는 안 된다. 자연은 지극히 자명한 것으로 보이기 쉽다. 맑은 하늘은 하늘대로, 흐린 하늘은 흐린 하늘대로 한 점 의혹도 없어 보인다. 윤동주가 '하늘을 우러러 한 점 부끄러움 없기'를 맹세함직한 것이다. 흐린 하늘이 맑은 하늘보다야 자명(自明)함에 있어서 훨씬 뒤처진 것은 사실일 것이라고들 생각하겠지만 실은 그렇지도 않다. 거기엔 흐림의 자명이 있기 때문이다. 흐림은 또 흐림대로 자명하기 때문이다.

자연은 그래서 아예 착종(錯綜)이라고 다짐해두어야 한다. 뒤얽힘이고 복합이고 또 다양함이다. 자연은 저 아스라한 태초에, 개벽을 한 이후에 한 번도 그 이전의 혼돈, 저 이름난 '카오스'를 내던진 적이 없다. '로고스'를 내장한 '코스모스'가 된 이후에도 여전히 그는 짙은 향수에라도 젖은 듯이 혼몽(昏夢)과 혼효(混淆)는 물론, 때로는 혼탁(混濁) 조차도 망각한 적이 없다. 카오스는 자연의 로고스이기도 한 것이다. 인류의 일부 신화가 일러주고 있듯이, 카오스 곧 혼돈은 질서로 꾸며진, 정연하게 조직된 우주의 첫 싹이기도 한 것이다. 한데, 자연에는 개벽도 시작도 없었던 것처럼 보인다. 언제나 개벽 이전이고 동시에 개벽 직후이기도 한 것처럼 보인다. 화산의 불기둥은 몇 번씩이나 이미 있는 세계를 허물고 아직도 없었던 새로운 세계를 만들어 낸 것인가! 끝이 시작이기도 한 것이 곧 자연이다. 자연은 한 번 몸을 뒤척이는 것만으로도 개벽과 개벽이후 사이를 엎치락뒤치락하는 것이다.

폭우 우짖는 칠흑 어둠의 바다와 동트는 새벽 바다 사이에 어느 누구도 통시적(通時的)인 유대를 지을 수는 없다. 그 둘은 전혀 다른 두 가지인 것처럼 보인다. 인과의 연접도,

경향포토

경남 통영 앞바다의 동트는 새벽

은유의 통합도 그 사이에 설정할 수 없다. 하지만, 한밤 어둠의 바다와 새벽의 예명의 바다는 워낙은 하나의 바다다.

가지 끝에 매달린 나뭇잎 하나조차도 얼마나 큰 착종이던가? 그 설레는 순간의 아우성을 시무룩한 침묵과 어떻게 무엇으로 연관 짓는단 말인가? 시들어서 숨져야 할 신록의 운명을 오월의 햇살 속에서 어느 눈이 미리 보아낸단 말인가?

하지만 자연의 착종의 대종(大宗)은 아무래도 바다, 우리들의 저 영원한 바다다. 바람도 이를 따라잡을 수가 없다. 왜냐하면 바람의 착종도 필경 바다에 모두 되비쳐지고 바다에 의해서 삼켜지기 때문이다. 바다는 가장 위대한 자연의 착종으로서 우리들을 압도하고 있거니와 이것이야말로 바다가 갖춘 장엄미의 마지막 근거일지도 모른다.

바다를 상징으로서 아니면 은유로서 또는 대유로서, 그 어느 범주에 걸쳐서나 따지고 논란한다는 것은 난감한 일이다. 나침반도 없이 대양을 가로지르려 드는 것이나 다를 바 없다. 상징을 은유나 대유에 기댄 함축적 의미라고 간결하게 말해버린다고 해도 바다 앞에서는 아무 의미도 없다. 간결함이란 애초부터 바다의 다양성이 용납하려들지 않기 때문이다. 하지만, 바다는 단순히 복합이라거나 혹은 다양이라거나 하면서 말을 끝내버릴 수는 없다. 바다는, 저 한바다는 그 보다 더한 것이다. 바다는 분열이고 단절인가 하면, 때로는 바다에 포함된, 내포된 각종 구성소들간의 상호 소외이기도 한 것이다. 그래서 바다는 늘 '원초적인 광경'으로서 우리 시야를 가로막는다. 물론 때로는 감감하도록 열어놓기도 하지만 ……

토마스 만(Thomas Mann, 1875-1955)은 그의 대표작의 하나인, 「마의 산」의 한 대목에서 수평선을 바라보면서 물가를 걸을 적에 갖게 되는, 특이한 경험에 대해서 기술하고 있다.

변화무쌍한 저 물살들은 겹겹이 엇설킨 갈등의 아라베스크를 연출한다

그것에 의하면 그렇게 하는 바로 그 순간, 시간이 살아 있음을 그만둔다는 것이다. 시간이 완벽하게 소멸한다고 했다.

그러나 이에 동조한다고는 해도 그 동조를 기화로 해서, 또 다른 말을 추가해야 한다. 즉 공간의 완전무결한 소멸에 대해서도 기왕이면 언급하고 지나갔어야 옳았던 것이다. 바다 앞에 서면 우주의 공간은 오직 한 덩치가 되고 만다. 공간의 구별이며 차이가 지워지고 만다. 그러나 이 같은 바다가 공간으로서 갖는 속성을 못 보아내었다고 해서, 신화적 관찰에 남다른 시각을 가졌던 이 위대한 산문작가의 결함 따위를 지적하고 있는 것이라고 해석되기를 필자는 결코 바라지 않는다.

바다의 물살들은, 시간에 따라, 햇살에 따라, 구름에 따라, 바람에 따라 그리고 무엇보다도 자신의 변신에 따라서 변화무쌍하게 달라지는 저 물살들은, 모순의 교직(交織)을 연출한다. 무수한, 겹겹이 얽히고 설킨 갈등의 아라베스크를 연출한다. 무기물로서 이만한 생동하는 변화를 연출하는 또 다른 유사한 사례를 찾기란 어렵다.

그런가 하면 이와는 달리, 명상의 무게, 죽음에 길들여진 침묵, 막판의 종말의 암시에 대한 끝없는 경건한 순종을 바다에서 읽어 내기는 어렵지 않다. 비오는 날, 섬들이 무게를 잃고 떠돌기 시작하면 바다는 이내 가장 순수한 헌신, 곧 자신의 운명에 대한 몸 바침의 뜻이 된다.

하지만 아무도 바다의 영상을 이렇게만 묶어 놓지는 못한다. 바다는 스스로 창조해 내는 자유로 그 묶임을 거부한다. 자신의 항구(恒久)하고도 여일(如一)한 실체가 변수란 것을 한시도 잊지 않는다. 바다는 스스로 변화함으로써 오직 자신의 영원한 존재를 지켜 낸다.

바다를 흔히들 요람에 견주지만, 실상 그렇다고 해도 위험하기 짝이 없는 요람이다. 그래서도 바다의 요정인 요요바에 관심을 기울이게 된다. "요요바는 제 몸을 벗어던진다. 그녀는 길게 눕고 그리곤 잠든다. 그녀의 코 고는 소리가 요란하다. 그녀의 육신은 항상 날아다닌다. 그녀가 남자를 만나면 알몸으로 날다가는 그만 잡아먹고 만다."

바다를 떠도는 알몸의 악령, 바다의 정령(精靈) 그 자체인 요요바는 살인귀다. 서태평양의 트로브리안 여러 섬에 살고 있는 위험하기 짝이 없는 '날아다니는 마녀'다. '남자를 삼키는 알몸의 마녀'의 상은 남성들의 거센 공포를 부채질하기도 한다. 우리들은 이에서 요요바의 이미지가 바로 배들이 난파하는 순간의 바다 모습임을 알아차릴 수 있다.

요요바가 사내를 알몸으로 집어 삼키는 바다의 마녀라면, 바다란 사내들에게 그들 자신이 사내임을 위협하는 근원적인 공포 바로 그것이 된다. 한데, 남자를 산 채로 집어 삼키는 그 여성이, 다름 아니고 남자를 산 채로 토해서 내놓는, 말하자면 출산하는 여성이기도 하다는 점에 유념한다면 모성 자체도 지극한 모순이 된다는 점에 유념해야 한다.

이것은 남성들이 바다 앞에서 뜻밖에 파라노이아에 가까운 공포스러운 경험을 하게도 된다는 것에 대해 암시하게 된다. 바다의 공포란 이렇게 집요하고 또 근원적이다. 그것은 결코 막연한 불안이 아니다.

「서태평양의 원양 항해」에서, 우리 시대의 대표적인 인류학자, 마리노우스키가 여러 가지 바다의 위험스런 마귀에 대해서 언급하면서 지적하고 있는 요요바는 주술적으로 중요한 만큼 심리적으로도 매우 중요한 존재다. 그런 요요바라는 요물은 바다의 공포가 여성의 성(性)의 항목으로 표현된 것과 같다.

영적인 존재가 마귀로 화신(化身)한 것이, 요요바라는 바다의 요정이라면, 이제 사내들이 바다에서 구원되기란 지극히 어려운 일이 될 수밖에 없다. 북유럽 일대에서 수집되고 있는 바다의 전설에 등장하고 있는 드라우그라는 유령은 샤만이자 영웅인 스탈로가 아니면

바다는 이 지상의 세계에 속하는 것이면서도 늘 항구적으로 피안(彼岸)의 시사(示唆)요 무한의 암시였다.
사진은 남제주 남쪽 끝머리에 위치한 송악산에서 바라 본 바다 일출

경향 포토

결코 물리칠 수 없는 무서운 존재인데, 그 점에서는 요요바도 다를 게 없다. 이래 저래 바다가 여성의 성으로 표현될 때, 거기 공포가 신비와 함께 서리게 된다.

한편 바다는 이 지상의 세계에 속하는 것이면서도 늘 항구적으로 피안(彼岸)의 시사(示唆)요 무한의 암시였다. 바다는 초월이라든가 승화, 그런 관념을 위한 가장 좋은 무대 구실을 다해 왔다. 끝이 없을 변화며 비약, 무한정할 신세계, 무한의 가능성, 무궁무진할 미지 등등을 상징했을 적에 바다는 '호모 렐리기오스', 곧 신앙에 몸 바친 인간을 자극하기 안성맞춤이었던 것이다. 그러면서 낭만주의적 동경의 현상이 되기도 했던 것이다.

시인 박용철

"나두야 간다. / 나의 이 젊은 나이를 눈물로야 보낼 거냐. / 안개같이 물어린 눈에도 비취나니 / 발에 익은 멧부리 모양 / 주름살도 눈에 익은, / 아, 사랑하는 사람들

돌아다 보는 구름에는 / 바람이 휘살 짓는다. / 앞대일 언덕인들 마련이나 있을 거냐, / 나두야 가련다."

박용철(1904-1938)의 시, '떠나가는 배'는 무엇보다 바다를 미래요 개척이요 새로운 전기로서 노래하고 있다.

이제 바야흐로 얘기가 마무리될 즈음에, 그 고비에서 바다는 그 밝은 눈빛을 우리에게 던지게 된 것이지만 지금껏 우리들이 해온 얘기를 이 따스한 눈빛 하나로 매듭지을 수는 없다.

이 모든 얘기를 통틀어서 바다가 개벽 이후에도 여전히 개벽 이전이란 명제를 두루 확인해야 한다. 모든 창조의 신화, 예컨대, 천지창조와 우주생성의 싱그러운 신화 이전으로 바다는 되풀이, 되풀이 그 물너울로, 그 파도로 그리고 그 위대한 조류로 해서 되돌아가곤 했다는 것을 놓치지 말아야 한다.

그러기에 우리들은 바다를 자연의 자연이라고 불러야 한다. 왜냐하면 모든 자연은 개벽 이후와 이전을 굳이 가름하려 들지 않기 때문이다. 바다를 위대한 혼효, 혼돈이라고 부른 것은 「잃어버린 시간을 찾아서」의 저자, 마르셀 프루스트다. 바다는 우주생성론의 기점 내지 원점에서 무시로 카오스를 재현한다.

그럼에도 불구하고 우리들이 아직껏 인간의 인문정신에 비추어서 바다를 포기하지 않는 것은 무슨 까닭인가? 보드렐이 '망각의 심연'으로, 랭보가 '영원한 기억'으로, 그리고 릴케가 '원초의 물'로서 노래를 한 그 맥이 사뭇 끊이지 않는 것은 웬 까닭일까? 그 해답은 이미 충분하게 제시되어 있다. 바로 바다가 영원한 카오스이기 때문이다. 모든 것을 함께 포괄하는 카오스이기 때문이다. 모순과 모순, 역(逆)과 역(逆)을 남김없이 포옹하는 그 카오스이기 때문이다. 하지만 이 카오스의 궁극에 창조와 모성이 어려 있다는 것 또한 더불어서 말해야 할 것이다.

● 바다의 신화 : 그 엄청난 바다의 신들

신화는 바다를 두고서 우리들로 하여금 원초, 원점에 돌아가게 한다. 그것은 근원에 대한 회귀를, 뿌리를 향한 돌아감을 우리에게 권하고 있다. 신화는 바다의 물살을 타고 우리들로 하여금 원초에로 귀의하게 권유하고 있다.

강물이 필경 바다에 몰려드는 것과 마찬가지일까? 여린 안개 기운만도 못한 것에서부터 빗물이며 눈송이에 이르기까지 그 가녀린 모든 부유하는 것들이 유일하게 귀소(歸巢)할 마지막 터전이라서 그런 것일까?

지상의 모든 물길, 온갖 강물은 필경 바다를 향해서 흐른다. 원천으로 돌아가듯이 바다로 모여든다. 그럴 때, 그 강물과 물길에 실어서 우리들 인간의 마음 또한 바다를 향해서 나아간다. 그나마 귀천(歸天)하듯이, 이를테면 저 푸른 하늘로 오르듯이 바다를 지향한다. 이래서 바다는 지상에 존재하는 모든 것을 위한 으뜸이 되고 원초(原初)가 된다. 우리들 누구나 돌아가고자 하는 고향이 필경 우리들 존재와 마음의 원천이요 원초인 것과 같다. 우리들 세기의 가장 위대한 가톨리시즘, 곧 천주교의 시인으로 일컬어져 있는 뽈 클로델(Paul Claudel, 1868-1955)은 솔잎 끝에 맺혀서 떨고 있는 빗방울 하나의 불안을 궁극적으로 포옹하는 바다에 대해서 노래한 적이 있다. 아니 기도한 적이 있다. 그것은 쉽게 풀면,

> "비 멎은 바닷가의 아스라한 절벽 끝 / 소나무 잎들 끝에 맺힌 빗방울, / 떨어질 듯 말 듯 / 망설이다가 떨어진다. 바다는 둥글둥글 / 물살 일으키고는 / 감싸고 돈다."

임구동

솔잎에 맺힌 빗방울

이렇게나 될 시요 기도문이다.

바닷가의 깎아지른 절벽 끝에 푸른 소나무가 한 그루, 너무나 아슬아슬 하다. 쏟아지던 비가 겨우 멎고는 가지 끝의 잎마다 빗방울이 방울방울 맺혀 있다.

바람이 인다. 빗방울은 떨어질 듯 말 듯 달랑댄다. 그것들은 아슬아슬한 절벽 아래, 물살이 무섭다. 몸을 떤다. 그러다가 달랑대는 여세로, 떨리던 여세로 마침내 소스라치면서 바다로 떨어지고 만다. 한데 바다는 동그랗게, 동그랗게 잔 물살 일으키면서 포근하게 빗방울을 감싸고 돈다. 이렇게 클로델의 원문에 상상을 더하면 어떨까? 공포에 떨다 말고는 낙하하는 왜소한 물방울을 다독대듯이, 달래듯이 원을 그리는 바다의 물살! 빗방울은 안도의 한숨을 쉴 것이다. 그에게 내리 떨어짐이 곧 구원이 되고 위안이 된 것이다. 바다는 크나큰 포옹하는 가슴이 된다.

빗방울이 바다에서 얻어낸 안식과 구원, 그것은 외로운 하찮은 인간이 절대자에게서

박장규

바다 海 속의 어미 母
la mere(어머니)
와 la mer(바다)

비로소 얻어낸 구원이고 안식이다. 그래서 고독한 인간은 그를 내맡길 의탁이며 기탁(寄託)을 거둘 수 있을 것이다. 바다는 위대한 품이다.

그래서도 우리들은 한자의 바다 海 자 속에 모(母)가, 어머니가 계시다는 것을 거듭 거듭 깨우치게 된다. 뿐만 아니다. 프랑스 말의 어머니인 la mere 속에 바다인 la mer가 들어 있음 또한 눈여겨서 보게 된다. 바다 앞에 서면, 바다 가운데 자리하면 누구나 애기가 되고 바다는 어머니가 된다. 위대한, 인자한 모성이 된다. 모정(母情)이 된다. 이렇게 해서 클로델은 바다가 모든 것의 귀소의 자리라는 것, 최종적인 안식의 자리, 이를테면 신의 품이나 다를 바 없는 시공이란 것을 시사하고 있는 것이다. 그래서 바다는 우리들이 귀의(歸依)하는 품이 된다. 신에게 부처에게 인간이 스스로를 내 맡기고는 믿음을 바치는 것, 그게 귀의다.

그만큼 바다는 늘 우리들에게 원초적이다. 시작의 시작이고 가장 의미 깊은 으뜸이다. 하지만 바다가 원초라고 해서 귀의의 품이라고 해서 그것 하나에만 걸어서 바다의 모든 것을 말하게 해서는 안 된다. 바다는 만화경이기 때문이다. 만 가지의 온갖 형상과 별별 속성이 바다에는 갖추어져 있다. 그러다 보니, 귀의의 품으로 어머니가 되곤 하던 바다는 무시무시한 공포가 되고 위협이 되기도 하는 것이다. 그러기에 요람의 흔들림으로 자장가의 장단으로 설레다가도 불시에 우리를 삼키는, 그리스 신화에 등장하는 괴물의 바다의 요정, 요요바의 입으로 돌변하는 그 바다가 우리를 원초로 향해서, 시원(始源)을 향해서 유혹한다는 점은 무척 흥미롭다. 하지만 모순의 덩치가 아니고는, 갈등의 퇴적이 아니고는 어느 경우에도 결코 원초적인 것도 시원적인 것도 못 된다는 것을 잊어서는 안된다.

바다가 원초적이란 말은 바로 '원수(原水)'라는 관념 때문이다. 세계와 우주의 으뜸인 물, 만상의 시작인 물을 두고서 신화학에서 '원수'라고들 부르고 있다. 우리의 제주 신화가 그렇듯이 인류의 하고 많은 신화가 태초에 오직 바다뿐이었고 그 바다가 지상 세계만이 아니라, 온갖 생명체가 목숨 얻어내는 모태가 되었다고 말할 때, 거기 원수라는 개념이 생생하게 깃들이고 있다. 그렇다. 바다는 그런 뜻으로도 원수다. 원초의 물이다. 이 경우, 바다 그 자체인, 원수의 '원'이란 개념을 사전에 의거해서 규정하는 것과는 다르게, 더 깊고 높은 차원에서 캐고 보아야 한다. 세상을 만든 제일의 창조의 태, 말하자면 우주의 태 혹은 '우주모태'라고 보아감으로써 바다가 근원적으로 갖추고 있는 '원'을 따져 보아야 한다. 거기 무엇이 있는가 하고 눈여겨서 보아야 옳다.

앞에서 이미 바다는 평화와 안식의 품이면서 동시에 요상한 마귀의 품이기도 하다는 것을 보았다. 그 양극 사이에 서로 다른 하고 많은 위상이 깃들이면서 바다는 원초적으로 천 가지, 만 가지 얼굴을 가진 다양이란 것이 이미 암시된 것이다. 걷잡을 수 없이 다양한 모습이며 속성을 바다는 갖추고 있다. 바다를 말하게 될 때, 이 점을 명심해야 한다.

그러기 위해서 우선 희랍신화를 들여다보기로 하자. 그것도 저 당당한 올림포스의 여러 신들을 앞서서 이미 존재하고 있었던 원초적인 신들, 이를테면 '신들의 신들'부터 먼저 살펴보기로 하자. 거기엔 밤의 여신 뉘크스, 대지의 여신 가이아와 더불어서 '세계의 어머니' 노릇을 다하고 있었던 바다의 여신, 테튀우스가 부각된다. 그리고 테튀우스의 후손격인 '바다의 귀신'이라 일컬어진 타우마스, 그리고 '바다의 괴물'이라 호칭된, 아름다운 뺨을 자랑하던 여신 '케토', '바다의 장로'라 이름 지어진, 네레우스와 포르퀴스 등등 바다의 여러 신들이 줄줄이 나선다.

바다 '오션'의 어원이기도 한 바다의 신 오케아노스

광대한 힘을 의미하는 위리피아의 아버지인 그리고 가이아의 남편인 존재, 그러면서 바로 '바다' 그 자체인 폰토스의 존재도 잊지 말아야 한다. 희랍인들은 그들 머리 위에 얼마나 하고 많은 바다의 신들의 일족을 섬기고 있었던가? 온 지중해의 물살마다 신들이 따로 따로 출렁대고 있는 느낌이 들 정도다.

그런가하면 해양, 곧 '오션'의 어원이기도 한 오케아노스 역시, 올림포스의 신이기 이전에 바다의 신들의 일족(一族)이다. 이들에 비하면 바다의 신으로 가장 이름 높은 저 포세이돈조차 이들의 까마득한 후손의 자리에 만족해야 한다. 그렇게 많은 신이 바다에는 모셔져 있다. 바다는 신으로 넘쳐나는 신의 천지다.

뿐만 아니다. '황금 양 가죽'을 찾아 나섰던 여러 영웅들의 항해에 그리고 오딧세이의 바다 길에 등장하고 있는 나라의 이름들을 모조리 외기는 힘겹다. 그리고 그 나라들의 생태, 그 비범성, 그 왕자나 통치자들의 전모를 어느 누구도 제대로 암송하기란 불가능해 보일 정도다. 이처럼 신화에서 바다는 변화무쌍이다.

동양에서는 오직 서유기 한권이 '육지의 아르고노트', 곧 '육지의 항해'로 비견될 수 있을 뿐이다. 일본 열도가 바다에서 만들어졌음을 일러주고 있는 일본의 신화에서나 바다는 겨우 체면치레를 하고 있다. 아니면 신라의 탈해왕이 용성국이라는 바다 저 너머의 왕국 출신이라는 대목에서 바다는 겨우 신화의 무대 노릇을 하고 있을 뿐이다.

이에 비해서 서구의 바다 신화, 그중에서도 그리스의 바다 신화는 매우 풍족하다. 그래서 우리들은 지중해 세계에서 사변적으로 그리고 시적 상상을 섞어서 지적된, 바다의 다양성을 신화를 통해서 재확인할 수가 있게 되는 것이다. 그 바다의 신화에 등장하고 있는 한 무리의 신들, 예컨대, 하늘의 신 우라노스와 대지의 여신 가이아 사이에서 태어난 대양의 신인 오케아노스 이하, 여러 바다 신들의 수가 얼마나 되는지, 미처 헤아리기도 힘들 정도다. 남신과 여신을 합쳐서 이름도 하고 많아서 누가 누군지 가름하기 조차 어렵다. 가령, 한 바다의 신 오케아노스가 낳은 딸들인 오케아니데스는 그 수가 3,000 명에 이르고 있다.

그런 중에도, 풍족하고도 번성한 바다의 여러 신들 가운데서도 호메로스가 '바다의 노인들'이라 부른 일족은 유달리 풍성스럽다. 그 일족들은 어원이 아예 대양을 의미하는 '오케아노스'의 딸들인 '오케아니데스'들과 연관지울 수도 있게 된다. 물, 바람, 파도 등의 모양새며 빠르기와 그 강약, 방향까지도 일일이 신이 되어서 나타나는데, 여신도 물론 포함된다. 그러다 보니, 호메로스가 일러주고 있는 '바다의 노인' 일족은 파도와 바람과 일기를 조절할 줄 아는 이들 무수한, 오케아노스의 여형제들에게 견주어도 좋을 만큼 풍성스럽다. 이들은 능히, 여러 오케아니데스들, 예컨대, 흐름을 의미하는 카리로에와 암피로, 돌풍인 가라크사우레며 프레크사우레, 물살의 민첩함을 의미하는 토에와 오퀴로에 등등, 불과 일부의 명단에 지나지 않는 오케아니데스들의 번성함에 비견될 수가 있을 것이다. 이들 오케아니테스들 가운데서도 네레우스가 직접 '바다의 노인' 일족들과 연관을 맺고 있는 것은 우연한 일이 아니다.

바다의 노인 일족 가운데서도 가장 널리 인구(人口)에 회자된 것은 폰토스의 일족들이다. 그리스 말로 바로 바다를 가리키는 폰토스의 첫아들 네레우스는 바다의 노인이란 명예로운 호칭이 훈장처럼 붙여진 첫 인물이거니와 그에게는 위엄과 권위와 품격이 찬연하게 두루 갖추어져 있다. 그는 '진실해서 거짓을 행치 않고, 신뢰의 대명사다. 뿐만이 아니라, 우아하고 관대해서 항시 정의로운 법을 잊지 않고 있고 언제나 한결같이, 남에게 다정해야 한다는 것을 명심하고 있다.' 라고 오랜 신화나 구술전승들은 전해주고 있다.

그런가 하면, 약탈자를 의미하는 히르피에스 자매 가운데서도 아엘로와 오키페테는 폭풍의 다리와 바람의 날개를 지니고 있었다고 알려져 있고 세째딸 세라에노는 아예, 어둠의 존재로 일컬어져 있어서 폭풍 직전의 하늘을 뒤덮은 구름덩이가 되어서 나타나곤

하였다고 일러져 왔다. 이들은 모두 바다의 무서움을 말하고 있다.

요컨대 올림포스 신전의 제신들 가운데 바다의 신들은 그 성격들이 사뭇 뒤죽박죽이다. 이런가 하면 저렇고 저런가 하면 이렇다. 도시 종잡을 수가 없는 게, 그들 바다의 여러 신들이다.

형제들 사이에 모순이 비집어 들어가 있고 아버지 아들 사이, 할아버지 손자(손녀) 사이에도 넘을 수 없는 깊으나 깊은 심연(深淵)이 가로놓여져 있다. 그들이야말로 '모순의 혈족' 들이다. 가장 속된 한국의 말대로 표현한다면 '콩가루 집안'이라고 해볼 만하다. 하지만 바로 이 점이 중요한 것이다. 모순덩어리, 갈등의 덩치란 게 매우 요긴하다. 이 점 때문에 우리들은 바다에 관한 신화가 우리들을 인간과 자연의 원초에로 인도해 간다고 말하게 된다.

사람들은 그들 역사가 이룩된 이후 줄곧 이성과 질서를 짝짓고 마치 자신들이 그것의 완벽한 소유자인 듯이 착각을 거듭해 왔다. 이성을 가진 자와 질서를 조종하는 자가 인간이라고 자처해 왔다. 하지만, 바로 그 때문에 이성과 모순, 질서와 모순, 이들 사이의 대립과 그 엄연한 양분법이 말썽을 빚게 되었다.

그러나 그것에 인간들은 눈 감으려고 들었다. 모순은 아예 나 몰라 라고 했다. 모순은 끝까지, 질서며 이치와 정연하게 별개의 것으로 치부하고자 들었다. 갈등을 이루는 것들 사이에 건너서는 안 될 심연이 패여 있는 것으로 치부하려고 들었다. 이성, 로고스, 질서 그런 것들에 일방적으로 믿음을 바치려 했다.

인간이 결코 코기토의 주체가 아니라는 것, 그리하여 인간주체가 욕망이고 충동이고 발작이라는 것을 전혀 이해하려 들지 않았다. 인간은 모순이나 갈등으로 자아를 억압하는 것이 아니라 스스로 그런 것들에 몸을 맡긴다는 명제 등에 관해서는 전혀 아랑곳하려들지 않았다. 그것은 한쪽 시각을 영원히 잃은 것이나 다를 바 없었다. 불행한 반쪽의 상실이었다.

바다의 원초성은 바로 이 점에 대해서 반성케 한다. 우주창조 곧 개벽이야말로 다름 아닌 로고스라는 엄청난 편견은 이와 같은 원초성에로 돌아가는 으뜸가는 장애였다.

로고스만을 그 자체 속에 머금고 있는 코스모스라는 개념은 지극히 위험한 편견이다. 바다의 다양성과 그에 깃들인 원초성은 바로 이 위험에 대해서 경고한다. 더욱 지식이란 말이 이성이란 말과 마찬가지로 초합리를 배제하는 개념으로 쓰이게 된 것은 한층 더 잘못된 일이다. 이 반쪽 지식의 실족에 대해서 바다의 원초성은 엄중하게 경고하려 한다. 바다는 다양성이고 모순의 복합체다.

"요컨대, 모든 결과는 그 원인과 무관한 동떨어진 사건이다. 따라서 결과는 원인 속에서 찾아지지 않는다. 그러므로 원인이니 결과니 하는 이들 개념의 발상, 그 자체는 선험적으로 보아서 전적으로 자의적이었던 것이다."

영국의 지성, 흄(David Hume, 1711-1776)이 '인간 이해에 관한 연구' 제 4절에서 언급한 이 대목을 바다는 그 설렘으로 그 바람으로 그리고 그 요동으로 거듭 강조하고 또 강조하고 있다.

무엇보다도 바다는 이런 뜻으로 원초적이다. 바다는 무한이듯이 그 본질은 깊으나 깊은 심연(深淵)이다. 온 세계를 삼킬 심연이라서 이를테면 '세계 심연' 이라고 할 만한 것이다. 모든 것을 삼키고 모든 것을 가리고 그리고는 끝까지 침묵할 줄 알지만 동시에, 귀가 먹도록 절규하는 우주의 끝없는 심연 그것을 불러서 우리들은 바다라고 한다. 그래서 우리들은 그것을 감히 '우푸스' 라고 불러도 좋다.

호메로스

"호메로스와 헤시오도스는 모든 일을 신에게로 돌렸다.
인간의 일로서는 비난되어서 마땅하고 치욕이 될 모든 일,
벼라 별 일까지도······"

기원전 6 세기 경의 음유시인 크세노파네스는 이같이 노래하였다지만 그는 당연히 여러 바다 신의 모순, 이율배반 등에 관해서 더 많이 더 본격적으로 노래하고 절규해야 했던 것이다.

바다의 신화 그리고 바다 그 자체에 접하면서 인간들은 혼돈과 혼효, 뒤섞임, 어지러움, 어마어마한 동요, 불안 등을 근원적으로 다시금 경험하게 된다. 바다는 '대지를 포옹하는 자' 이자 '대지를 흔드는 자'로서 모순이고 착종(錯綜)이라는 것이, 다양성이고 복합적이라는 것을, 그래서 천의 얼굴, 만의 얼굴을 가진 신비라는 것이 거듭거듭 강조되어야 할 것이다. 태초부터 오는 날까지, 변함없는 신비인 것, 그것이 바다다.

● 바다, 그 신화적 원초성 세 가지

바다는 그 모순의 원초성으로 우리들에게 경고한다.

'모순을 두려워하지 말라. 갈등을 겁내고 물러서지 말지어다. 혼효를 두려워 주춤대지 말라. 변화야말로 만물 생성의 제 1원리라는 것을 경건히 섬겨라.'

바다는 이렇게 우리들에게 일러주고 있다.

그러나 바다에게는 또 다른 '원초성', 그것이 원수(原水)로서 갖는 의의가 있다. 그것은 다름 아니고 이미 부분적으로 언급한 바와 같이 우주모태로서 바다가 갖는 원초성이다.

만물의 어머니, 만상의 모태로서 바다가 향유하고 있는 상징성이다. 우주모태로서 바다가 향유하고 있는 상징성이다.

홍수전설 - 시스티나성당 천장화(부분)

우주모태로서 바다의 원초성을 말할 적에 우리들은 신화적 발상이 더러 바다와 강, 혹은 바다와 큰 물을 구분 짓지 않고 있다는 것에 유념할 필요가 있다. 가령, 대양을 의미하는 영어, '오션'의 어원이 된 '오케아노스'만 해도 지구를 둘러 싸고 있는 커다란 강물로 인식되었거니와 이 점은 북유럽신화의 바다 속성에서도 찾을 수 있다.

태초에는 물뿐이라는 관념을 세계 여러 곳의 신화는 간직하고 있다. 시베리아의 알타이족을 비롯한 여러 원주민 신화가 그렇고 이웃 일본의 신화가 또한 그렇다. 한국에서도 제주신화에서 이와 같은 바다의 주제에 관한 암시를 얻게 되는 이외에 후대의 일부 전설에서도 그 자취를 뒤쫓을 수가 있다.

> "태초에 이 세계에는 물밖에 없었다. 천신이 인간들을 하계로 내려 보내어서 거기 살게 하고 싶었으나 발붙이고 살만한 땅이 애초에 없었다. 신이 사방을 헤매고 다니는데 문득 넓으나 넓은 그 물 한 귀퉁이에 악마가 작은 방석만한 땅 덩어리를 타고 놀고 있는 것을 보았다. '옳거니'하고서 신은 그에게 그것을 내놓으라고 했다. 하지만 악마는 전혀 응할 기색이 없었다. 마지못해 신은 그것을 악마에게서 빼앗기로 했다. 마침내 신과 악마가 그 작은 흙덩이를 놓고 힘겨루기를 하게 되었는데 서로 힘껏 잡아당기다 보니까 그만 그 작은 흙덩이는 어느새 아주 넓은 대지가 되었다. 신은 거기서 사람들을 내려 보내어서 살게 하였다."

이것은 알타이족 중에서도 몽고어를 쓰는, 그래서 우리와 생김새가 아주 비슷한 야쿠트족의 개벽신화이거니와 비슷한 보기는 이웃 브르야트족 신화에서도 찾아진다. 그 가운데 일부 신화는 태초에 물밖에 없었던 세상에 오리가 물밑에서 진흙덩이를 그의 부리에 물어다가는 수면에다 내뱉곤 하여 마침내 오늘날 우리가 살고 있는 대지가 형성되었다고 전해주고 있다. 일본신화에서는 신이 창으로 바다 밑을 휘저어서 건져 올린 진흙이 굳어지면서 일본 열도의 섬들이 생겨났다고 알려 준다.

그런가 하면 우리의 제주신화는 사뭇 장엄하게 또 시적으로 물의 개벽을 노래하고 있다.

> "때는 삼경, 세계가 새로이 비롯한 그 순간을 말하자면 하늘로부터는 푸른 이슬, 땅으로부터는 검정 이슬, 중앙으로부터는 노란 이슬이 내려 합수하니 이로써 천지황은 개벽하는 것이었다."

이 노래가 비록 첫 개벽이 순간의 이슬에서부터 온 세계가 창조되었다고 직접 또 구체적으로 그려내고 있지는 않지만 천지개벽의 순차로서 최초에는 하늘과 땅의 열림을 말하고 다음 두 번째 단계로 이슬의 합수를 말하고 있음에 대해서 유념하고 싶다. 세상 생기기 전에 이슬이 솟고 내리고 해서 우선 물바다가 이룩되었다고 하고 있는 바로 그 대목에 관심을 쏟고 싶다. 이것은 간접적으로 또 암시적으로 천지가 개벽하기 이전의 원초적인 물, 곧 원수의 관념을 드러내고 있다고 해석된다. 그런가 하면 북유럽의 신화집인 에다에는

> "위밀이 살고 있었던 까마득한 옛날에는 모래도 바다도 차가운 파도도 없었느니라. 대지도 없었고 우리들 위에 펼쳐진 저 하늘조차 없었느니라. 있는 것은 다만 깊은 심연이 입을 벌린 것뿐…"

이라고 묘사된 심연이 등장하고 있거니와 이 심연이야말로 가장 근원적인 '원초성'을 담은 것으로 보인다. 왜냐하면 그것은 바다보다도 먼저이기 때문이다.

이같이 대지가 거기서 생겨난 바다라는 이미지에서 우리들은 바다가 인류에게 어떤 원초성의 상징이었던가에 대해서 이해하게 된다. 그 같은 바다가 지닌 원초성은 바다가 무한대라는 것, 그리고 끝도 없는 심연이라는 것 이외에 '물의 물', 말하자면 물의 으뜸이란 데서 비롯된 것이다. 뿐만 아니다. 앞에서도 언급하였듯이, 지사의 모든 강물이 그리고 그 흐름과 목숨의 율동을 함께하는 온갖 존재들이 필경은 바다로 돌아가고 있다는 데서도 바다의 원초성은 얘기될 수 있다. 지상의 모든 것이 귀일(歸一), 이를테면 돌아가서 하나 되기를 이룩하는 으뜸이 바로 바다다.

그러나 이 정도에서 바다의 원초성의 심리적 근원 내지 동기를 찾고 마는 것은 아무래도 너무 단순하다.

오늘날에도 여성들은 태몽으로 흔히 '물꿈'을 갖는다. 바다나 큰물을 꿈에서 보는 것과 동시에 임신했다는 얘기를 아기 가진 여성들에게서 듣기는 그리 어려운 일이 아니다.

바다란 것은 이런 경우, 원천적으로 아니마의 세계, 본질적으로 여성적인 차원의 세계라는 것에 대해서 이해하게 된다. 신비주의의 덩치라는 면에서 아니면 무의식의 둘도 없는 거대한 상징이란 뜻에서 바다는 여전히 여성적이다.

앞에서도 지적하였듯이 프랑스에서 바다나 어머니가 'e'자 하나 있고 없다 뿐, 다 같이, 발음이 '라메르'로 소리 나는 것은 우연이었을까? 혹은 한자에서 바다 해가 그 속에 어미 모 자를 지니고 있는 것도 또한 우연이었을까?

경주시

문무대왕의 호국혼이 서린 대왕암

일부의 정신분석학자는 신화에서 태초의 물과 태몽의 물과 그리고 아기가 잉태되는 첫 순간, 가장 원초적인 그 첫 순간의 태속의 양수에 떠 있는 난자를 나란히 열거함으로써 이들 삼자 사이에 아주 심층적인 우리들 의식에 잘 드러나지 않을 유대가 있음에 대해서 풍겨주고자 기도하기도 했다. 극히 미소한 난자에 비하면 태속의 양수의 부피가 망망대해와 다를 바 없다는 것에 유념한다면 한바다 위에서 떠돌던 작은 방석만한 땅덩어리, 나중에 지구의 씨앗이 된 그 땅덩어리들을 연상하게 될 것이다. 아직 보편화된 학문적 발상이라고 말하기 어렵지만 그러나 이와 같은 개벽신화와 태몽과 그리고 태속 양수의 상황 사이에 상당한 정도 이미지끼리의 유사성이 있다는 것에 관심을 쏟음으로써 바다가 지닌 그 원수로서의 상징성의 근원이 어디 있는지를 간접적으로 이해하게 될 것이다.

한국의 전설 가운데 이와 같은 태초의 물이란 신화적 관념을 다소 축소해서 전해주고 있는 얘기들이 포함되어 있다. 온 천지가 스스로 누게 된 오줌에 의해서 가득해지는 꿈을 갖게 됨으로써 혼례를 치르거나 아기를 갖게 된 여성들에 관한 전설, 그리고 온 세상이 크나 큰 홍수를 겪음으로써 묵은 세계가 사라지고 새로운 세상이 비롯하였다는 전설 등이 그 대표적인 보기들이거니와 후자의 홍수 전설은 우리들에게 쉽사리 노아의 홍수 얘기를 연상하게 만들어 준다. 이런 홍수전설은 원수가 등장하는 개벽신화의 변이라고 생각된다.

모순의 원초성 그리고 우주태의 원초성 다음으로 우리들은 바다의 또 다른 세 번째 원초성에 관해서 얘기 할 수 있었다. 그것은 다름 아니고 바다가 우리들 인간을 위한 또 다른 피안이요 초월의 세계라는 관념과 맺어지면서 이룩되는 원초성이다.

익히 알려져 있다시피, 삼국유사는 신라의 탈해가 바다 밑의 용궁 출신임에 대해서 스스로 말하게 하고 있다. 이것은 바다 밑이나 바다 너머 세계가 하늘과 다를 바 없이 신들의 거주지로서 알맞은 자격을 갖추고 있음에 대해서 말해줄 것이다. 피안이요, 초월의 세계요 신들의 영지로서는 바다가 하늘과 다를 바 없었던 것이다.

한국인들은 이와 같은 바다의 피안의 원초성을 아주 응축해서 용이란 이미지를 빚어내었다. 때로는 왕권 그 자체와 동화되기도 한 용은 한국인의 마음속에 자리잡고 있는 가장 대표적인 우주동물 바로 그것이다. 용은 굳이 바다에만 국한되어서 살고 있는 것이 아니다. 하늘을 자유자재로 날기도 하는 것이 용이다. 천지의 조화, 우주의 이법(理法) 그 자체를 용이 상징하기도 했다.

하지만, 한국인은 그러한 우주동물, 용의 가장 잘 어울리는 주거지로서 바다를 생각했다. 그래서 저 유명한 처용전설이 생겨났고 그리고 신라의 왕으로 하여금 죽어서 오히려 나라를 지키는 위대한 소망의 구현으로 굳이 용으로 환생케 한 것이다.

● 마무리에 부쳐서

한국어, '바다'는 정말 절묘하다. 자음을 떼어버리면 바다는 '아아'가 되기 때문이라고 지나간 시대의 한 작가는 찬탄해마지 않았다. '아아'는 감탄사가 둘 겹친 게 된다. 사람에 따라서는 '아아, 넓다'가 되는가 하면 또 다른 사람에게는 '아아, 영원한 자유여'라고 감탄케 하는 것, 그것이 다름 아닌 '바다'요 '아아'다. 그야말로 만감이 교차하는 현장이 다름 아닌 바다다.

미학자들이 이른바 '장엄미'의 대표적 자연 표상을 말할 때 흔히 바다를 내세운다. 특히 일출의 바다가 그렇다. 아름답되 우리들을 워낙 압도하는 나머지 바라보고 있는 우리들로서는 다만 경건한 위압감 그리고 그것에 따르는 무언의 찬탄에만 젖게 하는 것이 다름 아닌 '장엄미' 라면 새벽 해돋이 바다에 견줄만한 것을 우리들은 생각해내지 못한다.

경주 토함산의 상상봉에 모셔진 부처가 굳이 동터 오르는 동해 바다의 해돋이를 바라보게 좌정(坐定)하고 있는 것은 바로 그 순간의 바다의 장엄미로 해서 해탈의 심오한 경지에 들 수 있었기 때문이 아닐 수 없을 것 같다.

경주 토함산에서 바라 본 동해 해돋이(좌)와

해돋이를 바라보고 좌정한 모습의 석굴암 본존불(우)

신화가 바다에 부쳐서 일구어 놓은 갖가지 이미지에 관해서 말할 적에도 이 점을 일차적으로 고려해야 한다. 자연신비주의의 극치가 바로 새벽 바다에 있다. 또한 찬연히 저물어가는 바다에 있다. 누구나 그 순간 숙연해질 것이다. 그리고 경건해질 것이다. 그러면서 우리들로 하여금 삶에 대한, 우주에 대한 근원적인 명상에 잠기게 할 것이다. 자연을 우러르는 것이 곧 신앙의 핵심에 잠기는 것과 같아질 것이다.

'상상의 세계야말로 영원의 세계' 라고 영국의 시인 블레이크는 노래했다. 자연은 인간에게 가장 위대한 상상력 바로 그것이다. 이와 같은 명제를 우리들은 자연 앞에서 고루 확인하게 되는 것이지만 그래도 역시 그 으뜸은 바다라는 것에 동조해도 좋을 것이다. 그리고 이 명제의 궁극이 바다가 우리들로 하여금 경험하게 하는 저 장엄미에 돌아간다는 것에 공감을 나타낼 수도 있을 것이다.

하지만 현대의 우리들에게서 저 원초적인 바다의 신화적 상징성이며 이미지가 물러서고 있음을 부인하기는 어렵다. 그러나 바다는 오늘도 그의 갓밝이(여명)로 개벽의 첫 순간을 재현한다. 그리고 그의 저물음으로 묵시록(默示錄)적인 종말에 관한 시사를 던지곤 한다.

시간의 시작과 매듭이 바다처럼 분명한 것은 드물다. 필자가 이 글을 쓰면서 내다보고 있는 한반도의 남쪽 끝, 고성군의 자란만은 지금, 오후 다섯 시 무렵, 물이 꽤 멀리까지 나가 있다. 투구섬 바위벼랑엔 조수의 높낮이의 차이를 말해주는 흑회색 띠가 사뭇 선명하게 찍혀 있다. 이곳 사람들이면 그것만 가지고도 물때를 알아볼 것이고, 오늘 저녁달이 얼마만한 크기인지 정확하게 알아 낼 것이다. 그리곤 삶의 시간, 말하자면 생활 시간을 이 물때에다 정확하게 맞추어 갈 것이다.

지금 이 당장의 저조(低潮), 곧 얕은 물이 고조(高潮)로 바뀔 무렵, 말하자면 다음 추석 무렵에는 달이 비친 물가에서 남도 여인네들은 강강술래를 여느 다른 해처럼 출 것이다. 육체로 재현하는 신화, 달이 차고 기울 듯 삶에도 기복이 있기를, 물이 들고 날 듯 우리들 목숨에도 율동이 있기를 바라며 추는 강강술래는 바다와 달이 어울린 춤, 우주춤이다. 그 춤을 추는 한, 그 춤이 우리에게 있는 한, 바다의 신화는 파도처럼 우리들 생활 속에서 설레고 있을 것이다. 바다는 우리들 가슴 속에서 그리고 우리들 삶의 현장에서 파도치고 있을 것이다. 바다에는 우리들 목숨의 숨결이 설레고 있을 것이다.

그래서도, 우리들은

'살어리 살어리랏다 / 바ᄅᆞ래 살어리랏다 / ᄂᆞᄆᆞ자기 구조개랑 먹고 / 바ᄅᆞ래 살어리랏다'

(살고지라 살고지라 / 바다에서 살고 지라 / 해초며 굴조개랑 먹고 / 바다에서 살고지라)

고려가 남긴 아름다운 노래, '청산별곡'을 다시금 읊조리게 될 것이다. 거듭 거듭 노래하게 될 것이다. 그러기에 청산별곡은 저 고려 사람들만의 몫으로만 쳐져 있을 수는 없다.

바다의 시학을 읊조리고 바다의 신화를 되새긴 오늘날의 우리들 가슴 속에서도 그 노래는 은은하게 또 알차게 메아리치고 있을 것이다.

문학 속의 바다

Sea in the Literature

해양문학의 걸작들 속에서 우리는 바다라는 대자연 속에 던져진 인간들의 적나라한 모습을 보며 생의 의미를 감지하게 된다.

한국의 바다시

최형태 한국해양과학기술원, 시인

내뿜는 바다의 신선함은
내 혼을 나에게 되돌린다.
- 폴 발레리

지구적 관점에서 보면 바다는 굳이 구분이 필요 없는 한 덩어리의 물이다. 그러나 우리는 보통 이를 5대양으로 나눈다. 태평양, 대서양, 인도양, 남극해, 북극해로. 가장 소박한 바다 구분은 바다의 날씨를 전하는 기상캐스터의 앞바다, 먼바다일 것이다. 연해, 근해, 원양 등도 비교적 우리에게 익숙한, 거리 개념에 따른 바다 구분이다. 좀더 전문성을 가진 분야에서는 천해와 대륙붕, 심해 등 바다의 깊이에 따른 구분이 유효할 경우가 많고, 법적으로는 영해, 배타적 경제수역, 공해, 공유수면 등 보다 정밀한 이해가 요구되는 개념들로 구분된다. 동해, 서해, 남해라는 이름은 물론 우리 대한민국 국민들에게 가장 귀에 익은 바다 이름이다.

이러한 바다의 구분은 바다를 시적 영감의 원천으로 놓고 볼 때는 그리 중요한 것 같지는 않다. 인간의 영적 양식인 시의 바다는 삶의 바다이고 생명의 바다다. 또한 그 바다는 언어의 바다이기도 하고 인식의 바다, 영혼의 바다이기도 하다. 이 글에서는 한국의 현대시 작품들 가운데 바다를 주제로 한 시들을 '생명의 바다', '삶의 바다', 그리고 '영혼의 바다'라는 카테고리로 나누어 살펴 보려고 한다. 생명의 바다에서는 생명의 모태로서의 바다가 가지는 원초적 생명력에 시가 어떻게 감응해 왔는가를 살펴 볼 것이다. '삶의 바다'에서는 삶의 현장으로서의 바다가 시인들에게 어떻게 포착되어 그려지고 있는가를, 또한 영혼의 바다에서는 '견자(見者)'로서의 시인들의 눈에 비친 바다의 다양한 모습들을 조감해 보려 한다.

우리 현대시에서 바다시만을 가려 뽑아 엮어낸 책들로 전국시인대회 작품집으로 만들어진 "바다가 시인을 부른다(한국시인협회 간)"와, 한국 대표시인 103인의 바다시를 모은 "파도야 어쩌란 말이냐(김수남 엮음)"가 있다. 이중 "파도야 어쩌란 말이냐"의 경우는 순전히 개인적인 관심과 애정의 소산으로 이루어진 단순한 '바다시 모음집'이라고 볼 수 있지만, '바다가 시인을 부른다'는 지난 2008년에 한국시인협회에서 현대시 100주년(1908년에 발표된 육당 최남선(1890-1957)의 '해에게서 소년에게'를 현대시 기점으로 봄)을 기념하여 바다시선집(157편 수록)으로 발간한 것으로, 의미심장한 바가 있다. 오탁번 한국시인협회 회장(당시)의 머리말이 이를 말해준다. "모든 인습의 굴레를 과감히 탈피하고 새롭게 대두하는 신문명의 광장에 모여 밝은 미래를 건설하자는 것이 '해에게서 소년에게'가 전하는 시적 전언의 의미이며, 한국 현대시 100년의 의의를 되새기고, 새로운 시세계로의 도약을 위해 한국 현대시의 근저에 흐르는 '바다'심상을 한 자리에 불러내 보고자 이 시집을 엮게 되었다".

최형태

한국 현대시 100주년 기념 시선집
「바다가 시인을 부른다」

이 글에서 살펴 본 '한국의 바다시'도 바로 이 '바다의 심상을 담고 있는 한국 현대시'를 말하며, 위의 두 책 외에 여수세계박람회 준비과정에서 수집된 바다시들과(총 270편),

시심을 불러 일으키는 바다. 사진은 옹진군 자월면 대이작도 작은풀안해변

옹진군청

인터넷 검색을 통한 바다시들을 검토대상으로 하였다.

전체적으로 살펴본 바를 요약하면, 1908년의 「해에게서 소년에게」이후 1930-40년대까지의 바다는 주로 개화의 상징으로, 또는 일제 치하의 식민지 현실 극복과 세계와 미래 개척을 위해 담대하게 도전해야 할 대상으로 그려지는 경향이 강했다(임화의 「현해탄」(1938), 서정주의 「바다」(1938), 김영랑의 「바다로 가자」(1947)). 그러나 한편으로는 이미지즘, 또는 모더니즘 시론의 영향 아래 다분히 감각적으로 그려진 바다시들(김기림의 「바다와 나비」(1939), 김소월의 「바다」(1925), 정지용의 「바다2」(1935))이 등장하여 독자들에게 새로운 시적 미학을 선사하면서 우리 현대시사에서도 중요한 작품으로서 자리매김되기도 하였다. 또한 생명파 시인 유치환은 '파도야 어쩌란 말이냐' 라는 시구로 유명한 「그리움」(1939), 국토에 대한 강한 애착과 연민을 형상화 한 「울릉도」(1948) 등 호소력 있는 시편으로 바다와 일반 국민 사이의 거리를 좁히는 데 일조하였다. 한편 해방과 함께 소용돌이 친 좌우 이념의 갈등과 대치, 분단-전쟁으로 이어진 시대의 격랑 속에서 정신적 피폐함과 허무감에 신음하던 시인들의 의식이 피로 얼룩진 산하와 무참히 파괴된 도시의 폐허를 벗어나 바다로 향하기 시작한 것은 아무래도 도시화, 산업화로 이행되던 1960년대 이후라고 할 수 있다. 사람들은 농촌과 자연을 떠나 도시의 임금 노동자로서, 또는 객지의 불안정한 소시민적 생활에 매몰된 채 삶을 이어가야 했다. 도시화, 근대화의 그늘이 민중의 또다른 소외를 불러 오는 팍팍한 현실에서 바다는 시민들에게나 시인들에게나 하나의 피난처, 혹은 또 다른 세계로 향한 탈출구로 새롭게 등장했다고도 할 수 있다. 교통의 발달, 레저문화의 확산 등 생활패턴의 변화로 바다에 대한 직접적인 체험이 급속히 늘어나게 되면서 어느덧 바다는 예전처럼 어떤 변방, 또는 특별한 공간이 아닌 보편적 공간으로 변모하게 되었고 이에 따라 훨씬 다채롭고 풍부한 바다의 감성이 시의 영토에 자리잡게 되었다.

● 생명의 바다

바다에 머무는 플라스틱 제품은 태양과 파도에 의해 점점 작은 알갱이로 변한다. 미국 알갈리타해양연구재단은 태평양 쓰레기섬 주위에서 발견되는 미세플라스틱의 무게는 플랑크톤보다 무려 6배가 높다고 발표했다. 주변 지역에서 잡힌 어류를 조사한 결과 35%의 물고기 뱃속에 미세플라스틱이 있음을 확인했다.

문제는 플라스틱이 각종 유해물질을 잘 흡착한다는 데 있다. 유해물질은 생태계의 먹이사슬을 거쳐 상위계층의 포식자에게 그대로 전달된다. 결국 먹이사슬 최상층 포식자인 인간에게 영향을 미칠 수밖에 없다. 한국해양과학기술원의 심원준 박사 연구팀은 우리나라 남해안에서 채취한 미세플라스틱에서도 유해물질인 DDT(살충제의 하나)와 PCB(다가(多價) 염소화합물로 변압기, 축전지 등에 존재하는 맹독성 물질)가 부착돼 있음을 확인했다.

김홍서

자갈치 시장 내부 모습

얼마전 방영되었던 TV 프로그램(KBS1TV 환경스페셜)의 리포트 내용이다. 안그래도 지구 온난화에 따른 갖가지 기상이변으로 '분노하는 지구'라는 전에 없던 표현이 등장하고 있는 판에 이처럼 병들고 있는 바다가 걱정이 아닐 수 없다. 바다는 지구의 뭇생물들이 살게 하는 생명의 뿌리이다. 지구를 숨쉬게 하고 피가 돌게 하는 바다. 우리는 바닷가에서 서있기만 해도 바다의 숨소리를 온 몸으로 느낄 수 있다. 바다는 생물과 무생물의 정교한 맞물림으로 구조화되어 있는 완벽한 자연생태계이다. 그런데 지구 환경의 최후의 보루이자 최후의 환경 지킴이여야 할 이 바다조차도 심각한 오염에 직면하여 이제 자정능력 자체가 위협받고 있다. 오늘의 바다에서는 건강한 생성 · 생장과 건강한 소멸이 담보되지 않는다. 갯비린내가 살아있는 싱싱하고 건강한 바다를 지켜내는 일이야말로 오늘날 인류의 지상과제가 아닐 수 없다.

> 아낙이 숫돌에 / 칼을 갈고 있다 // 횟집촌 골목 / 생선 배를 따던 칼날들이 / 녹을 벗고 은빛 날을 세운다 // 칼들은 생선처럼 이내 싱싱해졌다 / 生鮮이라는 말의 / 배를 갈라놓을 듯 / 죽은 말의 살점을 다 저며놓을 듯 // 철선이 스윽 바다를 가르며 지나간다 / 상처가 나기 무섭게 아무는 푸른 부위, / 불꽃을 튀기며 숫돌이 돌아간다 // 거대한 상처 속에서 파닥파닥 개어나는 말, / 손에 쥔 날치 한 마리가 은빛 날비린내를 뿜는다
>
> \- 손택수, 〈자갈치〉 전문

마치 갓잡아 올린 생선의 퍼득임같은 힘을 보여 주고 있는 이 시. 자갈치 시장에서 목도한 하나의 풍경을 빌어 언어의 생명력을 말하고 있는 이 시의 미덕은 생명의 힘을

날이미지로 보여 준다는 데 있다. 우리는 싱싱한 생명력을 과시하는 것이 생선인지 칼인지 잠시 헷갈린다. 아무튼 시인은 무기체인 칼이 유기체인 생선을 만나 싱싱하게 살아나는 현장을 놓치지 않고 포착하고 있다. 이 시는 또 무기체와 유기체의 조화로운 어울림인 생태계의 원리와 오행이 말하는 세상 이치를 함께 버무려 내고 있다. 불꽃을 일으키며 숫돌이 돌아가는 것은 화극금(火克金), 불이 금을 이기는 이치이다. 그런데 그 불을 이기는 것은 물이다(水克火). 화극금으로 다스려진 철선이 바다를 가르고 지나가지만 상처가 나기 무섭게 바다는 아무렇지도 않게, 푸르게 아물어 버리는 것이다. 17세기초 프랑스의 한 시인은 그의 시에서 불은 사랑에게서 태어나고 사랑은 물에서 태어나는 것으로 다음과 같이 노래하고 있다. '사랑의 어머니는 바다의 요람에서 자랐다/불은 사랑에게서 태어났고, 사랑의 어머니는 물에서 태어났다/그러나 물은 불과 맞설 무기를 주지 않는다.//너를 향한 사랑으로 온 몸이 타는 지독한 이 고통/물로 사랑의 장작불을 끌 수만 있다면/내 눈물의 바다로 이 불을 꺼버릴 텐데.' (피에르 드 마르뵈프, 〈사랑의 기적〉, 부분). 결국 불도 사랑도 생명의 탄생도 다 물에서 비롯된다. 언어의 정화인 시도 바다를 만나 싱싱하게 퍼득인다. 바다의 생명가치가 훼손되면 안되는 까닭이 여기에 있다.

> 고래를 기다리며 / 나 장생포 바다에 있었지요 / 누군가 고래는 이제 돌아오지 않는다, 했지요 / 설혹 돌아온다고 해도 눈에는 보이지 않는다고요, / 나는 서러워져서 방파제 끝에 앉아 / 바다만 바라보았지요 / 기다리는 것은 오지 않는다는 것을 / 알면서도 기다리고, 기다리다 지치는 게 삶이라고 / 알면서도 기다렸지요 / 고래를 기다리는 동안 / 해변의 젖꼭지를 빠는 파도를 보았지요 / 숨을 한 번 내쉴 때마다 / 어깨를 들썩이는 그 바다가 바로 / 한 마리 고래일지도 모른다고 생각했지요
>
> - 안도현, 〈고래를 기다리며〉 전문

시인에게 제13회 소월시문학상(1999)을 안겨 준 이 시에서 우리는 시인 특유의 정감있는 어법이 보여주는 생태적 상상력을 접하게 된다. 고래를 기다리는 시적 화자에게 사람들은 이제 고래는 오지 않으니 단념하라고 말한다. 하지만, 그는 기다림을 접을 수가 없다. 그는 왜 고래를 기다릴까. 고래는 그에게 무엇일까? 이 시의 전체 문맥을 통해 우리는 고래가 바로 생명력, 혹은 생명성의 표상임을 알아차릴 수 있다. 새끼를 낳아 젖을 빨리는 생명계의 원리는 우리가 숨쉬며 살고 있는 이 세계를 지탱하게 하는 뿌리이다. 하나의 생명 개체란 우주 만물과 서로 연결되어 있으며 서로의 영향권에 있는 의존적 관계 속에서만 존립의 근거가 확보되는 존재이다. 고래도 그중 하나이고 인간도 그 중 하나이다. 이들은 정상적 자연 생태계의 구성인자이다. 고래가 오지 않는 것은 그러한 정상적 관계망 속의 한 켠의 결핍이고 상실이다. 시인은 이 결핍과 상실이 슬프다. 그래서 기다리는 것이고, 그 기다림

전봉건 시인이 온통 태양의 차지라고 노래한 여름바다. 사진은 해운대 해수욕장

끝에 시인은 결국 저 바다가 바로 한번씩 숨을 쉴 때마다 크게 어깨를 들썩이는 한 마리 고래일지도 모른다는 가이아적 상상력에 이름으로써 생명계에 대한 보다 더 큰 인식의 지평으로 나아가고 있다.

바다의 생명성에 대한 인식은 시인에 따라 다양하게 변주된다. 가령 전봉건(1928-1988) 시인의 경우는 여름 바다에서 맨살로 물-태양과 합일을 이루는 원초적 인간의 모습을 본다. 물은 불을 끄지만 태양을 끄지는 못한다. 태양은 여름바다에서는 사람들의 정염의 다른 이름이다.

> 여름 바다에서 / 나는 사람을 만납니다 / 여기서 사람은 / 맨살로 물속을 드나들기만 합니다 / 여름 바다는 / 왼통 태양의 차지입니다 / 그래서 사람은 / 맨살로 태양 속을 드나들기도 합니다.
>
> - 전봉건, 〈바다의 편지〉 부분

그는 또한 피아노 건반을 두드리는 여인의 모습을 물고기, 파도 등 약동하는 바다 이미지를 차용해 공감각적으로 표현함으로써 피아노라는 사물(또는 그 연주행위)에 생명의 숨결을 불어 넣기도 한다.

> 피아노에 앉은 / 여자의 두 손에서는 / 끊임없이 / 열 마리씩 / 스무 마리씩 / 신선한 물고기가 / 튀는 빛의 꼬리를 물고 / 쏟아진다. // 나는 바다로 가서 / 가장 신나게 시퍼런 / 파도의 칼날

SWW

파도와 물고기의 힘찬 약동

하나를 / 집어들었다

- 전봉건, 〈피아노〉 전문

파도는 거꾸러지는 등의 힘으로 / 등푸른 생선을 키우고 / 등대허리 곳꼿이 잡아 세우는가 // .... // 물고기들은 가시의 힘으로 수심을 이긴다

- 윤영숙, 〈파도, 등푸른〉 부분

바다는 시간을 뒤틀어 삼킨다 / 자갈 박힌 내 마음의 굳은살을 / 혓바닥으로 날름날름 핥아주며 붉어지는

- 최서림, 〈가을 바다〉 부분

인용한 시행들에서 보듯이, 바다는 물고기가 거친 물살과 수심을 이겨낼 수 있도록 가시를 갖게 하고, 시간을 뒤틀어 삼킴으로써 마음의 굳은 살까지도 부드럽게 풀어지게끔 핥아 주는 불가사의한 힘을 가지고 있다. 조향미 시인은 바다로부터 새벽마다 붉은 알이 태어나 삼라만상이 부화하였다면서 일출에서 생명의 근원을 보는가 하면 김수복 시인은 바닷물이 들고 나는 갯벌을 아예 양수가 차오른 생명의 둥근 집, 자궁으로 묘사하고 있다.

두근두근 상기된 하늘 / 바다는 마침내 / 둥글고 빛나는 알 하나를 낳았네 / 저 광대무변 깊은 우주 / 태초 이래 어김없는 새벽마다 / 이 붉은 알은 태어나고 태어나 / 삼라만상 찬란히 부화하였구나!

- 조향미, 〈일출〉 전문

만삭의 몸으로 누워 있다 / 새벽 배가 배를 가르며 나간다 / 바다로 탯줄을 달고 / 몸속을 빠져나가면 / 몸속, 오, 죄 없는 해를 / 힘껏 몸 밖으로 밀어 올렸다 / 텅 빈 몸속에는 흩어진 수의들 / 아낙네들이 잊고 간 머릿수건들만 남아 있다 / 살아 있는 것들의 먹이가 된 빈 조개껍질 / 조용한 대낮의 빈집이 된다 / 한낮의 점박이 갈매기 날아와 / 뱃속을 헤치고 한바탕 저희끼리 싸움질이다 / 어머니들은 전쟁통 같은 뱃속에서 / 우리를 낳았다 / 저녁이면 그래도 양수가 차올라 달이 뜨고 / 먼바다의 아버지가 돌아온다

- 김수복, 〈갯벌-해뜨는 곳에서 해지는 곳까지 · 2〉 전문

● 삶의 바다

자월면의 어부상

바다는 삶의 현장이다. 바다는 어떤 이들에게는 숨가쁘게 이어지는 도회지 삶의 현장으로부터의 피신처, 지친 몸을 쉬면서 생의 활력을 되찾는 휴양지가 되어 주기도 하지만 뱃사람이나 어민들에게는 거기서 밥과 돈을 얻어야 하는 생업의 현장이기도 하다. 그들에게 바다는 삶을 담보받기 위해 모진 바람과 살인적 파도, 그늘 한점 없는 뙤약볕과 사투를 벌여야 하는 일터일 뿐이다. 예전에 우리 선조 중 한 분이 "풍파에 놀란 사공 배 파라 말을 사니 / 구절양장이 물도곤 어려워라 / 이 후란 말도 말고 밧갈기만 하리라" (장만, 1566-1629, 청구영언) 라며 인생살이의 험난함을 노래했듯이 우리네 삶에는 행복과 기쁨도 있지만 항상 고생도 있게 마련이다. 더욱이 바다는 사실 몸고생, 마음고생이 함께 따르는 지난하고 불안한 삶의 현장이다.

한낮인데 화덕불에 된장국이 끓는다 /생닭 고는 데 / 약재로 쓰인다는 엄나무를 / 한짐 해놓은 마당엔 잡어젓이 익는다 // 아주까리 노란 새잎을 // 데쳐 먹으면 맛이 좋다고 하는 / 한쪽 뺨에 흉터가 난 절름발이 할아배 // 이른 아침 망태기를 메고 / 재너머 독살을 갔다

평화로운 덕적면의 모습

오는 길에 / 잡아온 뱀이 올뱀이라며 / 깊은 겨울 양식이란다 // 어슬어슬 갯바닥에서 / 낙지를 찾는 눈매가 / 어찌나 돌미륵을 닮았던지 / 열 손마디에 새까마니 물때가 배어 있다 // 흰 박꽃 넝쿨이 오르는 돌담엔 / 내장을 비워낸 / 물메기 숭어 갯장어가 가지런히 널리었다

- 이세기 〈생업〉 전문

도회지라고 풍족하고 윤택한 삶만 있는 건 아니지만, 외견상 눈부신 변신과 번영을 거듭해가는 도회지에 비해 이 땅의 어촌마을은 이 시가 보여 주듯이 케케묵은 삶의 풍경들, 꼬질꼬질한 궁기가 아직 그대로 배어 있는 곳이 많다. 이세기는 이러한 삶의 현장을 떠나지 않고 그 낱낱을 가감없이, 생생한 감각으로 자신의 시 속에 담아내는 시인이다. 이러한 시 작업을 높이 사 평론가 최원식은 주저없이 '내부자'라는 칭호를 그에게 붙여주었다. 이 내부자란, 시인이 시 속에서 그리고 있는 대상들과 생래적으로 소통할 능력을 지녔음을 인정받는 명예로운 자격이다. 덕적군도의 하나인 문갑도가 고향인 시인은 지금도 그곳 덕적군도가 이 세계의 중심이라고 믿으며 살고 있다. 그러니 그곳 사람들의 신산스런 삶이 그에게 내면화되지 않을 수 있으랴.

선갑도 울도 백아도 굴업도 / 장구도 묵도 각흘도 / 세상에 이름도 얻지 못한 섬들이 / 사는 덕적군도에서 / 자고로 섬에서 살아보지 못한 사람들은 / 섬이 얼마나 고난을 지고 살아 왔는지 모른다 // ... // 한 끼의 양식을 위해 / 집채만한 파도를 넘고 / 죽음을 넘고 / 섬으로 섬으로 무인도로 / 한겨울의 모진 파도와 / 뼛속 깊이 살을 에는 아픔을 안고 / 맨손 맨몸으로 / 살아보지 않은 사람들은 모른다

- 이세기 〈굴업도〉 부분

시인 최두석은 이세기로 하여 서해의 섬과 바다가 한국시의 영토로 본격적으로 진입하게 되었다고 평했다.

겨울의 부두에서 떠난다. / 오랜 정박(碇泊)의 닻을 올리고 / 순풍을 비는 출항제(出港祭), / 부두의 창고 어둑한 그늘에 묻혀 남몰래 우는 / 내 목숨 같던 애인이여. / 오오, 무수히 용서하라 울면서 지켜보는 시대여. / 지난 봄 갈 할 것 없이 우리들은 성실했다. / 어두운 밤길을 걸어 / 맨 몸으로 떠나는 날의 새벽, / 눈 내리는 세계, / 우리들의 항해일지 속 뜨거운 체험으로 끼워 넣으며 / 불손했고 쓰라렸던 사랑을 덮는다. / (중략) / 금린(金鱗) 밝게 떠도는 물빛, 아침의 / 아아, 무한한 폐활량. / 우리들은 태어나지 않은 역사의 새로운 잉태 속으로 떠난다. / 온 핏속에 또 다시 떠도는 체험의 / 무수히 용서하라, 울면서 지켜보는 시대여. / 비로소 우리는 오랜 정박의 닻을 올리고 / 순풍을 비는 출항제, / 겨울의 부두에서 떠나고 있다.

- 김명인 〈출항제〉 부분

최형태

allbrights.blog.me

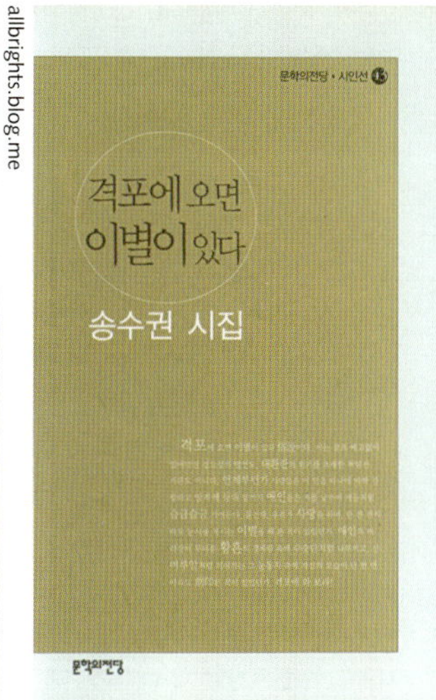

바지락 캐기와
송수권 시집

무려 64행에 이르는 이 긴 시로 시인은 1973년 중앙일보 신춘문예 당선의 영예를 안았다. 시인 자신이 훗날 외화적 빈사로 가득한 시편이었다고 토로한 바 있지만, 한 사회 초년병의, 시대를 향한, 세계를 향한 두려움 섞인 설레임을 거칠지만 풋풋한 젊은이다운 감성의 언어로 직조하고 있다. 순풍을 빌며 떠나는 출항제라는 제의를 빌려서다. 시적 화자는 바야흐로 그의 심중에 어지럽게 떠돌던 온갖 불안, 방황, 우울을 떨쳐 내며 떠나고 있다. 새 삶을 향해. 태어나지 않은 역사의 새로운 잉태 속으로. 금린 밝게 떠도는 물빛, 아침의 무한한 폐활량을 선사해 주는 바다로.

> 갯벌을 짓이기며 / 하루내 해오라기와 멋진 스텝을 밟는다. / 뻘은 끓고 햇볕은 등에 따갑다 / 농발 꽃게들이 삽을 들어올려 뻘을 찍는다 / 장뚱어들이 장애물 경주에 펄쩍펄쩍 넘어진다 / 창창한 물잎새들이 와서 수면이 부풀기 전 / 나는 한 소쿠리 바지락을 캐야 한다 / 한 바구니 무초롬한 행복이 하루치의 은총이고 내 몫이다.
>
> \- 송수권, 〈바지락을 캐며〉 부분

이 시는 저 고려가요 '살어리 살어리랏다 / 바ᄅᆞ래 살어리랏다 / ᄂᆞᄆᆞ자기 구조개랑 먹고 / 바ᄅᆞ래 살어리랏다' 의 가락들을 떠 올리게 한다. 예전 우리 조상들에게 갯벌은 나문재나 굴, 조개 같은 먹거리만으로도 유유자적하며 살 수 있는 또 다른 청산으로 여겨졌는지도 모르지만, 그러나 오늘의 뻘밭은 여름 땡볕아래 부지런히 몸을 부려야 간신히 먹고 살 것이 나오는 곳이다. 시인이 이 뻘밭에서 바닷물이 다시 들기 전까지 캐는 바지락 한 소쿠리는 값으로 치면 한 2-3만원쯤이나 될까? 아니 그 보다 훨씬 적을 지 모른다.

송수권 시인은 채석강이 있는 격포에서 3년간을 살았다고 한다. 그는 그 바다의 빛과

김성식 선장의 첫 시집과 두 번째 시집

숨결에, 그 뻘밭에 몸 비비며 살았던 시간들 속에서 갯내음 물씬한 이같은 시편들을 바다로부터의 선물로 거두었다.

> 누이야, 오늘은 어머니가 키우는 눈물 속 / 바다에 비가 내린다. 빛 잃은 별떨기들 빗속으로 사각사각 / 부서져 내리고 너와 나의 목숨이 그 / 빛 속에서 새로 깨어남을 알겠느냐, 어머니의 / 굴욕과 고독이 네 핏줄에 자라남을 알겠느냐. // 백 년을 갈아도 날이 서지 않는 칼 한 자루, 어찌 / 비내리는 밤을 잘라낼 수 있겠느냐, 濟州 바다는 아랑곳없이 / 폭풍우치는 샛바람을 열어놓고 울타리 / 돌담 구멍을 들락이며 하얗게 / 어머니 주름진 한숨을 청대왓에 빨아낸다. // 누이야, 어머니 눈물 속 바다에서 자라 바다로 / 돌아가는 길, 한 줌 모래가 될까, 바람에 흔들리다 / 삼사월 따스한 햇살 속에 햇살로 남아 바람 속에 / 바람결로 녹아 바다 속으로 바다 속으로 무너져 가는 것이다. / 짭잘한 세상이 무너져가다 일어서는 것이다.
>
> - 문충성 〈제주바다 2〉 부분

우리 바다를 말하면서 제주바다를 빠뜨리고 말할 순 없다. 제주의 삶에서 바다를 제쳐놓고 말할 수 없듯이. 시인이 알고 있는 제주의 삶은 백년을 칼을 갈아도 그 날을 세울 수 없는, 한 많은 인고의 삶이다. 그런 제주에서 나고 자란 탓일까, 문충성 시인의 이 작품 속 제주도는 어머니의 눈물 속에 어려 있다. 시인의 어머니 역시 울타리 돌담 구멍에도, 청대왓(대밭)에 드는 바람에도 주름진 한숨으로, 눈물로 스며 있다. 그 어머니처럼, 제주 바다에서 자라고 바다에서 살아가는 자식들의 삶도 결국 한 줌 모래로, 햇살로, 바람결로 녹아 바다 속으로 무너지고 일어서는 것이 아니겠냐는 것이 토박이 시인이 인식하고 있는 원융무애한 제주살이이다.

> 바다가 조금 잔잔해지면 / 우리들은 부식된 철판을 찾아 / 마스트 아래거나 / 구석진 창고 틈 또는 / 선창 둘레를 돌아 / 데크의 이음매 사이를 / 치핑해머로 내리 꽂는다 / 썩는 것에 대한 분노로 / 치를 떨며 / 연거푸 찍는다 / 양날 선 해머로 두들길 때마다 / 파란 불꽃이 튀어 / 스스로 몸을 굴려 멀쩡한 장소까지 / 은밀하게 잠식하면서 번져가는 / 녹슨 철판이 / 완강한 저항을 끝내고 / 부서져 가루로 남아 사라지고 나면 / 손바닥 가득 물집이 생겨 / 터진 상처를 / 수평선 너머 일몰의 구름에다 비비어 / 하루의 피곤한 일과를 끝낸다 우리들은
>
> - 김성식, 〈갑판을 정비하며〉 부분

김성식 시인은 30년 넘게 외항선 선장으로서 오대양을 누빈 체험을 바탕으로 시작 활동을 펼친 시인이다. 바다 중에서도 원양체험을 시작품으로 갈무리해 낼 수 있는 사람은

울진군청

황동규 시인은 언젠가 마음 더 챙기지 말고 내려놓을 수 있는 자리가 바닷가 방파제 끝이라고 하였다.

많지 않다. 원양선 선원들의 선상생활의 일단을 보여주는 이 시에서 녹슨 철판을 해머로 두드리는 것은 선원들의 단순일과가 아니다. 바다위 동지들과 의기투합, 치핑해머를 내리꽂는 그들의 행위는 썩는 것에 대한 결연한 응징의 표출이다. 김성식의 시들은 시 창작의 주무대인 망망대해의 격리 공간에서 해상생활의 온갖 위협과 대결하면서도 문명사회의 병리현상에 대한 치열한 문제의식을 견지함으로써 본격 해양시의 독보적 성취를 이룬 것으로 평가받고 있다. 바다를 세상과 격리된 특수한 사회로서, 심리학과 인성의 실험실로 보고 문명사회의 허위와 조작 등을 바다체험을 바탕으로 한 작품 속에서 드러내 보이고자 했던 영국 작가 조셉 콘래드처럼.

> 언젠가 마음 더 챙기지 말고 꺼내놓을 자리는 / 방파제 끝이 되리. / 앞에 노는 섬도 없고 / 헤픈 구름장도 없는 곳. / 오가는 배 두어 척 제 갈 데로 가고 / 물자국만 잠시 눈 깜박이며 출렁이다 지워지는 곳. / 동해안 어느 조그만 어항 / 소금기 질척한 골목을 지나 / 생선들 함께 모로 누워 잠든 어둑한 어물전들을 지나 / 바다로 나가다 걸음 멈춘 방파제 / 환한 그 끝.
>
> - 황동규, 〈방파제 끝〉 전문

방파제 끄트머리에서의 소회를 담담한 어조로 읊조린 이 시의 마지막 행을 읽고 나면 정말 마음이 환해진다. 이 시가 많은 사람들에게 사랑받는 이유일 것이다. 소금기 질척한 골목이나, 생선들 함께 모로 누워 잠든 어물전이나 어쩌면 오늘을 사는 우리 모두의 고단한 삶의 현장이다. 이런 삶에서 우리네 범부들은 어쩔 수 없이 온갖 자질구레하고 잡다한 것들로 뒤엉켜 어찌해 볼 수가 없는 마음들을 보듬고 살아 간다. 시인은 언젠가는 그런 마음속 삶의 찌꺼기들을 다 꺼내 놓으리라고 마음 먹는다. 그 자리가 바로 바닷가 방파제의 환한 끝이다.

● 영혼의 바다

산너머 저쪽엔 / 별똥이 많겠지 / 밤마다 서너 개씩 / 떨어졌으니. //
산너머 저쪽엔 / 바다가 있겠지 / 여름내 은하수가 / 흘러갔으니.

- 이문구, 〈산너머 저쪽〉 전문

「관촌수필」로 유명한 작가 이문구(1941-2003)가 남긴 동시이다. 이 시가 천진무구한 목소리로 노래하고 있듯이 우리 어린 시절의 산너머 세계는 대개 모르는 세계였다. 모르는 세계에 대해서는 추측과 공상이 일어난다. 이 시에서도 밤마다 별똥별이 많이 떨어졌던 산너머에는 별똥이 많을 것이고, 여름내 은하수가 그리로 흘러갔으니 당연히 바다가 있을 것이라고 상상하고 있다. 은하수의 바다에서는 밤하늘처럼 별들이 반짝일까. 그 바다의 끝인 수평선 너머는? 그곳엔 우리가 모르는 또 다른 세계가 있을 것이고 그 공간은 아마도 우주로 확장되는 공간일 것이다. 이것은 마음의 바다이고 영혼의 바다이다.

우리의 일상이 지리한 산문처럼 이어지다가 어느 지점에서 행갈이가 이루어진다면, 바다는 바로 그 행갈이가 일어나는 지점이다. 바다의 본성은 인간 내면을 향한 강력한 침투력을 지녔다. 우리의 영혼이 그곳에서 비롯되었기 때문일까. 프랑스 시인 로제 드비뉴(Roger Devigne, 1885-1965)는 내 영혼에서 바다냄새가 난다(「바다의 냄새」)고 하였고, 폴 발레리(Paul Valery, 1871-1945)는 「해변의 묘지」에서 "내뿜는 바다의 신선함은 / 내 혼을 나에게 되돌린다" 라고 썼다. 바다는 인간의 감수성을 자극하고 무엇인가를 묻게 하고, 돌아보게 하고 사유하게 한다. 바다의 바람은 인간의 영혼을 씻고 언어라는 존재의 집을 들락거린다. 하이데거(Martin Heidegger, 1889-1976)의 사유를 빌려 말하면 바다는 인간이라는 현존재(Dasein)를 존재케하는 존재자이다.

바다는 뽈뽈이 / 달아나려고 했다. // 푸른 도마뱀떼같이 / 재재발렀다. // 꼬리가 이루 잡히지 않았다.

- 정지용, 〈바다2〉 부분

시인 정지용

정지용(1902-1950)의 이 시는 「해에게서 소년에게」(최남선) 이후 시사의 전개에서 김기림의 「바다와 나비」와 더불어 모더니즘 시라는 새 영역을 개척한 중요한 시로 자리매김되어 있다. 시인은 독특하고 기발한 언어감각을 통해 '바다'라는 대상 자체를 하나의 진기한,

SWM
태아를 자라게 하는 양수, 뭇 생명을 키우는 바다, 둘 다 생명의 원형적 공간이라는 점에서 공통점을 갖는다.

감각적 체험의 장으로 묘사해 보여주고 있다.

김기림(1908-?)의 「바다와 나비」에서는 고독하고 무지한 자아의 실존적 모습이 바다 위를 무모히 나는 나비로 표상된다.

> 아무도 그에게 수심(水深)을 일러준 일이 없기에 / 흰나비는 도무지 바다가 무섭지 않다. // 청(靑)무우밭인가 해서 내려갔다가는 / 어린 날개가 물결에 절어서 / 공주(公主)처럼 지쳐서 돌아 온다. // 삼월(三月)달 바다가 꽃이 피지 않아서 서글픈 / 나비 허리에 새파란 초생달이 시리다.
>
> \- 김기림 〈바다와 나비〉 전문

이 시에서의 바다는, 다만 어떤 불가항력적인, 멋모르고 다가서 보려 하지만 쉽게 접근을 허용하지 않는 세계로 그려지고 있다. 이처럼 어딘가 이질적이고 동떨어진 세계로 인식되던 바다는 허만하의「바다의 성분」과 같은 시에 이르러서 훨씬 구체적인 '물성'의 바다로 변모한다.

> 최초의 인간이 흘렸던 한 방울 눈물 안에 모든 시대의 슬픔이 녹아 있듯 바다에는 소금이 녹아 있다. 뺨을 흘러내리는 최초의 한 방울이 머금고 있었던 가장 순결한 푸름. 바람이 불타는 누런 보리밭에서 낫질하는 사람 이마에서 떨어지는 땀방울 안에 바다가 있다. 낯선 도시 밤하늘 먼 별빛을 바라보는 눈에 고이는 눈물 안에 바다가 있다. // 바다(海) 안에는 어머니(母)가 있다. 발가숭이 알몸의 한천질 탯줄을 몸에 감고 최초의 물을 온 몸으로 느꼈던 기억 이전의 바다./ 어머니 사랑처럼 바다에는 한계가 없다.
>
> \- 허만하, 〈바다의 성분〉 전문

한 방울 눈물 속에 녹아 있는 시대의 슬픔처럼 바다에는 소금이 녹아 있어서 시인은

김명수 시 「해안초소」의 작품배경인 안산시 사동 해안도로 부근의 2011년 현재 모습

허호창

시골 농꾼의 이마에 맺히는 땀방울에서도, 낯선 도시의 밤하늘을 올려다보는 이의 눈에 고이는 한 방울 눈물에서도 바다를 본다. 시인의 표현대로 우리 인간에게 바다는 기억 이전의 세계일 뿐 아니라, 지상에서의 모든 기억을 지우고 다시 돌아갈 기억 이후의 세계이기도 할 것이다. 허만하 시인은 강이 하구에 이르러 바닷물로 섞여드는 모습을 다음과 같이 아름답게 묘사하기도 하였다.

> 미지에 대한 두려움과 / 커다란 긍정 사이에서 / 서걱이는 갈숲에 떨어지는 / 가을 햇살처럼 / 강의 최후는 / 부드럽고 해맑고 침착하다
>
> \- 허만하, 〈낙동강 하구에서〉 부분

> 갈대 바람에 서걱이고 / 폐염전 위로 조각달이 걸렸다 / 철조망 친 뻘밭, 어둠 짙은 한밤중 / 둔덕에 잡목들도 바람에 휩쓸린다 / 그 둔덕 외진 곳에 / 해안초소가 서 있다 / 철모를 쓴 군인 하나 / 어깨에 총메고 그림자로 서 있다 / 그 옛날 내 모습도 그림자에 겹쳐진다 / 탐조등은 뻘밭 너머로 어른댄다 / 밤중에도 새가 운다 / 위장망도 바람에 흔들린다 / 조각달은 경계병의 철모에도 어린다 / 암염빛 달빛이 / 교대하는 병사들 어깨위에 내린다 / 병사들은 말이 없다 / 한 사람이 사라지고, 한 사람이 남는다 / 분단의 가을밤은 침묵 속에 적요하다 / 조각달이 구름 속에 가려졌다 드러나고 / 갈대는 다시 또 바람에 서걱인다 / 옛 기억도 갈대되어 바람에 서걱인다
>
> \- 김명수, 〈해안초소〉 전문

현재 한국해양과학기술원 사람들 중 왠만한 고참들이라면 '그래! 그시절엔 정말 그랬어...'

순청시청

하며 잠시나마 회상에 잠겨 들게 할, 그런 정경을 이 시는 담고 있다. 연구원이 안산의 지금 위치로 옮겨 온 것이 1986년이었는데, 그 때는 밀물 때면 길 하나 건너편이 바로 바다였고 거기까지 하루 두차례 바닷물이 들어왔었다. 해안 사석안벽이 있던 그 아래쪽으로는 철조망이 쳐져 있었고 야산 숲 속에는 해안초소도 있어 밤이면 초병들이 경계근무를 섰다. 그렇게 우리 바다는 대부분 닫혀진 채로 접근을 허용하지 않았다. 우리의 분단 현실은 바다마저 닫힌 바다로 만들었다. 안산에 살면서 바다에 남다른 관심을 보여 주었던 김명수 시인(그는 부산시가 주관하는 한국해양문학상의 첫회 수상자이기도 하다)은 이러한 사실을 아프게, 그러나 담담히 그려 내고 있다. 이 해안을 따라 둘러쳐져 있던 철조망이 없어진 것처럼 분단의 저 철책선이 걷어 치워질 그 날은 언제일까. 국토의 삼면이 바다라곤 해도 아무런 거리낌없이 신체적 접촉과 교감을 누릴 수 있는 바다를 가질 때에만 우리는 진정한 해양국이 될 수 있지 않을까.

와온 해변

> 산이 가랑이 사이로 해를 밀어넣을 때, / 어두워진 바다가 잦아들면서 / 지는 해를 품을 때, / 종일 달구어진 검은 뻘흙이 / 해를 깊이 안아 허방처럼 빛나는 순간을 가질 때, / 해는 하나이면서 셋, 셋이면서 하나 / 도솔가를 부르던 월명노인아, / 여기에 해가 셋이나 떠 있으니 노래를 불러다오 / 뻘 속에 든 해를 조금만 더 머물게 해 다오 / 저녁마다 일몰을

정현종 시선집 「섬」(좌)
사람들로 북적이는
도심 풍경(우)

보고 살아 온 / 와온사람들은 노래를 부르지 않는다 / 떨기꽃을 꺾어 바치지 않아도 / 세 개의 해가 곧 사라진다는 것을 알기에 / 찬란한 해도 하루에 한번은 / 짠물과 뻘흙에 담근다는 것을 알기에 / 쪼개져도 둥근 수레바퀴, / 짜디짠 내 눈동자에도 들어와 있다 / 마침내 수레가 삐걱거리며 굴러가기 시작한다 / 와온사람들아 / 저 해를 오늘은 내가 훔쳐간다

- 나희덕, 〈와온에서〉 전문

어두워진 바다가 지는 해를 품어 안으려는 시각. 시인의 눈은 하늘과, 바다와, 뻘밭에 비치는 세 개의 해를 보고 있다. 그러면서 신라향가 중 한수인 도솔가를 떠올린다. 해가 두 개가 떠서 없어지지 않았던 변괴를 다스리기 위해 지어 불렀던 노래. 그러나 지금 와온 사람들에겐 월명 도인의 노래가 필요치 않다. 설령 하늘에 또 다른 해가 나타나는 변괴가 생겨도 대수롭지 않다. 늘상 세 개의 해를 보고 살아 온 그들이기에. 그러니 그 곳의 수레바퀴(아마도 세상을 밀고가는 수레바퀴이리라)는 쪼개져도 여전히 둥글다. 찬란한 해도 하루 한번은 짠물과 뻘흙에 몸을 담근다. 바닷가 사람들이 터득하고 있는 세상은 이처럼 절대성과 상대성이 엇섞이는 세계이다. 그 수레가 눈동자에 들어 온 순간 시인의 내면에서 잠시 호흡을 멈췄던 시간이 다시 숨쉬기 시작한 모양이다. 시인은 삐걱거리며 굴러가기 시작한 그 수레바퀴(해)를 오늘은 자기가 훔쳐가겠노라고 선언한다. 그러나 그가 훔쳐 가고픈 것은 그 바닷가 사람들의 심혼에 깃들어 있는 대자연의 숨결일 것이다.

사람들 사이에 섬이 있다 / 그 섬에 가고 싶다

- 정현종, 〈섬〉 전문

정현종 시인은 단 2행의 이 시로 온갖 상상을 불러 일으키게 만든다. 사람들 사이에 있는 섬, 시인이 가고 싶은 이 섬은 어떤 섬일까. 그곳은 미지의 섬일 것이다. 미지의 섬은 미지의 어떤 영역이다. 이미 다 알려진 곳은 재미없다. 식상하고 싱겁다. 그래서 인간은 알지 못하는 곳을 동경하는 것이다. 시인 역시 언제나 알지 못하는 곳을 향해 떠나는 노마드와 같은 존재이다. 그런 시인은 사람들 사이에서도 섬을 찾는다. 사람들 사이에 있지만, 잘 알려지지 않은 채 존재하는 섬. 미지의 영역은 우리 인간이 필요로 하는 영원한 영적 식량인지도 모른다.

한편 김춘수 시인은 '죽은 바다'의 이미지로 시인 자신의 암울한 내면풍경의 한 극단을 보여 준 바 있다.

> 눈보다도 먼저 / 겨울에 비가 오고 있었다. / 바다는 가라앉고 / 바다가 없는 海岸線을 / 한 사나이가 이리로 오고 있었다. / 한쪽 손에 죽은 바다를 들고 있었다.
>
> \- 김춘수, 〈처용단장〉 1부 1-4 부분

이 시는 '바다가 가라앉고', '바다가 없는 해안선', '죽은 바다' 등 바다에 대한 부정적 언표들로 가득하지만 우리는 시인이 오히려 바다를 '꿈', '희망', 또는 '미래'의 대용어로 사용하고 있음을 알 수 있다.

> 너의 뼈는 지독히도 형이상학적, / 나의 조급한 식욕을 조롱한다 / 하지만 한쪽을 다 먹고 / 뒤집을 때 이미 나는 그대 뼈가 / 군데군데 쳐놓은 수많은 함정을 / 기교적으로 빠져나와 하얀 / 속살을 멋들어지게 젓가락으로 / 쏙 빼내어 먹는다 // 쉰 머리카락처럼 얇고 힘이 없는 / 이리도 많은 잔뼈 사이로 / 살점은 슬프게도 온통 / 바리케이트를 치고 있구나 / 얼마나 많은 그리움으로 / 짧은 생애 마쳤기에 이다지도 / 잘디잘게 무수히 솟아 있는지 // 신비롭게 몇 번 들여다보았지 / 어깨 너머로 햇살 아래 / 빛나던 너의 푸른 비늘, / 그대의 옷은 아름다웠다 / 밤바다에 가는 줄을 그으며 / 엷게 떠 있는 은빛 물결과 / 검푸르게 일렁이는 파도의 / 지난날들을 그대로 가지고 있던
>
> \- 조용미, 〈청어는 가시가 많아〉, 부분

아하, 시인은 이렇게 형이하학에서 형이상학으로 육박해 가는구나. 유난히 잔뼈가 많은 청어. 그 잔뼈들은 시인의 해석에 의하면 사람들의 식욕을 조롱하는 가시일 뿐 아니라 청어 자신에게도 그리움의 사무침이 제 살 속으로 파고들며 만들어낸 슬픈 가시이다. 이처럼 식탁 위의 한 마리 생선으로부터 그냥 식욕과 미각만 충족시키는 게 아니라 생의 내밀한 의미까지도 보아내는 눈이 한 편의 시를 낳고 우리를 새로운 인식의 세계로 이끌어 준다.

바다의 물고기는 이처럼 식탁에 올라 상념을 불러 일으키기도 하지만 또다른 몽상에 빠져들게도 한다. 그래서 다음과 같은 즐거운 몽상의 시편이 심해어처럼 빛을 발한다.

물고기는 먹이와 번식에 미친 물고기떼 속에는 살지 않는다. // (중략) 심해 어둠에서 스스로 빛을 내는 이상한 물고기는 / 천년만에 한 번씩 부상하는 / 바다의 아들이라는 소문이 있다./ 바다에는 가끔 이상한 소문이 태풍처럼 불어나고 / 생각의 파도는 길길이 날뛰며 / 혼이 나간 사람들에게 깊고 푸른 절벽을 보여 준다

- 김백겸, 〈빛 물고기〉 부분

시인은 몽상적 풍경화를 통해 물신에 들린 속악한 세태에 한 방 날리고 있다. 심해 숲에서 태어나는 빛 물고기는 먹이와 번식에 미친 물고기 떼 속에는 살지 않는다. 천년만에 한 번씩 부상하는 이 바다의 아들은 그 존재 자체가 속물들에 대한 야유인지도 모르겠다.

그러나 세상이 아무리 혼탁하고 소란스러워도 이를 외면한 채 심해어처럼 고고하게 살 수는 없다. 어쨌든 우리는 세파에 부대끼며 휩쓸리며 고해(苦海)를 살아내야 하는 존재이다. 인간의 한계이자 숙명이다. 그러니 어쩔 것인가. 오세영시인은 바다를 보며 그 모든 한계를 극복하라고 말한다. 섬처럼 멀리, 외따로 떨어져 있을지언정 홀로 견디며 스스로 자신을 감내하는, 아름다운 의지가 되라고 이른다.

사는 길이 슬프고 외롭거든 / 바닷가. / 가물가물 멀리 떠 있는 섬을 보아라. / 홀로 견디는 것은 순결한 것, / 멀리 있는 것은 아름다운 것, / 스스로 자신을 감내하는 자의 의지가 / 거기 있다.

- 오세영, 〈바닷가에서〉 부분

한편, 앞서 소개한 김성식 시인처럼 평생을 바다와 함께 한 사람은, 결국 세상의 온갖 더러운 것, 온갖 죽은 것들을 다 거두어들이고서도 마침내 금강석 보다도 더 단단한 소금을 만들어내는 바다야말로, 가장 낮은 곳에 있지만 가장 높은 곳이라는 깨달음에 이른다.

이 세상 가장 낮은 곳에 바다가 있네 / 낮은 곳 낮은 곳으로 내려가는 / 모든 하수구 아래 바다가 있네 // 몸을 낮춰 낮춘 몸이 / 웅얼웅얼 모여드는 / 작은 물방울 버리지 못하고 / 천만개 굳어진 입술들이 / 한밤중 몰래 버린 수상스런 말들도 지우지 못하고 / 빨갛게 죽어간 폐수까지 거두어 / 파도에 씻어내던 바다가 / 다시 살아나는 말들만 골라 / 때때로 해일을 일으켜 / 썩은 갯가를 휘저어 대지만 / 끝내는 제 살을 태우면서 / 금강석 보다 더 단단한 소금을 만들어 / 바람에 말리고 있었네 // 이 세상 가장 낮은 곳에 엎드려 / 거듭 일어나는 바다를 / 오늘도 나는 / 조심스레 지나고 있네

- 김성식, 〈이 세상 가장 높은 곳에 바다가 있네〉 전문

시인에 따라서 바다는 슬픔조차도 미역처럼 싱싱하게 파도에 씻을 수 있는 바다이기도

하고, 삶의 고통과 허무를 견디고 이겨 낸 인고의 물이 수중 물기둥으로 서 있는 몽환적 풍경의 바다이기도 하다.

미역처럼 싱싱한 슬픔 / 파도에 씻으며 살고 싶어 / 바다로 온 거야

- 이해인, 〈바다새〉 부분

겨울 바다에 가 보았지 / 인고(忍苦)의 물이 / 수심(水深) 속에 기둥을 이루고 있었네

- 김남조, 〈겨울바다〉 부분

그런가 하면 김형영 시인과 같은 이는

하늘과 바다가 내통하더니 / 넘을 수 없는 선을 그었구나 // 나 이제 어디서 널 그리워하지

- 김형영, 〈수평선1〉 전문

와 같이 친한 친구에게 하듯 유쾌한 너스레로 바다에게 익살을 건네기도 한다.

● 맺는 말

이상으로 육당 최남선이 청년들을 향해 신문명과 보다 큰 세계에 눈뜰 것을 주문한 「해에게서 소년에게」이후 한국의 바다시들이 어떻게 변주되어 왔는지를 살펴 보았다. 어떤 바다시에는 생명의 약동이 파도치고, 어떤 바다시에는 삶의 곤고함이 절절히 배어 있다. 또 어떤 바다시에는 영혼을 깨우는 바다의 메시지가 있다.

우리는 이제 바다를 통해 좁은 국토의 한계를 극복하고, 바다를 통해 더 큰 나라로 도약하는 길을 찾아야 한다. 그러려면 바다에 대한 이해가 보다 심화, 확대되지 않으면 안된다.

다행히 근래 들어 국내 문학계에서도 해양소설, 해양시 등 해양문학에 대한 연구도 적지 않게 이루어 지고 있고 해양문학상도 제정되어 문학인들의 해양관심도를 높이고 있다. 지난 2010년에는 「세계작가페스티벌」이 '바다의 시정신'을 주제로 국내에서 개최(단국대학교, 동아일보 주관)되어 바다에 관한 시적 교감의 폭을 세계로 넓혔다. 한편 2012년에는 '살아있는 바다, 숨쉬는 연안'을 주제로 한 여수세계박람회(2012.5.12~2012.8.12)가 열려 우리 국민들에게 바다의 미래가치와 비전을 새롭게 전하였다.

평론가 김현은 "유년시절과 봄과 바다는, 아직까지도 한국시인들의 상상력의 원공간이다."라고 하였다(살아있는 시들 제1권, 1983). 이 말대로 바다는 이 땅의 시인들에게 여전히 가장 중요한 상상력의 무한공간으로, 시적 영감의 신대륙으로 열려 있다.

한국의 해양소설

최영호 해군사관학교 교수, 문학 평론가

● 해양소설로 창조된 바다의 천의 얼굴

우리의 해양소설에 대해 말하기에 앞서 물음 하나를 던진다. '과연, 우리에게 바다는 어떤 의미인가?' 그 대답은 각자 바다를 어떻게 경험하는가에 따라 다르겠지만, 요즘 들어 바다는 직접 경험하지 않은 사람들에게도 절실히 와 닿는 것이 사실이다. 2011년 발생한 일본의 후쿠시마 원자력발전소의 붕괴사고 이후 엄청난 규모의 방사능 오염수가 해양에 버려졌고, 많은 사람들이 불확실성, 재난, 위험, 위험관리 등 시중에 회자되는 말들이 바다와 그 현상에 맞물려 있다는 것을 느끼기 시작했기 때문이다.

여름철이면 예외 없이 몰아치는 태풍도 바다가 없으면 발생하지 않는다. 해수 온도가 낮으면 태풍의 위력도 낮아진다. 그렇다면 태풍의 위험은 곧 바다의 위험이다. 그런데 지난 멕시코만의 석유시추공 파열사고가 보여주듯 바다의 위험을 알고 그 위험에 대비하기 위해 발전시킨 현대 문명이 오히려 더 큰 위험을 유발한다는 사실은 실로 아이러니가 아닐 수 없다.

현대 사회를 위험 사회로 규정한 독일 뮌스터대 울리히 벡(Ulrich Beck, 1944-) 교수는 위험 사회에서의 주요한 삶의 전략은 위험에 대해 객관적 거리를 두고 물러서서 바라보는 성찰적 자세가 중요하다고 언급한 적이 있다. 이런 성찰성과 관련하여 위험을 제거하고 통제하기 위해 마련된 사회적 장치들의 결과를 의도한 결과뿐 아니라 의도하지 않은 결과까지도 충분히 평가하는 것이 중요하고, 이런 자세에 앞서 위험에 대한 열린 자세를 갖는 것이 중요하다는 지적도 있다(한상진 서울대 교수). 이것은 위험을 완전히 통제하거나 제거해야 한다는 강박관념에서 벗어나 위험과 더불어 살아가려는 자세의 중요함을 지적한 것이다. 물론, 위험이 피할 수 없는 실존적인 조건이라면, 이런 위험 자체가 극히 일상적임을 인정하는 것도 그런 성찰적 자세의 단면일 것이다.

이러한 성찰 과정에서 빼놓을 수 없는 것이 하나 있다. 그것은 바다의 삶인 불확실성과 위험은 결코 바다 자체로 끝나지 않는다는 사실이다. 우리 인생 속의 무수한 만남을 칼로 두부 자르듯 나눌 수 없듯이, 바다는 우리의 일상적 삶과 공존하고 있는 중첩된 현실이다. 알랭 바디우(A. Badiou, 1937-)의 철학적 사유로 보면, 우리와 바다는 만남이 갖는 사건으로서의 성격을 공유한 '하나의 둘 un Deux'인 것이다. '둘의 하나'와 '하나의 둘'은 차원이 다르다. 둘의 하나는 궁극적으로 하나로의 통합과 조화를 목표로서 지향하지만, 하나의 둘은 이미 그 속에 조화와 통일이 녹아있으며 통일안에서의 개체성과 구체성을 추구한다. 넓게 말해, 해양소설은 '하나의 둘' 이란 관점에서 작가들의 고유한 시각과 재현적 사고로 재창조한 바다의 천의 얼굴이라 규정할 수 있다.

● 「서해풍파」의 의미와 '사람의 바다'를 그린 소설들

이런 시각으로 보면, 한국소설사에서 찾을 수 있는 해당 작품들은 수두룩하다. 자신의 빗나간 오해로 사랑하던 아내를 바다에 잃고 뱃사람이 되어 피울음의 '배따라기'를 토하는 김동인의 「배따라기」(1948), 암울한 일제시대의 삶을 목숨을 걸고 고기떼를 따라 국경을 넘나드는 어부(오마리)들의 사연을 다룬 현경준의 「오마리」(1939), 또한 같은 일제 강점기에서 농민생활의 실상과 사회구조의 모순을 어린 '노마'의 눈에 비친 '너무 잔잔해 유리 같은 바다'에 비유한 현덕의 「남생이」(1937) 등이 그것이다.

신경향파운동에 참가하고 조선프롤레타리아예술가동맹(Korea Proletariat Artist Federation, KAPF)의 발기인으로 활약한 이익상의 「어촌」(1925) 속의 바다는 비극적 아름다움의 삶을 담고 있다. 뱃일을 나가는 남편에게 안녕을 기원하는 부적을 주지 못해 불안해하는 성팔의 아내와 아들의 눈물겨운 행동은 바다의 넓이만큼이나 바다의 깊이만큼이나 넓고 깊다. 이들 모자의 일과 중 가장 중요한 일은 아랫목에 묻어둔 아버지 밥그릇 뚜껑의 물기를 확인하는 것이다. '식기 뚜껑'에는 물이 으레 묻어 있기 마련이나 모자의 이런 행동은 아버지의 살아있음을 기대하는, 그리고 바다는 그들을 저버리지 않는다는 그 둘만의 영원한 믿음이다.

또한, 한글학자 이상춘의 「서해풍파」(1914)도 예의 주목되는 해양소설이다. 이 소설은 우리에게도 해양탐험소설이 있었음을 입증한다. 총 113쪽 분량인 이 소설은 아문젠의 남극탐험 성공 2년여 뒤에 창작된 우리나라 최초의 남극탐험 해양소설이다. 뱃일을 하던 조부와 부친이 잇달아 숨지자 어머니는 아들만은 제발 바다로 나가지 말라고 막지만 오히려 두 아들은 더욱 더 먼 바다로의 진출을 시도한다. 그러던 중 뜻밖의 풍랑을 맞아 난파된다. 그 후 서로 다른 곳에서 구사일생으로 살아난 이들은 각자 떨어져 생활하다가

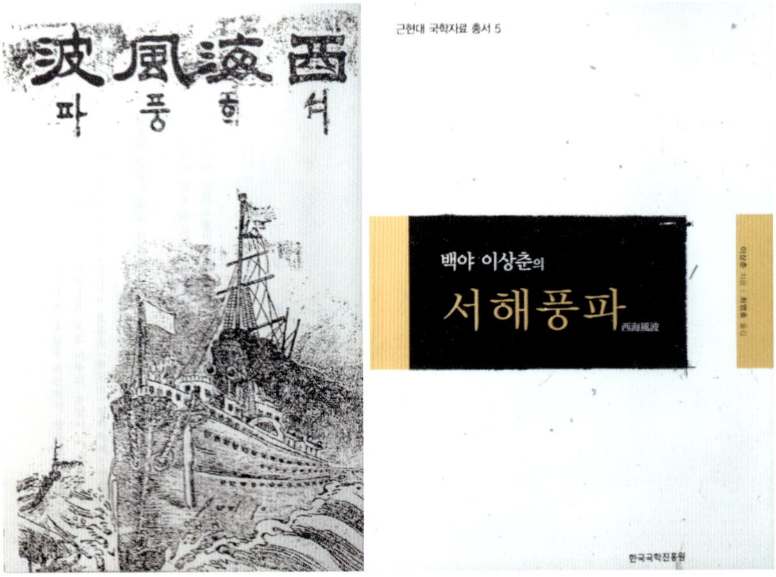

「서해풍파」의 원본(좌)과 현대어본(우). 우리나라 최초의 해양소설이자 남극탐험소설이다.

다시 미국 샌프란시스코 대학에서 우연히 만나서는 당시 제국주의 국가들이 앞 다투어 경쟁하던 탐험 소식에 상기되어 자신들이 처음 계획한 먼 바다로의 진출을 재차 감행한다. 그것이 바로 남극탐험이다.

주목할 점은 소설의 투박한 내용에 담긴 작가 이상춘의 과학적 사유와 정신이다. 현실은 어두운 일제강점기였지만 두 형제는 산술학, 기하학, 항해술 등을 학습한 뒤 당시로선 획기적으로 일본인 학자를 초대해서 남극탐험에 도전한다. 물론 사건 전개의 필연성과 내용의 긴밀도가 떨어지는 것은 사실이나 이는 이 소설만의 문제는 아니었다. 이는 당시 신소설 전반의 문제였다.

이를 감안하면 「서해풍파」의 시사점은 엄청나다. 왜냐하면 아직 바다에 대한 과학적 지식이 많지 않던 시기에, 그래서 바다에 대한 두려움으로 가득하고, 특히나 일제강점기라는 암울한 식민지 현실 상황에서 먼 바다로의 진출을 과감히 시도했기 때문이다. 그와 동시에 바다로의 진출에는 반드시 과학적인 사고, 즉 산술학, 기하학, 항해술 등이 요구된다는 사실을 강조한 점과 국제정세에 대한 역점도 간과할 수 없다. 이런 강조는 작가의 신분과도 긴밀히 연관된 듯한데, 당시 이상춘은 한글학자 주시경의 문하생이자 교육자였다. 당시 이상춘은 일제가 조선어사용 금지령을 내린 상황에서 혼자서 정리한 조선어 9만여 어휘를 아무런 대가없이 조선어사전편찬위원회에 기증했고, 이로써 「한글학회 큰사전」의 토대를 구축한 한글학자였다.

본격적인 해양문학작품들은 1960년대 이후 많은 소설들에서 찾을 수 있다. 이들 작품은 '육지/바다'식의 이분법적 사고에서 '육지-바다'를 보여주었고, 나아가 통일 속에서의 개체성을 지향하는, 떼려야 뗄 수 없는 관계로서의 '육지 : 바다'의 의미를 담아냈다. 한남규의 「검은 파도(波濤)」(1966), 김원일의 「도요새에 관한 명상」(1979), 이원규의 「포구의 황혼」(1987)과 「침묵의 섬」(1988), 그리고 정형남의 「해랑산조(海浪山釣)」(2005) 등, 이 작품들 속에서의 바다는 사람의 바다였다. 그 바다는 죽은 두 영혼과 만나는 자리에서도 출렁이고,

하구의 환경오염과 개인적 양심 속에도 요동치며, 어민 가족사에서 분단세대와 자식세대를 잇는 연결 고리로도 작용하고, 뱃꾼인 아버지의 과거사와 실종 후 갖게 된 실어증의 원인으로도 작용한다. 피 한방울 섞이지 않은 사람들이 부자지간이 되어 살아가는 바닷사람 이야기를 소설화한 백시종의 「선창가」(1976)도 인간의 삶에 물들어 있는 바다의 숨겨진 얼굴이라 할 수 있다.

이문구의 「달빛에 길을 물어」가 실린 한국 해양문학선집 4권

이런 여러 작품을 통해 알 수 있듯이 우리 해양소설에서의 바다는 늘 인간 삶과의 만남 속에 있다. '하나의 둘'에서 그 하나는 결국 한반도의 민족문제, 환경문제, 인권문제였으며, 바다는 이를 드러내고 접근하여 성찰하는 구체적 실체이자 의미였다.

그런데 해양소설과 관련하여 논란이 되고 있는 점 중 하나는 아직 우리에게 해양소설에 대한 명확한 개념 정의가 없다는 점과, 바다라는 소재의 구체성은 뚜렷하나 바다를 통해 재현해야 할 문학적 보편성이 충분히 확보되지 못했다는 점이다. 여기엔 바다라는 소재가 갖는 특수성은 있으나 실제로 구현된 바다의 문학적 의미나 다양성, 서사구조와 소설적 긴장미는 부족한 편이라는 일각의 비판도 없지 않다.

그러나 이런 우려와 비판도 조금 다른 관점에서 보면 하나의 기우일 수 있다. 해양소설이냐 아니냐의 논쟁을 떠나 '하나의 둘'이란 관점에서 본다면 기왕에 발표된 소설들 중엔 의외로 주목되는 작품들이 적지 않기 때문이다. 작고한 보령 바닷가 출신인 이문구의 소설도 그중 하나다. 그의 소설 중 일부는 바다와 더불어 사는 사람들의 삶에 의미 있는 촉수를 들이댔다. 발표 때부터 상당한 화제를 불렀던 중편 「해벽」(1974)은 1970년대 당시 어촌 사포곶을 배경으로 한 소설로서, 작가는 어민들 삶의 진실과 목소리는 외면한 채 발전이라는 획일적인 잣대만 들이대는 개발의 논리와 그로 인해 생업이 뿌리 뽑힌 절박한 현실을 재현해낸다.

이문구의 소설과 같은 기조로 집필된 소설로는 물막이 공사로 삶터를 잃은 새만금 사람들의 이야기를 다룬 조헌용의 「파도는 잠들지 않는다」(2003), 바다 오염과 인간의 자기모순을 동시에 들춰낸 고금란의 「바다표범은 왜 시추선 위에 올라갔는가」(1997)가 소설적 계보를 잇고 있다.

또한, 바다와 강의 경계에서 살아가는 도요새의 존재를 통해 세대간의 갈등을 묘파한

김원일의「도요새에 관한 명상」(1995)도 독특하다. 심성이 선한 아버지, 생존 하나만을 위해 사는 억척 어머니, 현실비판주의자인 형, 윤리감각이 전혀 없는 동생이 이루는 가정은 정상적인 가정과는 차원을 달리한다. 작가는 소통이 부재한 이들 가족의 이질적인 정서와 갈등을 바다와 도요새와의 관계에 비유하여 그려낸다.

한편,「해벽」에 비해 상대적으로는 덜 알려졌지만 이문구의「달빛에 길을 물어」(1993)도 문제작이다. 멍텅구리 배의 비참한 현실을 작가 특유의 토속적인 말투로 고발한 이 소설의 기본 서사는 야사 연구를 위해 현장답사(야승회민정기)에 참가한 명천이 대열을 빠져나와 멍텅구리배의 섬, 즉 한국적인 수용소 군도 중 하나인 살섬을 찾아가는 여정이다. 그러나 작가의 주된 관심은 어떻게 우리 곁에 극단적인 인신매매조차 대수롭지 않게 묵과되는 현실이 그대로 존재할 수 있는지를 보여주는 데 있다. 인권유린, 위험을 보이지 않는 곳에 숨김으로써 문제를 해결하려는 무지와 극단적 위험을 방관하고 외면하려는 공동체의 이기성은 더 이상 끝 갈 데 없는 곳까지 고스란히 이어진다.

해양소설 속의 바다는 인권침해와 인권유린의 현장으로 자주 그려진다. 왜 이런 현상이 즐비한 것일까? 서구의 역사를 봐도, 바다는 공동체로부터 버려지고 내동댕이쳐진 사람들의 마지막 종착지이며, 바다에 떠있는 배는 사회를 안전하게 보호하기 위한다는 명분으로 정신병자와 같은 사회적 위험인물들을 많은 사람들의 눈앞에 보이지 않게 숨기는 작은 공간이었다. 그리고 바다의 변화무쌍함, 그로 인한 절박성, 긴박성, 위험성은 인권 위에 생존을 위한 치열성만 있을 뿐이라는 고정관념을 만들어내고, 이는 궁극적으로 바다를 인권이 보장되지 않는 현실적 공간으로 자주 그려내게 한다.

바다를 통해 인권문제를 다룬 대표적인 해양소설로는 바다노동의 고됨과 인권의 중요성을 균형감 있게 다룬 원명희의「먹이사슬」(1990), 선상반란 문제를 시대의식과 개혁의지로 격상시킨 엄창석의「만선가」(1990), 북태평양 오징어잡이배의 실상을 기자의 시각에서 속속들이 파헤친 이상민의「북태평양」(1993) 등이 있다. 그리고 10권 분량의 김중태의「해적」(1993)도 같은 계열의 해양소설인데, 이 소설은 유신 정권 말기부터 문민정부 탄생 초까지 행해진 부당한 권력 행사와 부정부패, 민생 고초를 다각도로 다룬 작품이다. 특히, 이 작품은 앞서 발표한 중편「붉은 바다-해적」(1990)를 근거로 내용을 확장시킨 것으로서, 지난날 군사정권 시절 하에 팽배한 우리 사회의 황금만능주의와 천민자본주의가 어떻게 결합하여 바다를 유린했는지를 보여 준다.

● 소설 속의 이순신

우리 해양소설 중엔 그 외에도 다양한 형태의 소설들이 있다. 그 중 역사적 사실, 존재론적 사실을 다룬 해양소설들도 적지 않다. 역사적 진실과 사회적 현실을 다룬 작품들로는,

전광용의「해도초」(1958), 김정한의 장편「삼별초」(1994), 현기영의 장편「바람타는 섬」(1989), 김원일의「잃는 바다」(1971), 현길언의「껍질과 속살」(1986), 이원규의「침묵의 섬」(1988), 천승세의「낙월도」(1972)와「신궁」(1977), 백우암의 중편「태풍」(1995), 임철우의 장편「그 섬에 가고 싶다」(1995), 이승우의 중편「샘섬」 등이다.

현기영의「바람타는 섬」

여기서는 홍성원의 작품을 중심으로 설명해 보겠다. 홍성원의 소설은 바다에 대한 작가의 생래적 관심에서 촉발된다. 출생은 합천이되 부친을 따라 강원도 금화로 갔다가 '물에 대한 특이한 기억'을 얻은 작가에게 바다는 자신의 유언에까지 지속된다. 작고 1주기에 세워진 고인의 비문에는 한 작가의 삶과 동체적 질서를 이룬 바다가 새겨져 있다.

> 한 개의 선과 두 개의 색상이 바다가 만드는 구도의 전부다. 가장 큰 것이 가장 단순해서 바다는 우리를 감동시킨다. 우리가 다시 바다에서 만난다는 것은 더할 수 없는 축복이다.
>
> -홍성원 추모 문집,「아름다운 기억」(2009) 중에서

홍성원은 우리나라를 대표하는 대하소설 작가 중 하나다. 그는 '역사는 사건을 기록하고 문학은 사람을 기록한다'는 것을 문학적 기조로 작품 활동에 전념했으며, 누구보다 현장을 중시하고 자료 고증도 철저히 했다. 홀로 즐겼다는 바다낚시는 현장답사의 한 방법이기도 했다. 전남 고흥군의 시산도를 가상의 섬 '가막도'로 고쳐 쓴 장편「마지막 우상」도 그런 과정의 결과였다. 고립된 섬을 배경으로 인간의 잔악성과 따뜻함을 함께 다룬 이 소설은 우리 인간을 인간답게 만드는 것에 대한 실체를 규명하려는 데 주안점을 두었다. 그는 우리를 인간답게 만들고 우리를 억압하는 것이 우리 자신인지, 우리가 처한 외적 상황인지를 따져 물었다. 이를 위해 개인의 시각뿐 아니라 함께 사는 사람들의 공동체적 시각을 빌렸고, 밖으로 드러나지 않은 진실도 진실일 수 있는지도 깊이 성찰했다.

한편, 임진왜란을 다룬 홍성원의 5부작「달과 칼」도 이와 맥락을 같이 한다. 다른 작가들과 달리, 그는 이 전쟁을 개인의 전쟁만으로 보지 않았다. 나라와 나라간의 모든 전쟁이 그러하듯, 임진왜란 역시 개인만의 전쟁이 아닌 동시대인 모두의 운명이 걸린 전쟁이었다. 특히, 그는 이 전쟁이 신(神)들의 전쟁이 결코 아니기 때문에 사람과 사람간의 전쟁이었기에, 그토록 치열할 수밖에 없었고, 그래서 매우 처절하고 비극적일 수밖에 없었다고 결론짓는다. 명장 이순신도 그런 맥락에서 이해했다. 그는 이순신을 유능한 지장(智將)으로서의 존재로 보지 않고 전체적인 인격체로 재현하려 했고, 이순신의 객관적인 입장이나 영웅

홍성원의 장편 「마지막 우상」의 작품배경이 된 고흥군 시산도 전경

적인 행동보다 개인적 · 실존적 고뇌가 무엇이었는지를 중시했다. 뿐만 아니라 이순신 개인은 물론이고 당대인 모두가 함께 겪어야 했던 임진왜란의 참상, 고통 받는 백성들과 더불어 있던 이순신, 그리고 그들과 함께 고통으로부터 벗어나려 했던 이순신을 공동 운명체적 삶의 지평에서 총체적으로 재현했다.

홍성원의 해양소설은 인간의 삶과 결합된 바다를 주조로 하며, 바다 자체보다 바다의 움직임에 관심을 기울였고, 그런 움직임을 유발하는 바다 이면의 역학관계를 놓치지 않았다. 그의 장편과 대하소설 외 많은 단편들을 통해서도 이는 확인된다. 바다에서의 성공과 실패는 너무 불투명하고 측정되지 않은 것들이어서 이를 단순한 잣대로 성공과 패배를 가늠하기 보기보다 오히려 인간이 실행한 멋진 도전과 패배로 봐야 한다고 주장한 「해를 기다리는 갈매기」, 바다 속에서 땅을, 땅 속에서 바다를 머금고 있는 갯벌을 통해 우리가 지녀야 할 포용과 결합을 배우고, 근본을 잃지 않는 존재 확인과 신뢰감 회복을 그린「짠맛으로 남은 사람들」, 남도 바닷사람들의 기억 속에 살아있는 통제사 이순신의 참 모습에서 유명한 군인보다 정직한 군인의 모습을 올바로 보고 배우자고 강조한「남도기행」

고흥군청

등이 모두 그러하다.

물론, 홍성원 외에도 이순신을 중심인물로 다룬 해양소설은 여럿 있다. 그러나 문학 속의 이순신은 역사적 사실로서의 이순신과 우리가 믿고 있고, 믿고 싶어 하는 인간적인 이순신과는 달랐다. 문학은 역사적 사실만으로 기록되지 않는다. 역사적 사실이 문학의 소재로 옮겨오면 더 이상 역사적 산물이나 상황, 역사가의 증언일 수 없다. 더욱이 지나간 역사도 모든 것이 고스란히 기억될 수 없고, 잔존하는 역사도 역사가의 편견에 따라 선택적으로 기억되고 기록될 뿐이다.

그렇다면 문학을 통해 재현된 이순신과 역사적 존재로서의 이순신은 무엇이 같고 다를까? 그리고 해전을 다룬 우리의 해양소설의 모습은 어떠한가? 우리는 과거 100년 전부터 이순신의 삶을 창조적으로 재해석해왔다. 한 나라의 역사는 '영웅'에 의해 움직인다는 신념 아래, 모든 것이 열악한 상황에서 싸워 이긴 이순신을 세계적 인물인 넬슨보다 한 차원 더 높게 평가한 신채호의 「리순신젼」(1908)에서 작가 신채호는 평소 품은 반외세, 근대적 민족주의, 국권회복 의지를 작품으로 구체화했다.

최영호

이순신을 그린 다른 소설들

그러나 이광수의 「소설 이순신」(1931)은 역사 속의 이순신을 공적을 이룬 위인, 즉 '임란의 전공자로 숭앙'하기보다 변치 않는 '충의로운' 인격의 소유자로 재현했다. 춘원은 이순신의 절개, 충의 등을 다루되 작가 자신의 개입을 최대한 자제하며 작품을 전개시켰다. 하지만 무엇을 볼 때 자기 눈은 닫은 채 객관적으로 본다는 게 가능한 것일까? 있는 것을 있는 대로 보겠다는 것은 빛깔 좋은 말이지만, 이광수의 문학적 시도는 있는 것이 '어떻게' 있는지를 고려하지 않은 채 '주어진 그대로' 보는 것에 지나지 않았다. 그의 소설은 당대가 처한 비극적인 현실은 몰각한 채 모든 것을 이순신 하나에만 초점을 맞춘, 순수의식의 정치적 무의식으로 이해해 마땅한 소설의 한 형태였다.

이순신에 관한 폭넓은 관심은 김훈의 「칼의 노래」(2001)가 발간된 이후 크게 고조되었다. 김훈이 주목한 것은 역사 속에 박제된 이순신이 아니었다. 그는 역사적 존재인 이순신과 현실적 존재인 작가 자신을 변증법적으로 결합시키며 비정하고도 담백한 문체로 이순신을 재조명했고, 이순신의 심적 고뇌를 영혼의 살아있는 원리로 형상화했다.

그런데 김탁환의 8부작 「불멸의 이순신」(2004)은 구성을 치밀하게 하고 자료도 대거 보완한 대하소설이다. 그는 임진왜란 전적지를 꼼꼼히 답사했고, 일본의 패장 와키자카의 기록까지 철저히 조사한 결과를 작품에 담았다. 김탁환의 소설에서 예의 주목할 점은 이순신에 관해 새로운 문제를 제기한 점이다. 그는 이순신을 제대로 알려면 실제로 전투가 벌어지는 전장뿐 아니라 원거리에서 전장의 승패를 통제하고 공과를 논하는 조정 대신들과 선조 임금과의 관계까지 파헤쳐야 한다고 보았다. 이를 통해 작가가 진정으로 묻고자 한 것은 '도대체 우리에게 인간이란 무엇인가?'라는, 이순신이 비껴갈 수 없었던 존재론적 물음이었다. 작가는 드러난 그대로의 역사보다 드러나지 않고 감추어져 있되 있을 법한 역사의 이면을 사려 깊게 들췄고, 연전연승 개가를 올리는 명장 이순신의 신화 뒷면을 일별하면서 그 승패에만 치중하지 않고 보다 총체적인 시각으로 이순신의 삶을 주목했다.

우리 해양소설을 통해 창조된 이순신은 저마다 다르며, 기존의 역사적 사실과도 일정한 미적 거리를 두고 있다. 작품들을 통해 창조되는 이순신은 우상이나 신으로 군림하는 존재가 아닌 '살'과 '피'가 감도는 존재였고, 박제된 이순신이 아니었다. 그 이순신은 부하의 말을 귀담아 듣고, 그들의 말에 깃든 삶의 지혜까지 놓침 없이 읽는 이순신이며, 직접 자작시까지 짓고 우국충정과 자기 성찰적인 삶을 갈무리하며 살았던, 지극히 '인간적인' 이순신이다. 삶의 고뇌를 거부하지 않으면서도 투철한 역사의식과 민족애, 군신과 임금과의 관계를 간파하면서도 불굴의 투지를 꺾지 않았던 이순신은 신이 아니었다. 그는 위대한 인간 승리의 하나로 우리와 함께 '살아가는' 존재였다. 우리 작가들은 결코 이순신을 완성된 존재로는 보지 않았고 시대와 더불어 '살아가는' 미완성의 진행형 인간으로 재현하고 있다.

이청준의 「이어도」

● 또 다른 서사의 공간 '섬'

다음으로 주목할 해양소설로는 우리 심성 속의 해양을 상징화된 형태로 재현한 작품들이다. 이청준의 소설은 그러한 한 예이다. 그의 소설은 유독 섬이 많이 등장하며, 이를 지식인의 시각으로 접근한다. 문학평론가 김치수의 지적처럼, 그는 '자기완성을 위한 탐구'를 일관되게 추구해온 작가로서, 그의 해양소설들에 흐르는 기조도 이와 다르지 않다. 시시각각 바뀌는 사건들의 긴박한 양상을 개방된 시선으로 추적하는 「당신들의 천국」(1976), 제주 해녀들의 이상향인 '이어도'를 기자의 시각으로 스릴 있게 탐구하는 「이어도」(1975), 그리고 제주도 4.3사건으로 인해 역사와 이념적 대립 속에서 무고하게 죽어간 민중의 한과 넋을 불러내어 씻김굿으로 달래고 죽은 자와 산 자가 함께 희망한 평화를 환상적인 형태로 소설화한 「신화를 삼킨 섬」(2권, 2003)도 마찬가지다. 각기 유형은 다르지만 이들 작품은 지적 갱신을 거듭하며 자기완성을 추구하는 작가의 문학적 세계관을 노정하고 있다.

그 한 예는 단편 「섬」(1986)에서도 만날 수 있다. 이 소설은 바다와 사람의 만남, 즉 '하나의 둘'을 발견과 기호 놀이(jeux)의 개념으로 재현했다. 친구와 터줏대감의 권유로 '홀섬'을 찾은 주인공은 돌아오는 길에 자신이 만났던 그 섬이 시야에서 사라지자 두 가지

한국해양과학기술원

전설의 수중섬
이어도에 세워진
이어도해양과학기지

생각에 잠긴다. 하나는 자기 자신이 그 섬으로부터 벗어났다는 것이고, 다른 하나는 그 섬도 결국 부재로 존재하는 섬일 수밖에 없다는 것이다. 그 연장선상에서 주인공은 그 섬의 실체가 아닌 껍데기만 가져왔다고 단정한다. 이를 본 친구는 그런 그에게 경험담을 들려주는데, 이는 작가 스스로의 다짐일 수도 있고, 독자들에게 하고픈 작가의 말일 수도 있다.

> 섬의 실상을 가져올 순 없더라도 그 섬에 대한 올바른 만남에의 욕구랄까, 그런 건 단념할 수가 없는 노릇이었거든. 그게 비록 한순간에 끝나 지나가버리는 것이라 하더라도 말이지. 그래 나중엔 한 조각 환상에 불과할지 모르지만, 나의 사진은 그런 뜻에서 섬의 실체의 일부일 수 있는 거구.
>
> - 이청준, 「섬」 중에서

하지만 우리가 주목해야 할 부분은 주인공이 홑섬을 찾아 떠났던 울릉도로 돌아올 때다.

주인공 앞에 또 하나의 섬이 등장한다. 그것이 바로 출발지 울릉도였다. 하나의 출발지가 또 다른 섬으로 새롭게 등장한 것이다. 그와는 영원히 결별할 수 없는 섬이었고, 먼저 알고 그의 삶 앞에 기다리는 섬이었다.

라캉(J. Lacan)의 이론을 원용하면, 이청준의 「섬」은 유의미한 발화나 행동을 허구적인 것으로 만드는 끊임없는 놀이 속으로 주인공을 함몰시키길 거부하는 것으로 볼 수 있다. 「섬」의 섬은 눈에 보이는 섬과는 차원을 달리한다. 이 섬은 우리의 일상과 함께 존재하는 삶 속의 섬, 삶 속의 바다다. 「섬」은 우리의 일상 하나하나가 어떻게 섬처럼 존재할 수 있고, 만날 때마다 시시각각 바뀔 수밖에 없는 우리의 현실을 관념 세계와 기호 놀이의 과정으로 재현해낸다. 그런 점에서 「섬」은 우리 소설사에서 전혀 새로운 형태의 해양소설이라 판단하며, 해양소설이란 특수성을 벗어나 문학의 보편성 차원에서 다각도로 검토해 볼 작품이라 생각한다. 이미 널리 알려졌지만 우리 앞에 다가오는 삶의 우연성과 필연성의 관계를 저마다의 눈으로 철저히 탐구하고 다채롭게 이해하는 기회가 될 수 있다는 측면에서 이 작품은 일독의 가치가 있다.

이청준의 해양소설 외에도 '섬'을 작품화한 소설들은 적지 않다. 궁핍한 삶의 탈출구로 삼은 이태준의 「바다」(1939)부터 존재의 구원의 문제를 다룬 이승우의 「샘섬」(1998)까지 섬은 다양한 형태로 변주된다. 그 핵심은 섬을 다룬 작품들의 전복적 사유 체계와 새로운 이미지 재현일 수 있다. 섬을 상상의 논리로 재창조하되 환상과 구원의 장소로 재현한 작품들로는 정한숙의 「IYEU島」(1960), 오유권의 중편 「절도(絕島)」(1971), 박기동의 「섬」(1978), 김용성의 「무거운 손」(1980), 유홍종의 「흐르는 섬」(1980), 고시홍의 「표류하는 이어도」(1983), 정소성의 「돌아오지 않는 섬」(1984), 문순태의 「안개섬」(1986) 등이 있다.

이윤기는 일반적으로 해양소설과는 동떨어져 있다고 생각하는 작가이다. 생전에 '죽음은 죽는 순간에 이루어지는 것이 아니라 잊혀지는 순간에 이루어진다'는 말을 남기고 떠난 그는 우리 문단에 널리 알려진 소설가이자 번역가였고, 특히나 그리스 로마신화를 대중화한 뛰어난 신화학자였다. 그런 그가 해양소설의 관점에서 음미할 수 있는 작품을 남긴 것은 흥미로운 일이 아닐 수 없다. 「울도 담도 없는 집」(2000)은 그가 남긴 유일한 해양소설로 평가될 가능성이 있는 작품으로 여기에 대해서는 좀 더 깊은 연구가 진행되어야 할 듯하다.

이 소설은 '가물섬'의 등대를 고집스럽게 지키며 사는 한 등대지기 노인의 집념어린 삶과 속절 깊은 사연을 다룬 얘기다. 부잣집 아들이 머슴의 딸과 눈이 맞았으나 부모의 허락을 받아내지 못해 애달파 하는 상황에서 갑작스럽게 닥친 홍수 때문에 머슴의 딸이 죽고 그 아들은 그 섬으로 흘러들어가 지금의 등대지기가 된 것이다. 그런 그가 '무인도의 유간수 등대에서 별빛을 동무 삼으며 뱃길을 지키는 데' 목숨을 바치기로 한 결심은 곧 우여곡절 끝에 죽은 머슴의 딸 옥자의 영혼에 대한 위로라고 여긴다. 같은 섬도 누구의

통영시청

소매물도 등대

시각으로 보느냐에 따라 달라진다. 관청의 계장이 일러주는 '가물섬'은 여자가 오줌을 누는 형상의 섬인데 반해, 주인공에겐 섬을 휘감고 있는 옛길, 즉 '비탈길이 흡사 뱀이 산을 기어오르는 형국'의 섬이다. 옛길과 섬과의 관계를 새로 발견한 주인공은 '뜨거운 기운이 솟구치면서 내 몸, 내 마음의 어둠속에 정체 모를 무수한 뱀들이 스멀거리는' 기운을 느끼고, 어디서 그런 기운을 가져오는지 난생 처음 깨닫는다.

작가 이윤기는 겉보기의 아름다움이 진짜 아름다움이 아니고, 그 아름다움이 발생하기 이전의 상태임을 강조한다. 또한 무인도의 등대를 지키는 노인 등대지기의 신념과 못다 이룬 사랑의 속절 깊은 사연, '정체 모를 뱀'처럼 섬을 휘감은 옛길이 마치 우리들 속에 '울도 담도 없는' 형태로 숨어 있는, 우리 삶의 아름다움을 분출시키는 원초적 에로티시즘임을 암시하고 있다. 「울도 담도 없는 집」은 섬을 다룬 우리 해양소설들 중에서도 매우 이색적인 소설일 수 있는데, 이 소설은 우리에게 '참으로 큰 것은 끝이 없다'고 한 작가의 질문과 함께 이해의 지평을 다각도로 생각해 보게 한다.

세계 어느 나라, 어느 곳이든 바다와 접하는 곳이면 등대와의 관계도 긴밀하다. 게다가 세상의 등대는 어느 하나도 똑같은 등대는 없다. 모양도 그렇지만 가장 큰 차이는 개별 등대의 섬광 주기다. 개별 등대는 '12초 1섬광, 20초 1섬광, 6초 1섬광'등으로 구별된다.

뱃길을 잡는 사람들이 등대를 보고 가늠하는 것은 두 가지다. 하나는 앞으로의 항로이고, 다른 하나는 현재의 위치다. 지금은 위성항법장치(GPS)가 있어 기능과 역할이 낮아지는 추세지만, 칠레나 우리 동해안처럼 밋밋한 해안선이 길게 드리워져 있을 경우에는 등대의 역할이 매우 중요하다.

김훈의 「항로표지」(2005)도, 앞의 이윤기의 해양소설처럼, 등대지기의 삶을 구체화하고 있다. 소라섬을 지키는 6급 수로직 등대장 김철은 아내의 출산과 함께 2급 준교사 자격 검정시험에 합격하여 더 나은 생활여건이 기다리는 육지로 가려 하고, 대기업 경영진으로 일하던 송곤수는 회사가 도산되자 등대를 관리할 계약직 임시직원으로 입도한다. 평소 소라도는 오가는 배들도 적고 사람도 잘 찾아오지 않는 곳이지만, 이들의 엇갈린 운명은 한치 앞도 보지 못하며 살아가는 우리 현대인의 모습을 대신한다고 해도 과언이 아닐 듯하다.

「항로표지」는 바다와 섬을 떠나는 사람의 삶과 그곳으로 찾아들 수밖에 없는 사람을 겹쳐 놓음으로써 양쪽의 삶을 대비시켜 보게 하는데, 그 중심엔 이들의 삶을 좌우한 '구체적인 현실'이 바다와 포개져 있다. 묘하게도 그 '하나의 둘'은 나중에 회사를 떠나 등대 관리자로 오는 송곤수가 회장으로부터 들었던 구조조정 지시에서도 일부 확인된다.

> 이봐, 이 피바다를 버리고 블루오션(Blue Ocean)으로 나가야 해. 아무도 입을 대지 않은 이윤의 바다 말이야. 모두 다 데리고 갈 수는 없어. 갑판장은 풍랑이 치면 짐을 바다에 버려야 하는 거야. 그래야 블루오션으로 나갈 수 있어. 내 눈엔 그 바다가 보여. 자네 눈엔 안 보이나?
>
> \- 김훈, 「항로표지」 중에서

결국, 송곤수가 자신이 만든 구조조정안을 제출하자 회장은 놀란다. 왜냐하면 그 대상자는 노조원이 아닌 '부장급 칠십 명을 포함해서 고액봉급자 여든다섯 명'이었기 때문이다. 그런 후 그는 회사를 떠난다. 송곤수가 근무하는 회사는 한치 앞도 분간하기 힘든 망망대해와 다르지 않으며, 그가 작성한 구조 조정자의 명단은 현대인의 불안정한 삶의 상징이다. 따라서 이런 망망대해에서 배가 항로를 이탈하거나 침몰하지 않으려면 개별 등대 고유의 불빛에 의존할 수밖에 없는데, 김훈의 「항로표지」는 이를 구체적인 바다체험과 연결시켜 재현하고 있다.

삶의 현장으로서의 바다

마지막으로 살펴볼 해양소설로는 바다에 대한 일반인의 편견과 사회적 고정 관념에 저항하는 작품들이다. 바다를 일 년 중 일정 시간만 관심을 갖고 낭만과 유희의 장으로 생각하는 일반인의 사고는 바다를 생명을 걸고 지키고, 바다를 생존의 삶터로 생각하는 사람들에게는 불편한 것이다. 작가 한창훈은 이러한 바닷사람들의 생각을 잘 보여주고 있다. 그는 바다에서 태어나 지금까지 바다에서 살며 작품 활동을 바다에서 하고 있다. 최근엔 우리나라 최초의 수산생물 보고서인 정약전의「자산어보」를 닮은 현대판 자산어보「인생이 허기질 때 바다로 가라」(2010)를 '생계형 낚시꾼'의 시각으로 써서 보여줄 정도로, 그는 우리 시대의 대표적인 해양소설가다. 소설집「바다가 아름다운 이유」(1996)를 위시해「가던 새 본다」(1998),「세상의 끝으로 간 사람」(2001),「청춘가를 불러요」(2005)와 장편소설「홍합」,「섬, 나는 세상 끝을 산다」,「나는 여기가 좋다」(2009) 등이 그것이다. 그의 해양소설들은 바다의 시간 속에서 살아가는 사람들의 삶이 얼마나 치열한지를 보여주며, 바다에 와서 삶을 포기하는 사람들은 비록 그들 자신은 견딜 수 없는 어려운 시간이지만, 그것은 바닷사람들의 시간에 비할 바 없음을 전하면서 간접적으로 그들에게 삶의 의지를 되돌려주고 있다.

투신자살하기 위해 섬을 찾은 여자에게 뱃사공이 따끔하게 충고하는 다음 장면은 작가 한창훈이 바다에 대한 일반인들의 편견에 대해 가하는 일침이기도 하며, 더 나아가 우리 해양소설에 대한 새로운 이해를 촉구하는 강조로 봐도 좋을 듯하다.

> "여기가 공동묘지라도 된다는 거요? 나는 죽자사자 살아가는 곳이 당신들한테는 고작 죽을 곳이요?"
> 사내는 여자를 노려보았다. 여자는 눈빛을 맞받다가 고개를 뒤로 했다.
> "왜 저 사는 곳에서 죽지 못하고 이렇게들 난리야. 당신처럼 찾아온 사람들 있어. 근데 다들 살아서 가더라고."
>
> \- 한창훈,「나는 여기가 좋다」중에서

그 외에도 우리 해양소설에는 서양의 해양소설의 관점에서 찾아볼 수 없는 작품들이 많다. 대개 서양의 해양소설은 남성의 관점에서 그려진다. 그에 반해, 우리의 해양소설들은 바다와 여성의 삶도 형상화하고 있다. 대표적인 예가 해녀와 당골(무녀)을 주인공으로 한 소설이다.

해안가로 출장을 갔던 도시인이 물질하는 해녀를 보고 그 건강함과 활달함에 감동한 뒤 해녀의 삶에 몰입되는 사연을 적은 김정한의「월광한」(1940), 남편을 바다에 빼앗긴 해녀 해순이가 바다가 싫어 육지로 삶을 옮기지만 자기 육신에 깃든 바다가 다시 그리워 결국 바닷마을로 되돌아오는 얘기를 다룬 오영수의「갯마을」(1953) 모두 해녀의 삶을 재현하고 있다. 그러나 주인공인 해녀를 좀 더 의미 있게 다룬 것은 역시 제주 출신 작가들이다. 일제치하 당시 제주도가 처한 역사적 현실 속에서 제주 해녀들의 잠녀항쟁을 그린 현기영의 장편「바람 타는 섬」(1989), 같은 사건을 인간의 실제적인 삶의 시선으로 재현한 현길언의 「껍질과 속살」(1986), 청산과부인 해녀 두 사람이 숨진 남편 대신 '이어도'를 품고 살아가는 얘기를 들려주는 고시홍의 「표류하는 이어도」(1987), 우리문학 최초로 해녀가족 삼대를 작품화한 오성찬의 「보제기들은 밤에 떠난다」(2001)가 여기에 해당한다. 이런 형태의 소설들은 우리 해양소설의 문학적 가치뿐 아니라 세계 해양문학과 견주어 보더라도 문학이 지향하는 구체적 보편성을 충분히 제고시킬 것이라 믿는다.

그런데 작품의 중심축에 당골을 주인공으로 내세운 해양소설들도 있다. 이들 작품 역시 서양에서는 찾아볼 수 없는 우리만의 해양소설의 한 형태로서, 바다를 근거지로 한 무속과 토속세계의 독특한 결합을 단초로 한다. 천승세의 「신궁」, 「낙월도」와 한승원의 「목선」, 「새끼무당」 등이 그 대표적인 예다. 천승세의 「신궁(神弓)」은 바다와 굿이 형식적 차원으로 결합되지 않고, 이를 뛰어넘어 어촌 마을을 지배하는 자본의 폭력과 바다의 생명력을 찬탈하는 선주의 횡포에 맞선 당골의 건강한 생명력을 재현한다. 이는 그동안 남성 중심적 사회에서 가려지고 왜곡되었던 여성의 사회적 역할을 다시 자리매김하는 데 기여하고 있다.

● 맺는 말

극히 상식적인 얘기겠지만, 해양소설은 바다와 직결될 수밖에 없다. 그러나 이렇게만 단언하기엔 우리 해양소설들의 면면은 풍부하며, 작품을 통해 창출한 가치도 다채롭다. 앞서 언급한 여러 해양소설들을 통해 우리는 그 일부를 살폈다. 이제 한국문단이 해야 할 일 중 하나는 우리 작가들이 추구하는 해양소설이 과연 무엇을 근거로 하고 있고, 어떤 문학적 특성이 우리의 해양소설을 구성하고 있는지를 폭넓게 헤아려야 한다는 것이다. 좋은 해양소설과 좋은 문학은 서로 별개의 것이 아니다. 좋은 해양소설에는 해양소설만의 독창적이고도 결정적인 무언가가 요구된다. 우리는 그것이 있는 그대로의 바다만이 아닌 인간과 결부된 바다, 바다 자체로만 있지 않고 다른 것과 의미 있게 관련된 바다가 소설적 바탕을 이룰 것이라는 것을 안다. 그런 점에서 우리의 해양소설은 복합적 서사 양식을 지니며, 이에 걸맞게 형상화한 작품들은 아직 충분하지 못하다. 그래서 앞으로의 창작 가능성도 다양하게 열려 있는 것이다. 한마디로 우리의 해양소설은 복과 짐을 함께 갖고 있다. 적어도 이런 복된 짐을 자기 몫으로 여기는 작가라면 망막에만 머무는 바다나 표면적인 유형의 바다에 드리웠던 시각을 접어야 할 듯하고, 소재중심주의로 일관해온 답답한 시선도 수정해야 할 듯하다. 결코 다른 것으로는 재현해 낼 수 없고 환원할 수도 없는 바다만의 특이성을 찾아내어 이것과 더불어 살아가는 우리 인간의 총체적인 삶을 열린 사고로 형상화할 작가적 독창성이 우리 해양소설계에 절실히 요구되는 이유는 여기에 있다.

영 · 미의 해양소설

이상섭 연세대학교 명예교수

헬라 문학에 나타나는 바다의 영웅들

섬나라라고 바다의 문학이 발달하는 것은 아니다. 또한 바다에 관련된 생활상을 반영한다고 해서 반드시 모든 인류가 공감하는 보편적인 문학이 되는 것도 아니다. 바다로 둘러싸인 섬나라나 삼면이 바다로 둘러싸인 반도국에서 호방한 바다의 문학이 창조되기보다는 바다의 두려움을 나타내는 문학이나 바다를 아예 외면하는 문학이 생기는 경우가 더 흔하다. 우리나라는 반도국인데도 「춘향전」이나 「구운몽」에 맞먹을 만한 바다의 문학은 낳지 못한 듯하다. 「심청전」이나 「별주부전」에 동화적으로 등장하는 바다 속의 용궁 이야기가 고작이다.

옛 헬라(그리스) 사람들은 오늘의 발칸 반도 남쪽에 자리 잡고 살면서 자연히 바다와 싸우는 생활을 안 할 수 없었다. 더욱이 농사지을 땅이 풍부하지 않은 관계로 일찍부터 바다 건너 나라들과 무역을 하게 되었다. 지금부터 약 3천년 전에 일어났던 것으로 추정되는 트로이전쟁은 헬라의 도시국가들 중 하나였던 스파르타의 왕 메넬라우스의 아내 헬렌을 바다 건너편 항구 도시 트로이의 왕자 파리스가 유혹하여 갔기 때문에 일어난 것으로 전설은 이야기하고 있지만, 실상은 두 지역 간의 무역 분쟁이었던 것으로 밝혀지고 있다. 따라서 서양 문학의 시조인 호메로스의 「일리아스」를 보면 아름다운 여인을 되찾아오기 위하여 수많은 용사들이 목숨을 버리는 낭만적인 이야기뿐 아니라 바다와 싸우는 실제 생활에 관련된 이야기가 많이 섞여 있다.

헬라의 군대는 오늘날의 육군이 아니라 '해병대'였다고 할 수 있다. 그들은 우선 능숙한 항해자들이었다. 그들은 배를 건조하는 방법은 물론, 응급수리법과 운항법을 잘 알았고 바다의 지리와 천기를 잘 판단하였다. 「일리아스」는 그러한 실제 생활상을 보여주는 여러 작은 장면들을 삽입함으로 사실감을 높인다.

「일리아스」보다 더욱 본격적인 해상 모험을 다룬 것은 두말할 것 없이 「오디세이아」이다. 10년간에 걸친 트로이전쟁을 승리로 이끈 주역인 헬라 장군 오디세우스는 다른 헬라 왕들과는 달리 헬라 반도 서쪽에 있는 이타카라는 험준한 섬나라의 왕이었다. 바다와의 대결은 그의 숙명이었던 것이다. 섬나라의 왕이니만큼 오디세우스는 스스로 배를 만들 줄도 알고 운항할 줄도 안다. 오랫동안 그를 짝사랑하여 그를 외로운 섬에 붙들어 두었던 여신 칼립소가 제우스의 명령에 따라 하는 수 없이 그에게 도끼와 까뀌를 주면서 뗏목을 만들어 타고 가라고 한다. 그 장면을 호메로스는 다음과 같이 묘사한다.

호메로스

이제 여신이 섬의 한쪽 키 큰 나무 자라는 바닷가로 그를 데려갔는데 그곳에는 오리나무, 미루나무, 하늘로 치솟은 소나무가 오랜 풍상에 바싹 말라 있으니 물에 가볍게 뜨겠더라. 하늘 여신 칼립소는 키 큰 나무 자라는 곳에 그를 데려다 놓고 집으로 돌아가고 그는 나무를 자르기 시작했더라. 일은 빨리 끝났으니 그는 스무 개를 잘라놓고 도끼로 잔가지를 치고 재주껏 매끈히 다듬고 줄에 맞춰 반반하게 깎았더라. 그 사이에 하늘 여신 칼립소는 나사 송곳을 갖다 주어, 그는 나무마다 구멍 뚫어 맞추고 나무못과 가름대로 모든 나무를 한데 모아놓았더라. 능숙한 대목이 널따란 짐배의 밑창을 만들 듯, 그만한 크기로 오디세우스는 들보가 널찍한 뗏목을 지었더라. 가름대 많이 넣고 꼭대기에 기다란 재목을 얹어놓아 튼튼한 선실을 세우고 돛대를 만들고 거기에 가름대 붙이고 방향잡이 키도 만들었더라. 그러고는 물이 스며들지 않게 뗏목의 끝까지 실버들 가지를 듬뿍 가져다가 틈새를 막았더라. 그 사이 하늘 여신 칼립소는 돛폭 만들 헝겊을 가져오니 그는 그 일까지도 해냈더라. 버팀줄과 돛줄과 밧줄을 달고 지렛대로 배를 들어 거룩한 바다 위에 내려놓았더라.

오디세우스

한 나라의 왕이요 장수인 오디세우스가 배 짓는 대목 솜씨도 가지고 있으니 사람으로서는 전능자라 할 수 있겠다. 게다가

그는 배의 운항 솜씨도 대단하다. "즐겁게 오디세우스는 미풍에 돛을 펴고, 능숙히 키를 잡아 앉은 채로 배를 몰았다." 나침반이 없던 그 당시에는 별자리를 잘 보는 것이 항해술의 전부였는데 그는 그 기술마저 익숙하다. "잠 한잠 안자고 칠성무리(묘성) 바라보고 늦게 자는 목동자리 쳐다보고, 수레 자리라고도 하는 사냥꾼 자리를 향해 한 곳에 맴돌며 바다 속에 잠기지 않는 북두칠성 쳐다보며 배를 몰아갔더라."「일리아스」에 등장하는 기라성 같은 영웅 중에 오디세우스만큼 다능다재한 사람은 없다.

그렇게 17일이나 항해하여 파에아키아라는 해양 왕국에 도착할 찰라에 그를 항상 미워하는 바다의 신 포세이돈이 온갖 바람을 몰아와 배를 깨부수고 만다. 우수한 헤엄꾼이기도 한 그는 살인적인 암초들을 피하여 모래 틈새를 찾아 뭍에 올라 드디어 구조를 받는다. 여기서 그곳 왕의 딸인 나우시카의 도움을 받게 되는 이야기는 또 다른 이야기다. 육지와 바다의 용사인 그는 가는 곳마다 미녀들의 사랑을 받는 낭만적 영웅이기도 한 것이다.

헬라 문학에는 위에서 말한 두 가지의 위대한 고전 이외에도 바다의 영웅에 관한 작품들이 수없이 많다. 그중에서 야손이라는 영웅이 50인의 헬라 용사들을 인솔하여 위험한 바다를 항해하여 콜키스라는 왕국에 도달하여 '황금의 양털'이라는 보물을 탈취해 오는 이야기를 다룬 작품들이 유명하다. 그 50인을 알고노트(argonaut)라 불렀는데, 이는 '알고'라는 배를 탄 용사들이란 뜻이다. 오늘의 미국 우주 탐험대원을 애스트로노트(astronaut)라 하는데, '애스트로'는 별이란 뜻으로 예전에 위험한 바다 모험을 한 용사들과 비슷한 이름을 부여한 것이다.

● 바다문학 꽃피운 유럽인들의 해양모험

바다의 문학이 다시금 활발하게 쓰인 것은 콜럼버스(Christopher Columbus, 1451-1506)가 신대륙을 발견한 15세기 이후다. 이 시대에 온갖 종류의 항해 모험담이 나와 사람들의 호기심을 한없이 자극했다. 그중에는 허황된 것도 많았다. 우리가 잘 아는 토머스 모어(Thomas More, 1478-1535)의 「유토피아(Utopia)」도 히슬로데이(Hythloday)라는 바다의 모험가가 항해 중에 방문한 이상한 섬나라 이야기로 되어있다. 당시의 해양문학을 흉내 내어 자신의 정치 철학을 표현하고 당시의 사회를 비판한 것이다. 히슬로데이는 바다의 자유를 얼마나 좋아하는지 "무덤이 없는 자는 하늘이 덮어 준다." "지구의 어느 지점에서나 천국까지의 거리는 같다."라고 하면서 바다에서의 죽음을 두려워하지 않고 돌아다닌다.

유럽인들의 해상 모험에는 본시 진기한 보물을 얻으려는 현실적 목적이 개재되어 있었다. 그러한 목적은 금방 달성되어 16세기 이후 유럽은 전에 없이 물질적 풍부를 누리게

spiegel online
삽화로 표현된 로빈슨 크루소의 모습

된 것은 잘 알려진 사실이다. 동서양의 경제력 차이는 그때부터 생기기 시작했다. 그러나 부의 축적이라는 현실적 목적을 달성하기 위하여서는 목숨을 내건 모험이 필요했다.

영국 작가 다니엘 디포(Daniel Defoe, 1660-1731)의 「로빈슨 크루소(Robinson Crusoe)」를 모르는 사람은 없으리라. 그러나 우리나라에 아동소설로 소개된 이 작품은 실은 근대인의 현실적 기업 정신을 적나라하게 보여주는 성인용 저작이다. 이 책은 오디세우스나 히슬로데이 같은 영웅이나 자유사상가가 아니면서 현실적 이득을 위해 바다에서 모험하는 근대인을 주인공으로 삼고 있는 것이다. 영국 한 지방의 부유한 상인의 셋째 아들인 로빈슨은 부모의 간곡한 만류를 뿌리치고 바다로 가겠다고 우긴다. 부친의 말은 다음과 같은 것이다.

> 아버님 말씀은, 절망적인 상황에 처한 사람이거나 특별히 야심과 재산이 많은 사람만이 모험을 찾아 해외로 나가 투기사업에 의하여 출세하고 평범한 인생행로에서 벗어나는 일을 하여 이름을 내는 것이며, 그런 일은 내 처지를 훨씬 능가하든가 또는 내 처지보다 훨씬 저급한 것이며, 내 처지는 바로 그 중간으로서, 다른 말로 하자면 하류의 상층생활이라 할 수 있는 것으로서, 당신의 오랜 경험상 그것이야말로 세상에서 가장 좋은 위치이며, 인간의 행복에 가장 알맞은 처지이며, 노동자 부류의 가난과 궁핍, 고역과 고통을 맛보지도 않고, 상류층의 교만, 사치, 야심, 질투의 시달림도 받지 않는다는 것이었다.

안정된 생활을 최고의 행복으로 아는 이른바 중산층이 바다의 모험에 뛰어 들 이유는 없는 것 같다. 그러나 로빈슨은 18세가 되기까지 아무런 생업 준비를 하지 않고 바다 생각만 하다가 결국은 부모 몰래 친구 아버지의 배를 처음 타 본다. 그 배는 영국 연안 항구들에 물건을 실어다 주는 배였는데도 심한 풍랑에 휩싸여 모두들 죽을 뻔 한다. 그럼에도 불구하고 그는 이번에는 아프리카로 가는 배를 타고 가면서 물건을 사가지고 가서 팔아 큰 이윤을 남기는, 중산층 특유의 현실주의 정신을 발휘한다. 즉 그 당시 이후 세상에 많이 생긴 뱃사람 겸 상인이 되었던 것이다. 그러다가 그는 모로코의 무어인에게 붙잡혀 그곳의

로빈슨 크루소의 실제 모델인 Alexander Selkirk가 살았던 것으로 추정되는 로빈슨크루소섬의 움막

노예 생활을 하다가 탈출에 성공, 모험 끝에 브라질에 상륙, 농장을 경영하여 일시 부자가 된다. 근세 유럽인들의 식민지 경영에 한몫 들었던 것이다.

가출한 지 3년 후 브라질의 포르투갈 식민지 경영자들 사이에서도 명망 있는 사업가가 된 그는 다시금 노예 장사를 하자는 주위 사람들의 말에 혹하여 바다에 나섰다가 큰 풍랑을 만나 그 혼자만 겨우 헤엄쳐 무인도에 상륙하여 28년이나 살았다는 이야기는 우리가 다 기억하는 부분이다. 물질적 욕망에 이끌려 바다로 나간 그이지만 그는 분명 안락한 육지 생활에는 염증을 느끼고 바다 건너 미지의 세계를 찾고자 하는 용감한 모험가의 면모를 갖추고 있다.

● 걸리버 여행기의 'Sea of Corea'

「로빈슨 크루소」와 거의 같은 시기에 조나단 스위프트(Jonathan Swift, 1667-1745)가 「걸리버 여행기(Gulliver's Travels)」라는 유명한 책을 냈다. 다들 아는 바와 같이 이 이야기도 항해를 하다가 난파당한 사람이 이상한 나라에 도착하는 이야기이다. 환상적인 이야기를 통하여 인간의 죄악과 어리석음을 신랄히 풍자하는 글이지만 이야기의 틀은 그 당시 인기가 드높던 항해 모험담을 채택하고 있다. 주인공 걸리버도 시골 농부의 다섯 아들 중 셋째로서 대학 공부를 채 못하고 일찍 의사의 조수가 되어 의술을 익히고 틈틈이 항해 공부를 해두었다가 나중에 큰 배의 선의가 된다. 여러 번 난파를 당하여 겨우 목숨을 건지면서도 계속하여 난쟁이 나라, 거인나라, 과학나라, 말나라 등 여러 곳을 구경하는 그는 분명히 바다의 역마살이 낀 사람이다.

특기할 사실이 있다. 1726년에 출판된 이 우화적 풍자 소설의 190쪽에 실려 있는 옛 지도에 일본 열도가 그려져 있고 그 서쪽에 있는 바다 이름이 Sea of Corea로 명기되어 있다. 즉 '동해'는 그 당시 지도에 '한국의 바다'로 표기되었던 것이다. 하지만 아쉽게도 한국 부분은 잘려 나가서 보이지 않는다. 스위프트는 당시의 동양 지도를 그대로 베껴서 자기 이야기를 그럴싸하게 꾸몄던 것인데, 이 책은 1726년 이후 수백만 권이나 인쇄되었을 터이니, 동해가 Sea of Corea란 사실은 그때부터 이 책 덕분에 온 세상에 알려졌던 셈이다. 이 사실은 국내에서는 아마 필자가 처음 여기서 밝히는 것이겠다.

19세기에 들어오면 해양 모험을 다룬 낭만적인 문학이 꽃피는 것을 보게 된다. 프랑스의 쥘 베른(Jules Verne, 1828-1905)의 「15소년 표류기」는 「로빈슨 크루소」를 모방하여 소년들을 주인공으로 삼은 소년 소설이며 그의 「해저 2만 리」는 그 당시로서는 선구적인 공상과학 소설로서, 한국 청소년으로서 아마도 안 읽은 사람은 없을 것이다. 영국의 로벗 루이 스티븐슨(Robert Louis Stevenson, 1850-1894)의 「보물섬(The Treasure Island)」역시 우리들이 즐겨 읽은 잊지 못할 해적 이야기이다. 해적이 등장

동해가 Sea of Corea로 명기되어 있는 걸리버 여행기 속의 지도

해저 2만 리
영화 홍보물

하는 해양 모험 소설은 19세기에 큰 인기를 끌기 시작했다. 그런데 이들은 모두 소년 문학이거나 대중적인 문학이라 오늘날까지도 애독되고 거듭 영화화되어 많은 관객을 동원하지만 심각한 본격 문학으로 평가 받지는 못한다.

● 불후의 명작 「모비딕」

근대 문학사에서 가장 위대한 본격 해양 문학 작품은 미국 소설가 허먼 멜빌(Herman Melville, 1819-1891)의 「모비딕(Moby Dick, or the White Whale)」일 것이다. 1851년에 발표된 이 소설은 단순한 해양 모험담이 아니고 바다가 뜻하는 모든 것과 그에 대결하는 사람의 모든 것에 최대한의 상징성을 부여하여 인간 존재의 의미를 한없이 깊이 통찰하는 사상적 소설이다. 해양 문학을 진정으로 알아보려는 사람에게 이 작품은 결코 빠뜨릴 수 없다. 여기서 자세히 짚어보고자 한다.

이야기의 줄거리는 비교적 간단하다. "나를 이스마엘이라 부르라."는 기이한 문장으로 소설은 시작된다. 이스마엘은, 구약 성경에 보면, 아브라함의 서자로서 적자가 태어나자 집에서 그 어미와 같이 쫓겨나 사막에서 떠돌아야 하는 자이다. "주인공인 나의 이름은 이스마엘이라" 하지 않고 방랑자인 자신을 그런 고풍한 말투로 소개했던 것이다. 그는 미국 동해안의 한 항구에 도착하여 고래잡이 원양어선인 피쿼드호에 승선한다. 수년 동안 오대양을 누비며 고래잡이를 할 이 배는 세계 각처에서 모여든 선원들로 가득 채워진다. 특히 험한 해양 생활에 익숙한 남태평양 제도 출신의 원주민들도 적지 않다. 그리하여 피쿼드호는 일종의 인간 소우주를 형성한다. 당시 미국의 동부 지역은 청교도 사회로서 기업가들도 모두 성경, 특히 구약의 어투를 흉내내는 종교인들인데, 그들에게 고용되어 피쿼드호를 지휘할 선장은 아합(영어식 발음으로는 에이허브)이다. 아합은 구약에 나오는 악한 왕으로 악명 높은 자였다. 등장 인물들의 이름과 행색이 모두 기괴하고 상징적이다.

선장은 선주와의 계약대로 되도록 많은 고래 기름과 고래 향료를 배에 싣고 돌아오기로 되어 있는데, 고래를 잡다가 다리 하나를 잃은 아합 선장은 배가 바다 가운데에 도달하자마자, 이번 항해는 자기 다리를 잘라 먹은 고래를 잡는 일이 주업무가 될 것이라고 선언한다. 그 고래는 하얀 고래로서 "모비딕"이란 이름이 주어질 만큼 유명한 공포의 대상이라는 것도 밝혀진다. 모비딕을 추격하기 위하여 그는 선주들 몰래 남태평양 출신의 유능한 배꾼들과 작살잡이들을 배 안에 숨겨 두었었다. 다리가 하나 없는 아합 선장은 냉혹하고 엄격한 인상을 주면서 모든 선원들을 압도하는 카리스마를 가지고 있으나 뭍에 가족을 두고 있는 갑판장 등 간부들은 훨씬 인간적이고 상식적이다.

선원 노릇이 처음인 이스마엘은 모든 것이 신기롭고 두렵기까지 하지만, 오히려 제삼자의 입장에서 주위의 사건과 사물을 신선한 눈으로 관찰할 수 있으므로 경험담을 말할 적절한 이야기꾼이 된다. 그가 처음 부딪치는 인물은 퀴퀙이라는, 무시무시한 문신을 온몸에 덮은 남양 출신의 배꾼이다. 처음에는 겁이 났지만 차차 그와 가장 친밀한 사이가 된다.

모비딕의 작가 멜빌

그처럼 인종 전시장 같은 선원들을 실은 피쿼드호는 고래들이 많이 모이는 어장들을 두루 찾아다니며 고래잡이를 하는 한편, 아합 선장은 계속 모비딕의 행방을 다른 배꾼들로부터 수소문한다. 모비딕은 오대양을 누비며 간간이 출몰하지만 피쿼드호가 급히 달려가면 어느새 사라지곤 한다. 갑판장 등 간부들은 그러는 아합에게 항의하지만 그의 악마 같은 강한 집념을 꺾을 수 없다.

드디어, 모비딕이 발견된다. "눈 산 같은 등허리! 모비딕이다!"라고 누구보다도 먼저 아합이 소리친다. 아합은 몰래 승선시켰던 특공조와 함께 작은 보트에 올라 손수 작살을 겨누며 접근한다. 다른 공격조들도 작은 배에 갈아타고 뒤를 따른다.

아합선장의 모습

바다의, 나아가서는 자연의, 어떤 불가사의한 강한 의지를 나타내는 것으로 믿어지는 그 흰 고래에 대한 묘사는 이 작품의 압권이다.

소리 없는 앵무조개처럼 공격 보트들은 바다 위를 달렸다. 그러나 적수에게는 아주 천천

> 히 접근했다. 가까이 가자 바다는 더욱 잔잔해지고 물결 위에 융단을 깔아 놓은 듯, 한 낮의 들판 같았다. 그토록이나 고요히 펼쳐져 있었다. 마침내 숨죽인 사냥꾼은 아무 눈치도 채지 못한 듯이 떠있는 목표물에 가까이 다가섰다. 고래의 눈부신 등허리 전부가 환하게 눈에 들어왔다. 놈은 주변에 아무것도 없는 양 바다 물결 따라 미끌어져 가면서 양털처럼 가느다란 연초록 거품의 둥그런 물결을 그려내고 있었다. 아합은 약간 튀어 나온 그 머리의 큰 주름살들을 바라보았다. 그 앞에는 터키 융단 같은 수면 위에 놈의 넓은 젖빛 이마가 던지는 번득이는 흰 그림자가 멀리 뻗어 있었고, 그 그림자와 함께 잔물결이 리듬 맞춰 노닐고 있었다. 그 뒤에는 놈이 천천히 움직이며 만드는 골짜기 속으로 양쪽의 푸른 물이 서로 엇갈려 흘러들고 있었다. 놈의 양쪽 옆구리에서는 반짝이는 물방울들이 생겨 춤을 추었다. 물위를 스쳐 날아가 솟구쳐 오르곤 하는 수백 마리 경쾌한 새의 가벼운 발가락들이 물방울들은 부서뜨렸다. 그리고 마치 채색 화려한 큰 배에 세운 깃대처럼, 오래되지 않은 부러진 긴 작살대가 하얀 고래 등에 솟아 있었고, 고래 위에 넓은 막을 치는 듯 이리 저리 낮게 날며 구름처럼 떠도는 발가락 가벼운 물새 무리 중 하나가 이따금씩 막대 꼭대기에 살짝 내려앉아 흔들거리며 긴 꼬리 깃을 깃발처럼 나부끼기도 하였다.

필자의 능력으로는 이 부분의 긴장된 감흥을 다 전할 수 없어 유감이다. 흰 고래는 그토록 유유하고 유순한 인상마저 풍긴다. 바로 이 때문에 고래 사냥꾼들은 공격을 했다가 "그 고요로움이 폭풍의 겉옷에 불과함을 죽음과 함께 발견했을 것이다."

아합의 일행이 살금살금 접근하자 모비딕은 대리석 같이 하얀 몸집을 공중으로 솟구쳐 무지개를 그리면서 물속으로 들어가 버린다. "웅장한 신은 자신을 드러내어 상황을 살피고는 사라졌다." 아합은 한 시간쯤 지나면 고래가 다시 떠오를 것이라고 하며 기다린다. 고요하기 이를 데 없는 숨 막히는 순간이 이어진다.

돌연 아합의 배 주변에 흰 새들이 우짖으며 몰려든다. "그러나 갑자기 그가 물속을 힘껏 들여다보았을 때, 저 깊숙이에서 흰 족제비만한 점이 움직이다가, 놀라운 속도로 솟아오르며 점점 커지더니 몸을 뒤집는 것이었다. 그러자 기다란 두 줄의 흉칙스레 번들거리는 흰 이빨들이 알 수 없는 물밑으로부터 분명하게 나타났다. 그것은 모비딕의 벌린 아가리와 주름진 턱이었다. 놈의 그늘진 엄청난 몸피는 아직은 바다의 푸름에 섞여 있었다. 번쩍이는 아가리는 문을 활짝 연 대리석 무덤처럼 배 아래에 딱 벌려있었다."

눈 깜짝할 사이에 아합이 탄 배는 고래의 아가리 속에서 성냥갑처럼 부서지고 고래의 이빨에서 한 뼘 차이로 가까스로 피한 아합이 고래가 빙빙 주위를 돌면서 만드는 소용돌이에 휘말릴 순간 피쿼드호가 달려와 구출한다. 고래는 다시 사라진다. 아합은 더욱 복수심에 불타오른다.

추격 제 2일. 아합 일행의 눈앞에서 모비딕이 다시금 물밑으로부터 무서운 속력으로 솟구쳐 공중에 거대한 아치를 그리며 자맥질한다. 확실한 도전이다. 피쿼드호를 갑판장에게 맡기고 아합과 고래사냥꾼들이 탄 세 척의 배가 공격을 개시한다. 그러나 배들이 가까이 가기도 전에 고래는 뒤로 돌아 배 사이를 누비며 선제공격을 감행한다. 배들은 고래를 피하면서 작살들을 난사하지만 고래는 까딱도 하지 않고 배들을 부시고 공중에 튕겨 올린다. 작살에 달린 밧줄 때문에 배들은 자승자박이 된다. 이번에는 인명 손실도 있다. 다시금 피쿼드호가 달려와 구출한다.

갑판장은 아합에게 무모한 짓을 그만두자고 한다. 그러나 아합은 더욱 집념을 굳힐 뿐이다. "아합은 영원히 아합이다. 이 모든 일은 바꿀 수 없이 정해진 것이다, 이 바다가 넘실거리기 억만년 전에 이미 너와 나는 연습을 했다. 이 멍청아! 나는 운명의 대리인이다. 명령대로 움직인다."

대결 제 3일. 마지막 날, 오후 늦게 등에 부러진 작살들이 박히고 밧줄이 얼기설기 감긴 채, "하늘에서 신에게 패하여 추락한 반란 천사들의 혼을 모두 합친 듯한" 모비딕이 나타난다. 전날 죽은 작살잡이의 시체가 반쯤 찢긴 째 밧줄에 휘감겨 고래 몸에 붙어있다. 오늘은 유난히도 상어 떼가 아합 주변에서 극성이다. 그 옆구리에 다가 간 아합이 저주와 함께 작살을 던져 꽂는다. 그러나 고래는 자기를 괴롭히는 작은 배들의 어미가 큰 배인 줄 알아차린 듯, 피쿼드호로 돌진하여 배 옆구리에 치명적인 구멍을 낸다. 아합은 다시금 작살을 던지나 작살 줄에 목이 걸려 순식간에 사라지고 배는 가라앉으면서 큰 소용돌이를 이루어 주변의 부스러기들을 물밑으로 끌어당긴다.

아합이 끌려간 뒤 남은 배도 선원들을 태운 채 소용돌이에 끌려든다. 기이하게도 배가 가라앉는 순간까지 큰 돛대에 아합의 깃발을 박아 달던 망치에, 돛대 끝에 앉으려던 보라매가 붙들려 배와 함께 수장된다. "마치 사탄처럼 하늘의 살아 있는 한 쪽이라도 같이 끌어넣기 전에는 가라앉지 않으려는 듯이."

이 모든 일은 누가 목격하고 기록했는가? 이스마엘 그 사람이다. 그는 배가 충격을 받았을 때 멀찍이 바다로 떨어져 나갔다가 소용돌이에 직접 휘말리지 않을 수 있었다. 토인 퀴퀙이 자기가 죽으면 써 달라고 하며 만들어두었던 나무 관이 마침 떠올라 그는 주검을 담는 관속에서 다시금 목숨을 찾게 된다.

이 위대한 해양 문학의 깊은 뜻에 관하여서는 여기서 논하지 않겠다. 상징성이 극도로 함축되었음에도 불구하고 이 소설에는 고래잡이에 관한 세밀한 묘사와 설명이 곁들어 있고 인물들의 성격도 사실적으로 부각된다. 막연한 관념적 소설이 아닌 것이다.

작자 멜빌은 일찍이 아버지를 여의어 학교 공부를 중단당한 채 혼자 많은 책을 탐독하였다. 20세가 되자 뜻한 바 있어 짐배, 고래잡이 배, 군함의 선원으로 5년 이상 온갖 모험을 했다. 이스마엘의 입을 통하여 그는 바다가 그의 "하버드대학이요, 예일대학이다"라고 선언했다. 그는 남태평양을 배경으로 삼은 여러 소설을 발표했으나 그중「모비딕」이 가장 뛰어나고, 미남 수병을 주인공으로 한「빌리 버드」는 그의 가장 유명한 중편이다.

조셉 콘래드

● 콘래드, 헤밍웨이, 메이스필드

폴란드 독립 운동가의 아들로 태어난 조셉 콘래드(Joseph Conrad, 1857-1924)는 17세에 배를 타기 시작, 정식으로 선장 면허까지 받은 뱃사람으로 20년간을 바다 위에서 보낸 다음 영국 런던에 정착하여 뱃간에서 익힌 영어로 자기의 해양 경험을 살린 우수한 소설들을 썼다. 아마도 직업적 선원으로서 가장 성공한 소설가일 것이다. 「나르시서스호의 깜둥이(The Nigger of the Narcissus)」, 「짐 추장님(Lord Jim)」, 「태풍(The Typhoon)」, 「어둠의 속(The Heart of Darkness)」등, 해양 생활, 또는 해양을 배경으로 한 많은 명작들을 발표했는데, 다수가 우리말로 번역되어 있다.

미국 소설가 헤밍웨이(Ernest Hemingway, 1899-1961)의 중편 「노인과 바다」는 실상 앞서 거론한 해양 문학에 비하여 특별히 뛰어나다고는 할 수 없으나 매우 널리 알려져 있다. 이 작품은 작은 배 한 척에 의지하여 고기잡이로 생계를 꾸려 나가는 늙은 어부가 오랜 흉어 끝에 마침내 감당할 수 없을 만큼 큰 고기를 잡았으나 끌고 오는 도중에 상어 떼에게 고기를 다 뜯기고 뼈만 싣고 온다는 이야기이다. 끝없이 어려운 일을 견뎌내야만 하는 시지푸스의 신화를 고기잡이에 의탁하여 다시 이야기한 셈이다. 행복을 가져다주는 결과가 중요한 것이 아니라 극악한 운명을 참아내는 데에 인간의 위대성이 증명 된다는 견인주의(스토이시즘)사상이 구현된다.

끝으로 영국의 계관시인이었던 존 메이스필드(John Masefield, 1878-1967)의 「바다 열병」을 읽기로 한다. 메이스필드는 가정 사정으로 일찍 선원 훈련을 받아 16세에 원양선을 탔다. 그 후 떠돌이 생활을 한 뒤 시를 쓰기 시작, 1902년에 해양 시집 「짠물 민요집(Saltwater Ballards)」으로 문단에 나섰다. 이어서 소설과 희곡을 썼다. 1930년에는 영국의 계관시인이 되었다.

그의 「바다 열병」은 전 세계에 널리 알려졌다.

나 다시 바다에 가야겠어, 외로운 그 바다, 그 하늘로.
필요한 것은 단지 높다란 배 한 척, 방향 잡을 별 하나,
팽팽한 타륜(舵輪), 바람의 노래, 흰 돛의 떨림,
수면에 떠도는 흐릿한 안개, 희미한 먼동.

나 다시 바다에 가야겠어, 물결이 달리며 부르는 소리는
거역하지 못할 강한 소리, 분명한 소리.
필요한 것은 오직 흰 구름 나부끼는 바람찬 날씨,

놀치는 물보라, 나부끼는 물거품, 우짖는 갈매기.

나 다시 바다에 가야겠어, 떠돌이 집시의 삶으로,
갈매기의 길, 고래의 길, 날 선 칼날 같은 바람으로.
원하는 것은 다만 마냥 웃는 떠돌이 동무의 즐거운 이야기,
오랜 항해 뒤에 찾아올 고요한 잠, 달가운 꿈.

죽음을 무릅쓰며 바다를 경험한 사람에게 바다는 열병 같은 그리움을 씌우는 모양이다. 사람의 피가 짠맛이 나는 것을 보아도 바다는 사람의 고향임이 분명하다고 하는 말을 곰곰이 생각하게 만든다.

이렇듯 바다의 문학은 육지에 매여 사는 필자에게도 한없는 감명과 흥분을 선사한다.

바다의 예술

Sea in the Art

바다는 음악과 미술과 영화의 소재로서
그 어느 주제보다도 강렬하고 매혹적이다.
바다는 어쩌면 그 자체로 웅혼한 예술이다.

바다의 음악

황장원 음악 칼럼니스트

황장원

바다에 관한 영국가곡들을 모아놓은 음반(Hyperion)의 표지. 바다는 음악가들에게 많은 영감을 제공했다.

● 클래식 음악의 고향, 이탈리아의 노래

유럽을 기반으로 하는 클래식 음악 분야에서 '바다의 음악'을 이야기하자면 가장 먼저 떠오르는 나라가 있다. 바로 '클래식 음악의 고향'이자 '노래의 나라'인 이탈리아이다. 주지하다시피 이탈리아는 3면이 바다로 둘러싸인 반도에 위치한 지정학적 여건 덕분에 예로부터 바다와 관련된 음악들이 풍부하게 발달하고 향유되어 왔다. 민요나 가요풍의 칸초네에서부터 갖가지 기악곡들과 오페라들에 이르기까지, '바다의 음악'에 관한 한 이탈리아는 가장 풍부하고 열정적인 나라로 기억된다.

이탈리아는 일반적으로 예술의 나라, 음악의 나라, 성악의 나라로 알려져 있다. 특히 성악에 관한 한 이탈리아만큼 뿌리 깊은 전통을 보유하고 있는 나라는 달리 찾아보기 어렵다고들 한다. 그리고 그러한 관념은 사람들 사이에 일종의 선입견을 심어 놓았다. 그 결과 '이탈리아에서는 택시기사나 거리의 장사꾼들도 웬만한 가수 뺨치게 노래를 잘 하더라.'는 풍문도 심심찮게 만날 수 있다.

사실 이탈리아어는 모음이 매우 명료하고 소리를 멀리 보내기 편하도록 발달되어 있어서 그 발성이 자연스러울 수밖에 없고, 그러다 보니 노래를 부르기에도 유리해서 이른바

'벨 칸토(bel canto)'라고 불리는 특유의 가창법이 발달했다. 그리고 그것을 바탕으로 이탈리아는 과거 오랫동안 유럽의 음악문화를 주도하고 석권하기도 했다. 우리가 흔히 '이태리 민요' 또는 '칸초네'라고 부르는 노래들은 그러한 '성악 강국'으로서의 근간을 잘 보여주는 장르라고 할 수 있겠다.

'칸초네'는 이탈리아 각지에서 다양한 형태로 발달해왔고, 20세기 후반 들어서는 가요제로 유명해진 북서부의 산레모가 중심지로 부각되었다. 하지만 여전히 많은 이들이 '칸초네' 하면 남부의 항구도시 나폴리를 가장 먼저 떠올린다. 그만큼 나폴리는 '이탈리아 노래의 고향' 같은 이미지로 각인되어 있다. 「오 솔레 미오」, 「산타 루치아」, 「돌아오라 소렌토로」 등 세계적으로 애창되는 명곡들이 모두 나폴리에서 유래한 노래들이고, 이밖에도 「마레키아레」, 「불 꺼진 창」, 「무정한 마음」 등 주옥같은 노래들이 즐비하다. 그러한 노래들을 통해서 나폴리 사람들은 특유의 기상과 흥취, 생각과 정서를 표출해 왔다. 여기서 잠시 그 중 한 곡의 가사를 살펴보자.

황장원

이탈리아의 전설적인 명가수들인 주제페 디 스테파노와 프랑코 코렐리가 부른 나폴리 민요집(EMI). 클래식음악 애호가들에게 이탈리아는 '노래의 고향'이다.

은색별이 바다 위에 빛나고,
물결도 조용하며 바람도 부드럽다.
오라, 경쾌한 나의 배로,
산타 루치아, 산타 루치아!
산들바람이 이다지도 상쾌하다니,
배를 타는 일은 얼마나 멋진가.
자, 오라, 노 저어가자,
산타 루치아, 산타 루치아!

오오, 아름다운 나폴리여, 그 행복이여.
거기서는 모든 것이 미소 짓는다.
산타 루치아여, 그대는 조화의 제국이다.

어째서 우물거리고 있나? 저녁은 아름답다.
산들바람은 신선하고, 가볍게 불고 있다.
오라, 경쾌한 나의 배로,
산타 루치아, 산타 루치아!

위 노래의 제목인 「산타 루치아」(Santa Lucia)는 나폴리 수호성인의 이름이면서 나폴리 해안의 명칭이기도 하다. 그런가 하면 나폴리와는 여러 모로 대비되는 위치에 있는 한 도시의 중앙역에도 '산타 루치아'라는 이름이 붙어 있다. 이번에는 이탈리아 북동부의 베네치아로 눈길을 돌려보자.

● 바다의 도시, 비발디의 협주곡

베네치아 하면 가장 먼저 떠오르는 작곡가는 「사계」로 친숙한 안토니오 비발디(Antonio Vivaldi, 1678-1741)이다. 1678년 베네치아에서 태어난 비발디는 어려서부터 사제가 되기 위한 교육을 받았고, 스물다섯 살 때는 실제로 사제가 되었다. 머리카락 색깔이 붉어서 '빨간 머리 사제'라는 별명으로 불렸던 그는, 그러나 성직자 체질은 아니었던 모양이다. 미사를 드리기보다는 바이올린 연주하기를 더 좋아했던 그는 사제 서품을 받던

'노래의 나라' 이탈리아의 또다른 음악적 중심지, 베네치아의 산 마르코 광장 근처의 바다 풍경.

황정원

황장원

베네치아 대운하의 풍경. '바다의 도시'로 유명한 베네치아는 비발디를 비롯한 수많은 대가들을 배출한 '음악의 도시'이기도 하다.

해에 베네치아에 있는 한 고아원의 음악교사로 부임했다. 거기서 그는 어린 소녀들을 가르치면서 작곡을 했는데, 그 곡들이 큰 인기를 끌면서 이탈리아 바깥에까지 이름이 알려졌다. 그의 작품들은 네덜란드와 독일에서도 출판되었고, 그의 독창적인 음악은 바흐(J. S. Bach, 1685-1750)를 위시한 수많은 이들을 매료시켰다.

비발디는 무엇보다 수백 곡에 달하는 협주곡들로 유명한데, 「사계」 역시 바이올린 독주와 오케스트라를 위한 협주곡 네 곡을 모은 것이다. 봄, 여름, 가을, 겨울의 사계절을 묘사한 소네트의 내용을 음악적으로 표현한 이 바이올린 협주곡 모음집은 가장 대중적인 클래식 음악의 하나이자 클래식 음악계의 영원한 '스테디셀러'로서 널리 사랑받고 있다.

그런데 사실 이 「사계」를 구성하는 네 곡은 원래 열두 곡으로 이루어진 「화성과 창의에의 시도」(Op.8)라는 보다 큰 협주곡 모음집의 일부이다. 세상에서 가장 유명한 '바다의 도시'에 살았던 비발디가 바다에 관한 음악을 쓰지 않았을 리 만무한데, 이 「화성과 창의에의 시도」에서 처음 네 곡인 「사계」의 바로 다음에 이어지는 다섯 번째 협주곡에 「바다의 폭풍우」라는 제목이 붙어 있다. 제목 그대로 바다에 폭풍우가 휘몰아치듯 현란하게 요동치는 흐름과 그에 대비되는 조용한 분위기의 대비가 인상적인 곡이다. 아울러 비발디는 플루트 협주곡 가운데 한 곡에도 같은 제목을 붙였다.

● 바다를 배경으로 한 인간의 이야기, 베르디의 오페라

한편 베네치아를 비롯한 이탈리아의 유명 도시들은 과거 오페라의 중심지로도 명성을 떨쳤는데, 비발디도 생전에 인기 오페라 작곡가로 활약했었다. 하지만 이탈리아를 대표하는 오페라 작곡가라면 역시 19세기에 활약한 주제페 베르디(Giuseppe Verdi, 1813-1901)를 가장 먼저 거론해야 할 것이다. 그리고 그의 오페라들 중에도 바다를 배경으로 한 작품이 적지 않다.

그 중 가장 유명한 것은 셰익스피어의 '4대 비극' 가운데 하나인 「오셀로」(Othello)를 원작으로 한 베르디 만년의 걸작 「오텔로」(Otello)일 것이다. 무어인으로서 출신성분의 한계를 뛰어넘어 장군을 거쳐 키프로스 섬의 총독 자리에까지 올랐던 오텔로가 그에게 불만을 품은 부하 이아고의 악랄한 계략에 빠져 사랑하는 아내 데스데모나를 죽이고 파멸해가는 과정을 처절하게 그린 베르디의 '오텔로'는 셰익스피어의 원작만큼이나 깊이가 있고, 극적 · 정서적 강렬함이라는 측면에서는 오히려 원작을 능가한다. 이 오페라는 시종 지중해의 키프로스 섬을 배경으로 펼쳐지며, 특히 첫 장면은 터키 함대를 격파하고 귀항하는 과정에서 폭풍우를 만나 고전하는 오텔로의 배를 해안에서 지켜보는 군중들의 긴박감 넘치는 합창으로 진행된다.

황정원

베르디 만년의 걸작인 '오텔로'는 키프로스의 무어인 총독의 비극적인 이야기를 다루고 있다. 스페인 마드리드의 리세우 대극장 공연 실황을 담은 영상물(OpusArte)의 표지. '현존 최고의 오텔로'로 불리는 호세 쿠라가 타이틀롤을 맡아 소름 끼치는 열연을 펼쳤다.

그 다음으로 유명한 작품은 「시칠리아의 저녁 기도」일 것이다. 베르디가 '전성기의 3대 명작'인 「리골레토」, 「일 트로바토레」, 「라 트라비아타」를 차례로 발표한 직후에 쓴 이 오페라는 1282년 팔레르모에서 일어났던 역사적인 사건을 다루고 있다. 즉 그 해 부활제 다음날이었던 3월 30일 월요일, 프랑스의 지배에 반발하여 이탈리아인들이 일으킨 폭동을 소재로 삼았던 것이다. 다만 이 작품은 이탈리아 남부의 시칠리아 섬을 배경으로 하고 있을 뿐, 바다를 직접적으로 환기시키는 장면은 별로 부각되지 않는다. 혹시 시칠리아 섬 특유의 분위기와 그곳 사람들의 기질을 생생하게 살린 작품을 만나고 싶다면, 베리스모(사실주의) 오페라의 대표작인 피에트로 마스카니(Pietro Mascagni, 1863-1945)의

「카발레리아 루스티카나」를 감상하는 편이 나을 것이다.

반면 위 두 작품에 비해 지명도는 다소 떨어지지만 역시 베르디의 수작으로 꼽히는 「시몬 보카네그라」에서는 바다의 내음이 물씬 풍긴다. 이 작품은 40대 초반의 베르디가 창작방향의 일대전환을 모색했던 야심작이었지만, 베네치아에서 처음 발표되었을 때에는 혹평을 들었다. 하지만 그로부터 20여 년 후 개정판이 밀라노에서 공개되었을 때에는 대성공을 거두었다. 이것 역시 이탈리아 역사에서 실제로 일어났던 사건을 소재로 한 작품으로, 14세기에 제노바 공화국의 총독을 지낸 시몬 보카네그라를 둘러싼 정치적 분쟁과 인간적 드라마를 다루고 있다.

황정원

런던 코벤트 가든 로열 오페라하우스의 '시몬 보카네그라' 공연 실황을 담은 영상물(EMI). 플라시도 도밍고가 시몬 역을 맡아 관록의 연기를 펼쳤다.

이 오페라의 주인공인 시몬은 청부 해적 출신으로 평민파의 지지를 받아 제노바의 총독 자리에 오르게 되지만, 그 과정에서 귀족 출신인 사랑하는 여인은 죽고 그녀와의 사이에서 낳은 딸과도 헤어지게 된다. 수십 년의 세월이 흐른 뒤 그는 우연히 잃어버린 딸을 되찾게 되지만, 결국 권력을 둘러싼 암투의 와중에서 비극적인 최후를 맞이하고 만다. 이 오페라의 1막에서 시몬의 딸인 마리아가 노래하는 장면에 깔리는 음악은 리구리아 해의 상쾌한 새벽공기와 바닷물에 반사된 은은한 햇살을 고스란히 전해주고, 마지막 장면에서 죽음을 눈앞에 둔 시몬이 바다를 누비던 과거를 회상하며 그리운 바다에게 위로를 구하는 독백 장면은 보는 이의 심금을 울린다.

아울러 베르디의 오페라들 중에서 베네치아를 무대로 한 정치 드라마인 「포스카리 가문의 두 사람」, 바이런(6th Baron Byron, 1788-1824)의 극시에 기초한 「해적」 등도 바다를 중요한 배경으로 삼은 작품이라 하겠다. 그밖에 벨리니(Vincenzo Bellini, 1801-1835)의 「해적」, 푸치니(Giacomo Puccini, 1858-1924)의 「나비부인」, 앞서 언급한 마스카니의 「카발레리아 루스티카나」 등도 바다와 관련된 대표적인 이탈리아 오페라로 꼽을 수 있겠다.

이제까지 이탈리아의 노래들과 오페라들에 투영된 '바다'를 살펴보았는데, 아무래도 이탈리아의 작곡가들은 바다를 삶의 터전 내지는 고향과도 같은 이미지로 인식하는 경향이 강했던 것 같다. 그리고 그런 인식에서 유래한 감정이나 생각, 정서를 표출하는 수단은 주로 노래였다. 반면에 그들의 이웃나라이면서 역시 국토의 삼면이 바다와 면하고 있는 프랑스의 작곡가들은 바다를 조금은 다른 시선으로 바라보았던 듯하다.

드뷔시에게 영감을 주어 교향시 '바다'를 탄생시킨 일본 화가 호쿠사이의 판화.

● 바다 음악의 대부, 드뷔시

프랑스 작곡가들 중에서 바다에 관한 음악을 남긴 대표적인 인물이라면 역시 클로드 드뷔시(Claude Debussy, 1862-1918)를 꼽아야 할 것이다. 1862년 프랑스 북부 내륙의 생 제르맹 앙 레이에서 태어난 드뷔시는 역사상 가장 중요한 작곡가 중 한 사람으로 꼽힌다. 그는 19세기 음악계의 주류였던 낭만주의에 반기를 든 최초의 작곡가로서 음악을 감각적인 차원에서 구성하는 이른바 '인상파음악'의 시조였다. 그는 마치 인상파 화가들이 그러했듯이 외계의 사물을 사실적으로 묘사하기보다는 그 순간적 · 감각적 인상을 포착하고자 했고, 그 과정에서 보다 새롭고 자유로운 기법을 통한 색채와 생기, 율동감의 표현을 중시했다. 그리고 그러한 경향이 본격적으로 드러난 최초의 작품인 「목신의 오후에의 전주곡」은 '현대음악의 효시'로 일컬어질 정도로 음악사에서 중요하게 취급된다.

그런 드뷔시가 관현악 장르에 남긴 최고걸작의 제목이 「바다」(La Mer)라는 사실은 의미심장하다. '3개의 교향악적 스케치'라는 주석이 달려 있는 이 멋진 작품은 각각 '바다 위의 여명부터 정오까지', '파도의 희롱', '바람과 바다의 대화'라는 제목을 가진 세 개의 악장으로 구성되어 있다. 그리고 표면적으로는 아침-낮-밤으로 이어지는 시간의 흐름에 따라 바다에 관한 인상을 음악적으로 묘사하고 있는 것처럼 보인다. 다시 말해 제1악장은 어둡고 조용한 새벽의 수평선으로부터 해가 솟아올라 바다를 물들이고 환한 대낮에 이르는 과정을 그려 보이는 것 같고, 제2악장은 오후의 햇살을

황정원

드뷔시의 대표작인 '바다'를 수록한 음반(Naxos)의 표지.
독일-일본 혼혈 지휘자인 윤 매르클이 프랑스의 리옹 국립 관현악단을 지휘했다.

받아 반짝거리는 바다의 물결과 하얗게 부서지는 물보라를 연상시킨다. 또 제3악장은 때론 거칠게, 때론 부드럽게 불어오는 바람과 조응하는 바다의 잔물결 또는 격랑을 표현하고 있는 듯하다.

하지만 동시에 이 「바다」라는 작품은 묘사적 성격 이상으로 순음악적·상징적 성격을 내포하고 있다. 드뷔시는 음이라는 재료에 시간과 운동의 형태, 그것도 관습적인 수사법에서 해방된, 보다 개방된 형태를 부여하기 위하여 유동하는 바다의 형상과 속성을 빌어 왔던 것으로 보인다. 드뷔시는 "음악은 색과 리듬을 가진 시간으로 되어 있다." 라고 말한 바 있다. 「바다」는 그런 그의 이상과 통찰력의 결실로서, 대편성 오케스트라가 빚어내는 풍성한 색채의 향연이자, 복잡다단한 선율 및 리듬의 세련된 폴리포니(polyphony=다성음악, 여기서는 다양한 음악적 요소들이 한 데 어우러짐을 의미한다)인 것이다.

황장원

'펠레아스와 멜리상드 모음곡', '야상곡', '목신의 오후를 위한 전주곡' 등 드뷔시의 관현악 작품들을 수록한 음반(DG). 현존 최고의 거장 가운데 한 명인 클라우디오 아바도가 베를린 필하모닉 오케스트라를 지휘했다.

사실 드뷔시는 바다에 깊은 애착을 가진 작곡가였다. 그는 어린 시절 종종 바닷가의 친척집으로 놀러갔고, 장년기에는 매년 여름을 바다에서 보냈다. 그리고 그러한 추억과 경험을 여러 작품에서 예술적으로 승화시켰다. 우선 오페라 「펠레아스와 멜리상드」에 등장하는 발코니 장면이나 바닷가 동굴 장면에서 그는 바다에서 불어오는 바람과 밤바다의 신비로운 이미지를 인상적으로 부각시켰다. 또 3부로 구성된 관현악 모음곡인 「야상곡」의 마지막 곡에서는 그리스 신화에 나오는 바다의 요정, 사이렌의 이미지를 환상적으로 그려냈다. 사실 이러한 신화적 이미지의 환상적 표현은 그의 장기 가운데 하나로, 앞서 언급한 「목신의 오후」는 물론이려니와 「바다」에도 결부가 가능하다.

그밖에도 그의 대표적인 피아노 작품인 「전주곡집」에 포함된 「물에 잠긴 대성당」이나 베를렌의 시에 곡을 붙인 가곡집 중에서 첫 곡인 「바다는 더욱 아름답다」에서도 바다의 이미지를 찾아볼 수 있다. 그리고 그러한 경향은 그의 후배인 모리스 라벨(Maurice Ravel, 1875-1937)에게도 영향을 주어 「대양 위의 조각배」 같은 작품을 낳기도 했다.

ⓒ황정원

프랑스 북부 노르망디 지방의 에트르타 해변의 풍광.

● 또 다른 프랑스인의 바다, 이베르의 기항지

이처럼 프랑스 작곡가들은 바다를 일단 관조 내지 관찰의 대상으로 바라보고 접근하되, 나아가 그 안에서 다양한 연상과 환상의 가능성을 이끌어내어 보다 풍부하고 다채로운 기법으로 채색하고 표현하는 데 능했다고 하겠다. 그런데 20세기로 넘어오면, 선배들의 영향을 받았으면서도 바다를 또 다른 각도에서 바라보고 접근한 주목할 만한 작곡가 한 명이 등장한다.

파리에서 태어난 자크 이베르(Jacques Ibert, 1890-1962)는 학창시절 파리 음악원에서 공부하며 나중에 '프랑스 근대음악 6인조'를 결성하게 되는 아르튀르 오네게르, 다리위스 미요 등과 교분을 쌓았다. 하지만 그는 제1차 세계대전이 터지자 해군에 입대했기 때문에 '6인조'에는 합류하지 않았다. 전후 파리로 돌아온 그는 저명한 '로마 대상 콩쿠르'에서 우승하여 대전 후 최초의 유학생으로서 로마에 머물면서 뛰어난 작품들을 속속 발표하여 호평을 받았다. 그의 대표작인 교향적 모음곡「기항지」역시 로마에서 탄생한 작품이다.

「기항지」(寄港地)란 항해 중인 배가 목적지로 향하는 도중에 잠시 들르는 항구를 말한다. 이베르의「기항지」는 지중해에 면한 기항지 세 곳을 음악적으로 스케치한 작품이다. 이 곡은 이탈리아 로마를 떠난 배가 시칠리아의 팔레르모와 북아프리카의 튀니스를 거쳐 스페인의 발렌시아에 이르는 과정을 추적하고 있으며, 무엇보다 세 기항지의 인상과 풍물을 선명하고 세련된 필치로 그려 보이고 있다. 여기에는 드뷔시 류의 인상주의 기법이 반영되어 있는가 하면, 라벨 류의 생생한 관현악법과 재기 넘치는 리듬이 부각되어

황장원

있기도 하다. 아울러 전편에 이국적인 정취가 가득하며, 우아한 취향과 예리한 감각, 그리고 풍부한 재기를 동시에 맛볼 수 있는 근대 프랑스 관현악의 진수성찬과도 같은 작품이라 하겠다.

이베르는 해군사관 시절 지중해의 여러 항구들을 여행하며 각지의 풍물들을 접했고, 로마 유학 시절에도 팔레르모와 스페인의 발렌시아를 여행한 적이 있었다. 이 곡은 그러한 경험을 바탕으로 지중해의 세 지역의 정경과 정취를 포착하여 다분히 프랑스인다운 감각으로 표현한 것이다. 그런데 이베르처럼 해군사관으로 복무했던 경험을 바탕으로 보다 스케일이 크고 더욱 유명한 관현악 작품을 남긴 작곡가가 있다. 그는 바로 '러시아 국민악파 5인조'의 막내였던 림스키-코르사코프(N. Rimsky-Korsakov, 1844-1908)로, 그의 대표작「셰헤라자데」는 드뷔시의「바다」와 더불어 '바다에 의한 관현악 대작의 양대산맥'으로 일컬어질 만하다.

림스키-코르사코프의 대표작 '셰헤라자데'의 명반으로 유명한 키릴 콘드라신의 음반(Philips). '세계 3대 교향악단' 중 하나로 꼽히는 네덜란드 암스테르담의 로열 콘세르트허바우 오케스트라를 지휘했다.

● 림스키-코르사코프가 각색한 아라비안 나이트

제목에서 짐작할 수 있듯이,「셰헤라자데」는 아라비아의 방대한 민화집 '천일야화(아라비안 나이트)'에 기대어 만들어진 작품이다. 어느 날 부정을 저지른 왕비를 처형한 후부터 하룻밤을 같이 보낸 처녀를 죽여 버리게 된 샤리아르 왕과 그의 마지막 왕비가 된 셰헤라자데의 이야기는 누구나 들어보았을 것이다. 지혜로운 셰헤라자데가 자신의 목숨을 부지하고 왕의 몹쓸 버릇을 고쳐주기 위해서 천일야(千一夜)에 걸쳐 풀어놓았던 기상천외하고 흥미진진한 이야기들! 작곡가는 그 중 몇 편의 이야기들을 골라내 4악장으로 구성된 작품의 밑그림을 그렸다. 즉 제1악장을 위해서는 바다를 무대로 한 신밧드의 모험담을, 제2악장을 위해서는 유머러스한 칼란다르 왕자의 이야기를, 제3악장을 위해서는 알 자만 왕자와 브두르 왕녀의 꿈결 같은 로맨스를, 그리고 마지막 제4악장을 위해서는 거대한 자석으로 이루어진 암초에 부딪혀 난파하고 마는 배의 이야기를 가져와 음악으로 표현했던 것이다.

그렇지만 그 음악이 각 이야기의 스토리라인을 그대로 좇아가고 있는 것은 아니다. 이에 관하여 작곡가는 다음과 같은 메모를 남기기도 했다. "작곡자는 어떤 환상담 하나를

황장엽

미국의 텔락(Telarc) 레이블에서 나온 '셰헤라자데' 음반의 표지.
'셰헤라자데'는 중동의 유명한 설화 '아라비안 나이트'에 기초한 작품이다.

그대로 묘사하려 집착하지 않았으며, 듣는 이가 연주에서 암시되는 이미지를 스스로 발견하게 내버려두고자 했다." 따라서 이 작품을 듣는 사람들은 각 악장의 제목에 제시된 단편적인 이미지들을 바탕으로 저마다 자유로운 상상의 나래를 펼치면 되는 것이다. 참고로 각 악장의 제목은, 제1악장 '바다와 신밧드의 배', 제2악장 '칼란다르 왕자의 이야기', 제3악장 '젊은 왕자와 왕녀', 제4악장 '바그다드의 축제, 바다, 청동기사가 서있는 어느 바위에서의 난파'이다.

다만 보다 흥미로운 감상을 위해서 이 곡에서 주도적인 역할을 하는 두 개의 선율은 기억해둘 필요가 있다. 일단 전곡은 묵직하고 어두운 관악기들과 현악기들의 합주로 시작되는데, 여기서 부각되는 선율은 위압적인 왕의 모습을 나타낸다. 그리고 이어서 등장하는 독주 바이올린의 매혹적인 선율은 아리따운 자태와 능란한 화술로 왕을 이야기 속으로 유혹하는 셰헤라자데의 모습을 나타낸다. 이 두 개의 선율은 전곡에 걸쳐 지속적으로 나타나되 차츰 변화해 나가는데, 그 양상을 잘 추적해보면 왕과 셰헤라자데의 대화, 나아가 두 사람의 관계가 어떻게 진전되어 가는지 파악할 수 있을 것이다.

아울러 이 곡에서는 넘실대는 파도의 모습, 그 파도를 헤치며 나아가는 배의 모습, 각각의 에피소드를 뒷받침하는 묘사적인 장면 등이 아주 생생하게 그려진다. 림스키-코르사코프는 특히 관현악 기법에 탁월한 능력을 발휘해서 '관현악법의 마술사'라는 소리를 들었을 정도의 작곡가였는데, 이 작품은 그러한 그의 솜씨가 최고의 성과를 거둔 사례라고 할 수 있다.

이처럼 어떤 작곡가들은 바다를 배경으로 펼쳐지는 드라마를 절묘하게 구현하기도 했다. 그리고 림스키-코르사코프가 앞에서 거론한 이탈리아의 오페라 작곡가들과 달랐던 점이라면, 언어의 도움을 받지 않고 순수하게 악기들의 힘만으로 그것을 달성했다는 것이다. 그런데 이러한 '기악의 표현력'이라는 측면에서라면 베토벤을 필두로 하는 19세기 독일 작곡가들의 공로를 그냥 지나칠 수 없다. 특히 '음의 풍경화가'라는 별명으로까지 불렸던 펠릭스 멘델스존(Felix Mendelssohn, 1809-1847)은 바다에 관한 가장 인상적인 작품을 남긴 작곡가 중 한 명이다.

황장원

'셰헤라자데'의 또다른 명반인 정명훈의 음반(DG).
프랑스 파리의 바스티유 오페라 오케스트라를 지휘했다.

● 음의 풍경화가, 멘델스존의 서곡들

서곡「핑갈의 동굴」은 멘델스존의 절묘한 '회화적 작곡기법'이 가장 잘 발휘된 작품이다. 이 곡을 듣고 있노라면 변화무쌍한 바다의 모습을 담은 한 폭의 풍경화를 바라보고 있는 듯한 착각에 빠져들게 된다. 넘실거리는 파도, 불어오는 바람, 외로이 떠 있는 섬과 바위들, 푸른 바다를 향해 입을 벌리고 있는 시커먼 동굴, 그 위를 날아다니는 갈매기 떼 등등…. 이 모든 광경이 마치 손에 잡힐 듯 생생하게 눈앞에 펼쳐지는 것이다.

멘델스존이 이 곡을 작곡한 계기는 스코틀랜드 북서부 연안의 헤브리디스 제도를 여행하면서 겪은 체험이었다. 당시 그의 배는 거친 파도를 헤치며 앞으로 나아갔다. 넘실대는 파도 저편으로 차츰 헤브리디스의 군도들이 시야에 들어왔고, 멘델스존 일행은 뱃멀미와 폭풍우를 견뎌내며 스태퍼 섬에 자리한 유명한「핑갈의 동굴」에 도착했다. 마치 오르간처럼 으르렁거리는 외딴 동굴은 압도적인 인상으로 젊은 작곡가를 덮쳐왔다. 그보다 먼저 그곳을 다녀간 시인 키츠의 표현을 빌리자면, "바다가 끊임없이 그곳에서 부서지고 있다. … 장엄함과 웅대함, 그리고 광활함…. 그것은 가장 훌륭한 대성당을 능가한다."

멘델스존은 그 자리에서 하나의 주제를 떠올려 스케치했고, 나중에 그 여행에 관하여 가족에게 보낸 편지에 그 악보를 동봉했다. "헤브리디스가 내게 얼마나 엄청난 감동을 주었는지, 조금이나마 공유하기 위하여 그곳에서 떠오른 악상을 보냅니다." 그리고 이 때 받은 영감을 바탕으로 그는 한 편의 연주회용 서곡을 작곡한다. 그 서곡은 이듬해 로마에서 '외로운 섬'이라는 제목으로 일단 완성되었으나, 그 후 개정을 거쳐 '헤브리디스'라는 제목으로 런던에서 발표되었다. 이 곡이 바로 오늘날 '헤브리디스' 또는 '핑갈의 동굴'이라 불리는 연주회용 서곡인 것이다.

한편 멘델스존의 서곡 가운데「잔잔한 바다와 전망 좋은 항해」라는 작품도 바다에 관한 수작이다. 다만「핑갈의 동굴」이 기본적으로 어두운 분위기에 대단히 강렬하고 극적인

황장원

'핑갈의 동굴', '잔잔한 바다와 전망 좋은 항해'를 비롯한 멘델스존의 대표작들을 고루 수록한 음반(Nimbus). 보다 잘 알려진 명반으로는 클라우디오 아바도, 헤르베르트 폰 카라얀의 음반 등이 있다.

성향을 지닌 반면, 이 곡은 전반적으로 밝고 차분하며 온화한 성향을 보인다. 이 서곡은 그가 존경했고 세대를 초월하여 우정도 나누었던 대문호 괴테의 시에서 영감을 얻어 작곡한 것으로서, 베토벤 또한 같은 시를 바탕으로 칸타타(성악곡의 일종)를 남긴 바 있다.

멘델스존을 가리켜 '일류의 풍경화가'라고 불렀던 이는 같은 독일 출신인 리하르트 바그너(Richard Wagner, 1813-1883)였다. 다만 바그너는 멘델스존을 별로 좋아하지는 않았는데, 그것은 유대인인 멘델스존의 눈부신 성공을 시기했기 때문이었다. 하지만 '바다의 위험'에 관해서라면 바그너도 멘델스존 못지않은 추억을 가지고 있었다. 그리고 그 추억은 그의 생애에서 중요한 전환점이 되어줄 오페라의 탄생으로 이어졌다.

● 새로운 양식을 향한 첫걸음, 바그너의 전설

바그너는 베르디와 더불어 낭만주의 오페라의 양대 거장으로 꼽히는 인물로, 연극, 음악, 미술 등 모든 예술 장르가 드라마의 구현을 위하여 하나의 총체를 이루는 경지인 '악극'을 창시하여 19세기 후반의 음악계에 막강한 영향력을 행사했던 인물이다. 그러나 그런 그도 초기에는 이탈리아나 프랑스 오페라 스타일을 모방한 작품들을 썼는데, 그러한 초기 단계에서 탈피하여 그 자신만의 오페라 스타일을 본격적으로 드러내기 시작한 것은 네 번째 오페라인 「방황하는 네덜란드인」부터였다.

「방황하는 네덜란드인」은 유럽에서 중세부터 전해 내려온 이야기를 토대로 만들어진 오페라이다. 신의 저주를 받은 네덜란드인 유령선 선장은 7년마다 육지에 상륙할 수 있는데, 그 기회에 자신을 진정으로 사랑하는 처녀를 만나지 못하면 영원히 바다를 떠돌아 다녀야 하는 운명이다. 다시 기한이 되어 노르웨이의 어느 만에 상륙한 네덜란드인은 풍랑을 피해 정박한 달란트라는 노르웨이인 선장을 만나 그의 집으로 초대를 받는다. 달란트에게는 젠타라는 딸이 있는데, 그녀는 언젠가부터 네덜란드인의 전설에 푹 빠져 지내왔다. 중간에 오해가 생겨 일이 틀어질 뻔 하지만, 결국 젠타의 희생으로 네덜란드인은 구원을 받게 된다.

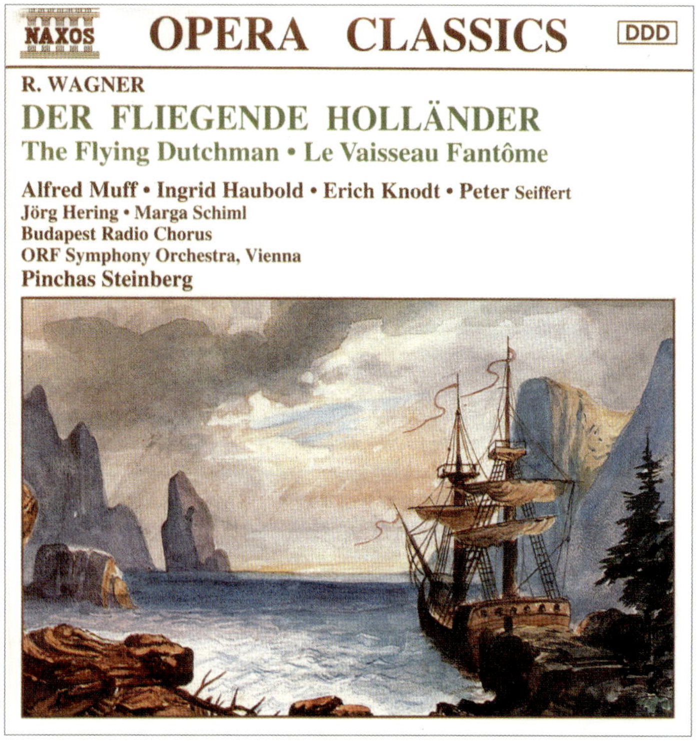

바그너의 오페라 '방황하는 네덜란드인'을 수록한 음반(Naxos).
유령선 전설과 북유럽의 분위기가 자아내는 어둡고 강렬한 음악을 만날 수 있다.

이 오페라는 막이 오르기 전에 연주되는 서곡에서부터 폭풍우가 휘몰아치는 바다의 모습을 선명하게 부각시키는데, 그 안에 네덜란드인이 처한 가혹한 운명과 순결한 젠타의 이미지, 그리고 작품의 결말에 대한 암시 등이 골고루 녹아 있다. 나아가 작품 전체에 걸쳐 바다와 관련된 음악이 수시로 흘러나오는데, 1막에서 망을 보던 달란트의 조타수가 부르는 노래에는 뱃사람의 애환이 담겨 있고, 네덜란드인이 처음 등장해서 자신의 저주 받은 운명을 한탄하는 장면과 젠타가 네덜란드인의 전설을 읊조리는 장면에서는 주인공을 옭아맨 바다의 어두운 이미지가 강렬하게 부각된다. 또 3막에 나오는 '수부들의 합창'에서는 부두에 나와 무사귀환을 축하하는 사람들의 흥겨운 노랫소리를 유령선 선원들의 음산한 냉소가 압도하는 오싹한 장면도 연출된다.

이렇게 해서 이탈리아, 프랑스, 독일 작곡가들의 작품들을 중심으로 유명한 '바다의 음악'들을 살펴보았다. 물론 이밖에도 많은 작품이 있지만, 이 정도면 '메이저급' 작품들은 웬만큼 다루었다고 보아도 큰 무리는 없을 것이다. 다만 지면 관계상 월트 휘트먼의 진취적인 시를 바탕으로 한 본 윌리엄스(R. Vaughan Williams, 1872-1958)의 장대한 「바다 교향곡」이나 20세기 오페라의 걸작으로 꼽히는 브리튼(B. Britten, 1913-1976)의 「피터 그라임스」와 같은 영국 작곡가들의 작품들을 미처 소개하지 못한 점은 아쉬움으로 남는다. 하지만 일반적인 클래식 음악 애호가들 사이에서 영국 음악은 '마이너 리그' 취급을 받는 것도 사실이다.

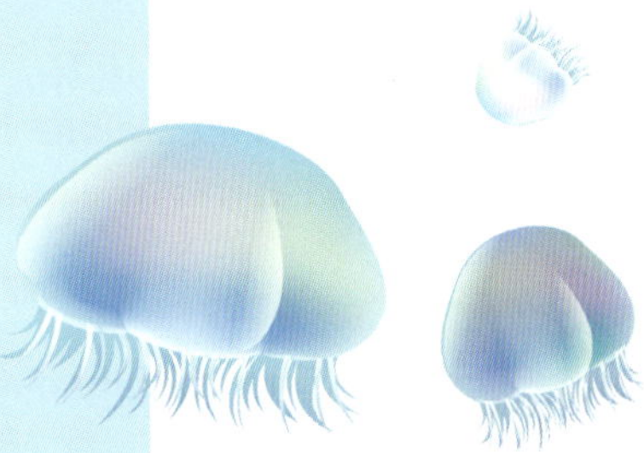

바다의 미술

정진국 미술평론가

앙드레 르루아 구랑

물개의 치아와 고래 뼈 등을 이용한 장신구. 알래스카.

● 선사시대

우리 인간은 까마득한 선사시대부터 바다를 이미지로 기록하고 표현했다. 울산의 반구대암각화는 그 훌륭한 사례다. 문명이 나타난 곳에서는 어디에서나 벽화에 새겨진 바다 짐승이 발견되는데, 꼭 벽화로 새기기만 한 것이 아니라 고래나 물개의 뼈를 재료로 삼아 그 형상을 남겼다.

이런 표현의 동기가 원시적 신앙심에서 비롯했고, 그 용도는 주술적인 것 아닐까 짐작하지만 여전히 수수께끼다. 화석처럼 묻혀 있는 이런 태고의 작품이 발굴되어 빛을 볼 가능성은 항상 열려 있다. 따라서 이런 작업이 얼마나 먼 시대까지 거슬러 오르게 될지, 어디서 어떤 것이 튀어나와 우리의 추측을 비웃을지 누구도 장담하기 어렵다. 그러나 분명한 것은 원시인도 생계에만 매달려 살지 않았고 아무튼, 표현활동을 했다는 사실이며, 특히 해양생물에 대해 표현하고 싶은 물리칠 수 없는 욕구를 갖고 있었다는 사실이다.

이렇듯, 미래의 작가가 해양을 소재와 주제로 삼아 어떤 식으로든 새로운 예술작업을 내놓을 것이라는 기대 못지않게, 어쩌면 그보다 훨씬 더 크게, 고고학적 발굴에서도 새로운 작품이 나올 것이라는 기대를 갖게 된다. 이른바 참신성을 예술적 가치의 하나로 본다면, 그것은 미래 지향적인 것만은 아니며, 과거로도 열려 있는 것이다. 우리의 기억에 남아있지도 않던 태고의 것이 주는 놀랍고 새로운 감흥은 우리가 발휘하고 싶어 하는 미래적 상상의 감흥을 무색하게 하곤 한다. 미래의 참신성이란 언제나 현재의 진부함을 전제로 하기 때문이다. 고고학적 발굴은 해양예술에 대한 우리의 관념과 관점을 얼마든지 넓혀줄 수 있다.

● 고대

문자언어로서 역사를 기록하기 시작한 시대는 적어도 8천여 년 전까지 거슬러 오르지만, 고대 언어의 비밀이 풀린다면 이 또한 잠정적인 연대추정이 될 것이다. 최근에 아프리카, 아시아 오지에서 문자 없는 구술언어를 연구하는 학자들은 상고문명의 연대를 더욱 옛날로 끌어올리고 싶어 한다. 아프리카 연안의 찬란한 문화는 상고에서 현대에 이르는 다른 문명의 연대와 주기가 다르다. 아프리카 서부연안에 사는 수많은 부족의 목조상(木彫像)을 보면, 우리는 해양예술이라고 할 만한 것이 통나무 배를 깍아 만들던 시대부터 거의 동시에 시작되지 않았을까 짐작할 수 있다. 목재를 사용한 이런 작품이 상대적으로 오래 보존되기 어렵다는 점을 감안하면, 아프리카에서는 다른 어떤 문명보다 훨씬 일찍부터 해양예술의 다양한 즐거움을 누렸을 듯하다.

그런데, 고대문명이 어디에서 나타났을까? 수변, 물가였다. 큰 바다가 곁에 있었다. 또 바로 곁에 해안을 끼고 있지 않았더라도 하천을 삶의 젖줄로 삼았으니까 그것이 이어지는 바다와 무관하지 않았다. 문명의 발상지가 농경문화를 근간으로 한다고 해서 다양한 해양문화의 성격이 완전히 배제되지는 않는다. 두 문화는 배타적이지 않았다. 상호보완적이었다.

이른바 세계 '4대 문명' 같은 패권주의적 시각에서 문명을 바라보지 않는다면, 태평양변의 샤빈문화, 이베리아와 북아프리카 지중해 연안의 문화에서 볼 수 있는 해양미술의 자취는 뚜렷하다. 예컨대, 페루 리마 시의 국립고고민속박물관을 설립한 텔로 로하스(1880-1947)는 태평양변의 '샤빈문화'를 남미대륙 고대문명의 기초라고 주장한다.

그런데 어떤 해양미술이었을까? 선사에 즐겨 다루던 전통적 건축과 장식미술, 특히 모자이크와 같은 석재와 금동장신구와 식기 등에서, 해양생물 같은 전통적 모티브로서 두드러진 것은 신화적 주제였다. 이런 해양미술은 전래신화에 기초하고 또 기독교 등 당시 신흥종교의 발흥에 따른 미술이다. 이런 미술은 거의 수천 년 지속되면서 바다 생물을 장식화, 신비화하고 동물과 인간의 형태를 거리낌 없이 하나의 생명체로 즐겨 형상화하면서 찬란한 상상의 세계를 보여주었다. 널리 알려졌다시피 그리스 신화는 올림푸스에 사는 신들만이 아니라 에게해에 사는 신들의 이야기였다.

알프스 산 너머 그 북쪽의 부족국가들은 기독교 전래 이전까지 수많은 바다의 신들을 섬기고 표현했다. 바이킹과 드루이드 족은 해양 동물과 이에 얽힌 수많은 전설과 상징을 형상화했다.

그러나 현세보다 천국에 더욱 깊은 관심을 기울였던 기독교가 지배한 중세 1천년 가까이 해양미술은 상대적으로 빈곤했다. 그러다가 르네상스를 맞이하면서 이교의 신화로 배척되던 그리스, 곧 메소포타미아와 이집트에 기원을 둔 해양문화의 신화들이 대대적으로 복권되었다. 해신들은 다시 세속적 예술의 주인공이 되었다. 천상의 동정녀 마리아는 바다에서 태어나고 불순한 비너스에게 '아름다운' 여신의 지위를 넘겨주었다.

이렇게 바다에서 나는 재료를 소재로 삼거나 바다생물을 주제로 삼은 미술은 아주 오래되고 풍부하다. 그러나 매우 넓은 문명권에 고루 분포되고 또 지속적인 굵직한 장르로 보일만큼 집중된 것은 아니었다. 산발적이고 단편적이었다.

우리가 보통 말하는 그림, 즉 한 폭의 회화에서 바다와 그것을 둘러싼 자연과 인간의 삶을 그린 그림이 나타난 것은 그렇게 오래된 일이 아니다. 그러나 하천과 호수와 바다 등 물의 세계와 함께 하는 삶의 즐거움에 대한 이미지들은 몇몇 특정지역에서는 독특한 미학적 전통으로 자리잡았다.

● 중세

종교미술이 압도했던 중세에도 물에 사는 생물에 대한 관심이 식지는 않았다. 중세 내내, 달력과 마찬가지로 절기를 표시하는 화첩을 제작하는 풍습이 있었는데 어떤 화첩에서는 봄을 알리고 풍요를 기약하는 물고기가 등장한다. 1492년 프랑스에서 제작된 한 화첩에서는, 2월의 들에서 유실수, 복숭아나무로 보이는 나무의 가지를 치고 접붙이기를 하는 농사꾼과 나란히 한 쌍의 물고기가 그려져 있는 것을 볼 수 있는데, 이러한 그림을 통해 한 해의 풍성한 수확과 어장의 풍요를 염원했을 것이다.

프랑스 중부 리모주 지방의 달력그림, 장 드 푸아 미사경본, 1492년경

중세의 한 작은 채색화에서는 또 다른 흥미로운 점을 발견할 수 있다. 경작과 어획에 대한 현실적 염원 외에도 용궁에 대한 우리의 상상처럼, 심해에 이상향이 있을 것이라는 생각이다. 6세기 아일랜드 가톨릭 수사 성 브렌던(Saint Brendan) 의 항해모험에 대한 전설은 여러 가지 수사본과 목판본에 실렸다. 그는 종교적 전통에 따라 '커라(최근까지도 사용하고 있다)'라는 아일랜드 쪽배를 타고 수도사 몇 명과 함께 낙원을 찾아 대서양을 수차례

브렌던 수사의 모험을 묘사한 12세기 판화(좌)

유리통을 타고 심해로 내려간 알렉산더 대왕(우) 13세기 프랑스 수사본

왕래한 기록을 남겼다. 그 기록에 삽화로 붙은 그림들은 수사의 모험과 나란히 고래를 영물로 묘사한 그림들이 붙어 있다(위 왼쪽 그림).

이 수사는 오늘날의 서인도제도까지 갔었을 것으로 추정된다. 이를 입증하려고 최근에 아일랜드 모험가가 동종의 배를 타고 조류를 따라 항해하기도 했다. 브렌던 수사는 움직이는 섬에 올라 하느님께 미사를 드렸다는 해석도 있다. 고래 등에 올라 한 동안 생활했다는 이야기다. 이렇게 고래를 살아 움직이는 유토피아로 상상했다. 이처럼 움직이는 섬으로 여겨졌던 고래가 지배하는 깊은 바다 속 낙원으로 알렉산더 대왕이 투명한 통을 타고 들어갔다는 우화도 그림으로 전해진다. 수족관 식 잠수함을 타고 내려갔던 셈이다(위 오른쪽 그림. 13세기 프랑스 수사본). 이렇게, 중세에는 무서운 대양에 낙원이 숨어 있지만 우리가 정복할 수 없도록 끝없이 이동한다는 관념이 수사본과 목판본 그림으로 널리 퍼져 있었다.

르네상스의 신화적 미술

근대로 접어드는 15세기 후반부터 중세의 전통을 더욱 실감 있게 재창조한 화가들이 등장했다. 이탈리아, 프랑스, 에스파냐 등 지중해 연안에서 르네상스 미술은 곧 그리스 신화를 되찾는 작업이었다. 또 그와 동시에 각 지역 고유의 다신교 전통까지 포함해

산드로 보티첼리,
「비너스의 탄생」, 1485

(예컨대 프로방스 지역처럼) 찬란한 해양미술의 전통을 되살렸다. 다수의 유능한 천재 화가들이 밝고 찬란하게 일구어낸 이 시기는 산드로 보티첼리(Sandro Botticelli, 1445-1510), 라파엘로 산치오(Raffaello Sanzio, 1483-1520) 같은 화가들의 걸작에서 절정을 맞았다. 보티첼리는 여신「비너스의 탄생」을, 라파엘로 산치오는 바다의 요정「갈라테아」라는 벽화를 남겼다.

비너스는 가리비 사이에서 태어나는 여신의 모습이며, 갈라테아는 돌고래가 끄는 조가비 배를 타고 바다 괴물들의 유혹을 뿌리치는 요정의 모습이다. 이 걸작들처럼, 르네상스 미술은 고대 그리스 해양문학의 거장 호메로스와 오비디우스의 설화를 그림으로 해설하는 과정이었다고도 할 수 있다. 수수께끼와 신비에 싸인 신과 인간, 천상과 지상의 드라마가 변화무쌍한 바다 한복판에서 펼쳐진다.

유럽 남부에서, 르네상스 화가들은 바다를 배경으로 삼고 또 신격이나 인격으로 의인화했지만 '자연의 바다' 그 자체를 주목하지는 않았다.

이와 반대로 그 북부에서, 화가들은 바다 그 자체를 사실적으로 관찰하기 시작했다. 남쪽 화가들이 이상향을 그리려고 했던 데 비해, 북쪽 화가들은 전설과 신화를 보다 사실적으로 보여줄 수법을 찾느라 고심했다.

오늘날의 벨기에, 네덜란드와 프랑스 서북단, 즉 대서양 연안에서 활약했던 화가들은 남유럽 화가들 같은 관념적인 이상세계를 추구하지 않는 편이었다. 주로 개신교도로 활발하게 개종했던 이들은 눈앞에 보이는 사실을 즐겨 그렸다. 뱃사람이 많고 또 해수면보다 낮은 땅에서 더욱 많은 땅을 확보하려고 분투하던 동포의 땅에서, 이들은 연안도시 생활에 누구보다 익숙했다. 가톨릭의 신비스런 교리를 형상화하는 경향은 현실감각이 뛰어난 이들의 취미에 걸맞지 않았다. 그래서 이들은 어쩔 수 없이 종교화를 그릴 때에도 그 배경에 상상적인 예루살렘을 그리지 않았다. 그 대신 자기네 고향땅을 그려 넣곤 했다. 그 배경에 산과 성채와 지평선 대신, 범선과 수평선이 들어섰다. 이런 식으로 그림에서 차츰 종교적 주제가 배제되었다. 결국 회화예술에서 독립적인 풍경화가 나타나게 되었다.

라파엘로 산치오, 「갈라테아」, 1511

또 다른 한편, 쾌활하고 익살맞기로 유명한 플랑드르 사람들은 풍속화를 가장 많이 그렸고 또 세련되게 발전시켰다. 장터와 선술집과 농가 그리고 선원과 어부를 그리기도 했다.

플랑드르의 거장 제롬 보스(1450년경-1516)는 중세미술의 체험을 몇 점 전해지지 않는 자신의 화폭에 거의 집대성했다. 그는 낙원을 그리기도 했지만 그와 나란히 지옥과 연옥을 그리면서 바다생물의 다양한 형태에 괴상망측하고 엉뚱한 공상을 덧붙였다. 그가 남긴 걸작 「지상낙원」과 「성 안토니우스의 유혹」을 보면서 우리는 그가 얼마나 노련한 재치와 넘치는 유머로 바다의 모든 피조물에게 천사와 악마의 역할을 맡기곤 했는지 혀를 내두르지 않을 수 없다.

들짐승 날짐승은 물론이고 그의 낙원에서 양서류, 파충류는 갑각류, 해조류와 한 몸이 되거나 숨박꼭질하듯 뒤섞이며 기이한 몸짓으로 살아 움직인다. 뱀장어, 전복, 물개, 해마, 대구, 농어, 방어, 삼치, 게, 도미, 홍어, 문어, 조기를 닮은 것들이다. 이런 물고기들은 다른 놈을 잡아먹기도 하지만 주로 지느러미를 노처럼 저어가며 사람이나 배를 실어 나르는 피안의 빼어난 교통수단이다. 거의 천마(天馬) 같은 것과 대적하는 탈것이다.

보스와 비슷한 시기에 살았던 요아힘 파트니에(1450년경-1524)는 사실상 풍경화의

제롬 보스, 「지상낙원」, 15세기 후반(좌)
제롬 보스, 「성 안토니우스 유혹」 부분, 15세기 후반(우)

창시자였다. 그도 보스와 마찬가지로 교회의 주문을 받아 생계를 해결할 수밖에 없었지만, 자기 식으로 신화를 거부했다. 자연풍경을 눈앞에 보이는 대로 그려보려고 했다. 보스와 같은 주제를 다룬 「성 안토니우스의 유혹」에서 이 성자가 현혹하는 마귀 무리에 둘러싸여 곤욕을 치루는 곳은 상상의 땅이 아니다. 화가의 고장, 어느 수풀에서 벌어지는 사건이다. 파트니에는 그렇게 강과 바다로 이어지는 연안 풍경의 지리적인 특성을 고스란히 화폭에 옮겼다. 이름만 성 안토니우스의 유혹이라 붙였지, 실제로는 대자연의 경치를 그린 것이다. 물론 그 숲과 들 사이로 잘 가꿔진 정원 속에 당시의 건물과 마을이 들어서 있다.

지리와 생물을 환상적인 이미지로 결합하는 이러한 전통은 바로 그 다음 세대에서 사실적 설득력이 더욱 가미된 끝에 서사시적인 표현에 이른다. 그 대표적인 작가는 피터 브뤼겔(Pieter Bruegel, 1525-1569)이다. 그는 네덜란드 연안에서 물고기를 잡는 어촌의 생활을 더욱 사실적으로 표현했다. 보스의 공상보다는 사실성을 더욱 강조했지만 익살맞은

제롬 보스, 「성 안토니우스의 유혹」 부분, 15세기 후반(좌)
피터 브뤼겔, 「큰 물고기가 작은 물고기를 잡아먹는다」, 1557(우)

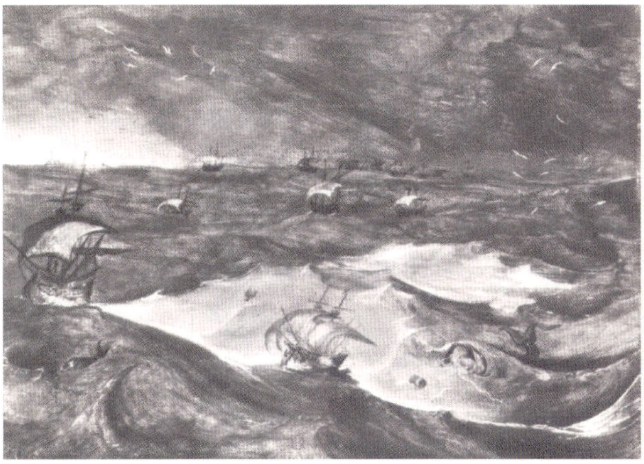

피터 브뤼겔, 「바다 풍경」, 1560년대(좌)
피터 브뤼겔, 「이카루스의 추락」 부분, 1560년대(우)

우의적 암시와 풍자정신은 전혀 누그러지지 않았다. 그의 소묘 「큰 물고기가 작은 물고기를 잡아먹는다」(앞 페이지 오른쪽 그림)는 생태환경과 약육강식의 냉엄한 현실을 감동적으로 비유한 걸작이다.

폭풍이 몰아치고 파도가 넘실대는 바다와 멋진 범선을 매우 사실적으로 묘사하기도 했던 브뤼겔은 「이카루스의 추락」(위 오른쪽 그림)에서 두 선배의 전통을 하나로 결합한 또다른 위대한 걸작을 남겼다. 즉 연안에서 땅을 갈지만 바다로 먼 세계와 이어져, 바다에 기대 사는 인간의 모습을 간명하게 함축했다. 그의 화폭에서 '유토피아'는 머나 먼 공상의 땅이 아니다. 우리가 부지런히 경작하며 기대 사는 해변 마을이야말로 하늘나라에 욕심을 두다가 떨어진 영웅이 살아갈 고되지만 온화한 땅이다.

17세기의 '바니타스'

브뤼겔 같은 거장들의 전통은 살로몬 반 로이스달(Salomon van Ruysdael, 1600-1670)에게 이어졌다. 이 화가는 바다풍경화를 처음으로 독립시키고 격상시킨 선구자였다. 게다가 그는 정물도 함께 그렸다. 매우 사실적으로 그렸다. 장식으로 거실이나 식당에 걸어두고 많은 손님을 초대하는 회식 자리에서 자랑으로 삼을만한, 그림의 장식성보다는 식욕을 돋우는, 막 배에서 들여온 생선의 손에 잡힐 듯한 실감을 강조했다.

살로몬 반 로이스달, 「물가 풍경」, 1632년경

그와 동시대의 화가들은 하구, 늪지, 반도, 곶, 섬 등의 지형적 매력에도 주목했다. 거의 동양화의 구성을 연상시키는 하늘로, 화면을 압도적인 비례로 채웠다. 또 바닷가에서만 벌어지는 갖가지 자연 현상, 폭풍과 뇌우와 구름 등은 풍경에 독특한 자연의 영기를 불어 넣었다.

빌렘과 아드리안 반 데 벨데(Bram & Adrian van de Velde) 형제를 비롯한 그 일가족은 17세기 네덜란드 회화에서 해양회화를 가장 독자적인 영역으로 심화했다. 아늑한 만과

빌렘 반 데 벨데, 「전함」, 17세기 중반(좌), 아드리안 반 데 벨데, 「해변」, 17세기 중반(우)

정박장을 그렸고, 전함과 멀리 식민지 개척과 통상을 위해 드나들던 선박들을 즐겨 그렸다. 또 수많은 해전도는 미학적 가치는 물론이고 그 기록의 역사적 가치에서 더욱 중요하다. 이들의 작품은 '바타비아 공화국'으로 불리던 해상강국 네덜란드의 풍요로운 세기를 증언한다.

풍경과 나란히 정물도 발전했다, 바타자르 반 아스트(1594-1657)의 조가비 그림처럼(오른쪽 맨 위), 가톨릭 전통에 따른 종교화를 그리지 않은 많은 개신교 화가들은 그 대신 눈앞의 현실을 주목했다. 해학을 좋아한, 강인한 뱃사람 기질의 네덜란드 화가들은 시끌벅적한 선술집과 장터와 가내의 부엌과 식탁에 오른 해물을 즐겨 그렸다.

물론 해산물로 넘치던 장터와 어물전은 오늘날도 연안 도시들, 예컨대, 암스테르담에서 할렘, 레이덴, 델프트, 로테르담, 안트베르펜까지 이어지는 크고 작은 도시들에서 여전하다. 또 이곳의 미술관들이야말로 주로 소품이기는 하지만 해산물에 거의 숭배심을 보여주는 듯한 수많은 정물화를 구경할 수 있는 성지라고 하겠다.

보통 '바니타스'라고 하는 이와 같은 정물화에서, 내륙의 화가들은 날짐승 들짐승 등 사냥에서 얻은 토끼, 노루, 멧돼지, 꿩, 들꿩, 메추리 등을 소재로 삼곤 했다. 그러나 해안가 화가들은 굴, 소라, 우렁, 뿔고동, 가재, 게, 대구, 농어, 홍도미, 넙치 등 온갖 해산물을 각각의 개성과 또 그 종(種)의 특징을 살려 그렸다.

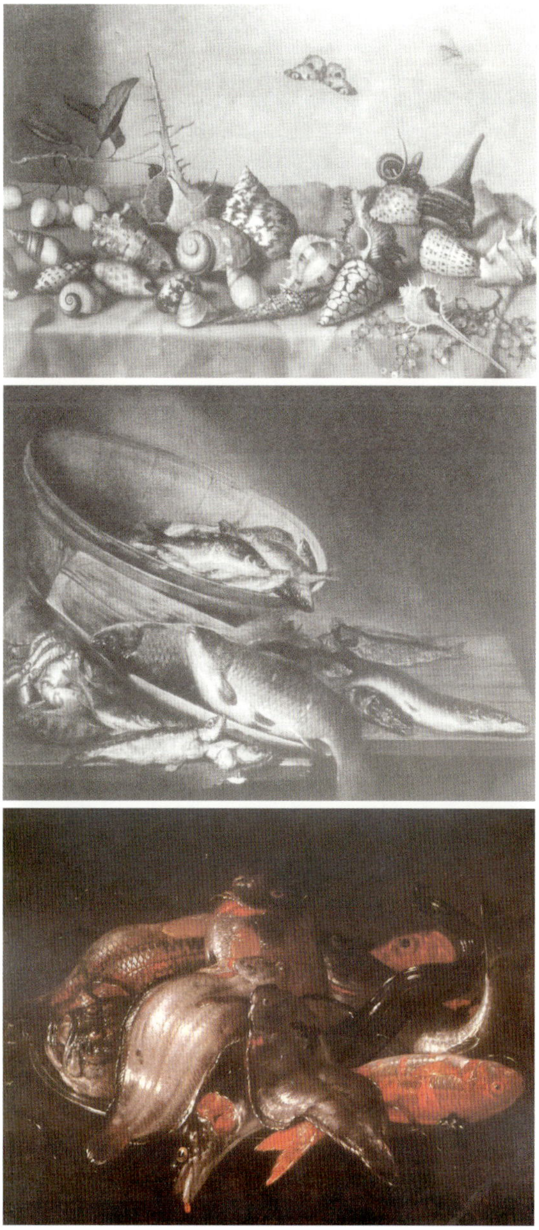
바타자르 반 데어 아스트, 「조가비」, 17세기 전반(상)
살로몬 반 로이스달, 「생선」, 1666.(중)
조반니 바티스타 레코, 「접시에 담긴 생선」, 17세기 후반.(하)

이렇게 해양생물을 정물의 주제로 삼아, 마치 오늘날 '스튜디오'에서 모델을 다루는 사진가처럼 식탁 위에 올려놓고 아름다운 관조의 대상으로 바라보는 화풍은 17세기에 크게 유행했다. 해산물은 꽃이나 짐승, 또는 인물과 마찬가지로 아름다운 것으로서 동등한 자격을 얻었다.

그런데 알프스 이남의 이탈리아에서도 북유럽의 유행에 무심하지 않았다. 베네치아 공화국을 중심으로 화가들은 선상축제와 화려한 뱃놀이를 장쾌하게 묘사한 또 다른 풍속화풍을 개발했다. 하지만 미술계에서 거의 정점에 이르렀다고 평가되는 르네상스 화가들의 전통이 절대적 '아카데미즘'으로 군림하고 있었기 때문에, 풍속과 정물 등은 부수적 장르 취급을 받았다.

예수회가 주도한 반종교개혁은 주로 종교미술을 선전도구로 삼아 가톨릭 세계를 부활시키는 데 결정적 역할을 했던 만큼, 신화적 이미지를 재현하는 '바로크' 스타일의 위세 앞에서 풍속화, 정물화는 아무리 매력적이라고 해도 그 고유한 가치를 주장하기 어려웠다.

북유럽 개신교도 지역에서 풍속화가 주도하는 해양생물의 즐거운 향연이 벌어진 것과는 매우 대조적이다.

그러나 조반니 바티스타 레코(Giovanni Battista Lecco, 1628-1675)의 정물화에서 보듯이, 이탈리아 사람들도 이미 국제적으로 널리 퍼진 이런 바니타스 정물을 모른 척하기 어려웠다. 다른 풍속화가들이 이탈리아 반도 안에서 북유럽 개신교도와 부르주아의 풍속화풍을 자기네 식으로 재치 있게 해석하는 동안, 레코 같은 나폴리 출신 화가들이 바로 자기 동네와 이웃에서 넘치는 신선한 해산물을 쉽게 외면할 수 있었을까?

18세기의 '베두타'

이렇게 이탈리아 화가들은 주류미술과 다른 비주류미술로서 이미 국제적 스타일로 크게 유행한 정물화에 자기 나름대로 바다의 향미를 추가했다. 그렇다 해도, 먼 옛날부터 스페인의 통치를 받은 나폴리에서 그 문화가 뿌리 깊은 가톨릭 전통에 맞서 이런 세속적 회화의 매력을 전면에 내세우기는 어려웠다. 그러나 자유로운 공화국의 역사와 또 아드리아 해를 통해 이교도와 접촉이 활발하며, 개방적이었던 베네치아에서는 해변 생활의 즐거움과 멋을 그리는 새로운 조류가 빠르게 자리 잡았다.

기독교 문화가 지배했던 유럽에서 베네치아는 가장 이국적이었고 동방의 모든 사람, 문물과 수시로 교류하는 창구였다. 밀무역이야 말할 필요도 없다. 지중해는 몰타와 시칠리아를 중심으로 항상 터키, 무어인과 싸우기 바쁜, 맑고 잔잔하지만, 그에 못지않게 피에 물들고 섬뜩하게 고요한 바다였다. 이와 다르게 아늑한 아드리아 만 속으로 깊이 숨어있는 베네치아는 매우 온건하고 평화로운 분위기, 적대감보다 개방성이 돋보이는 도시였다.

조반니 안토니오 카날레토(Giovanni Antonio Canaletto, 1697-1768)는 해상도시 베네치아의 시원한 파노라마를 섬세한 필치로 그렸다. 여유로운 귀족과 시민과 상인의 활달한 생활상을. 그런 풍속을 담아내려고 수평선처럼 시원하며 옆으로 길죽한 화면을 개발했다. 오늘날의 파노라마를 닮은 그의 그림을 '베두타'라고 하는데, 이는 일반적으로 도회지의 정경을 가리키는 말이 되었지만 원래 베네치아 바다 그림, 즉 그 항구도시의 풍경을 가리키는 "베두티스모"라는 말에서 나왔다.

● 19세기의 자연주의와 인상주의

철도의 건설로 교통이 크게 편리해진 19세기 중반부터 여행이 보편화되면서 미술에서도 그 효과가 나타났다. 내륙 화가들도 화구를 챙겨 마차로 하기 어렵던 바닷가로 여행을 나서게 되었다. 거대한 군항이나 명승지를 찾은 화가들은 해안 곳곳의 지리와 풍광을 그리기 시작했다. 그렇게 바다는 그림 속에서 자연의 광활한 위용과 함께 어촌과 어부, 바닷가를 찾는 도시인 등 모든 점에서 부쩍 친근한 이미지가 되었다. 바다를 극단적인 탐미의 대상으로 그려낸 영국의 터너 같은 화가가 있지만, 그는 사실 영국 해안을 그리지 않았다. 그가 그린 변화무쌍한 바닷가의 환상적 장관은 베네치아에서 소묘해두었던 것을 재구성한 것이었다.

이 세기에 유럽의 어느 나라에서나 화가들은 눈부시고 밝은, 뭍에서 체험하기 어려운 바다의 매력에 깊이 빠져들었다. 바닷가와 어촌의 낭만적이거나 역사적인 현실이 화폭에 담겼다. 자연주의 화가들, 귀스타브 쿠르베(Gustave Courbet, 1819-1877) 등 프랑스 화가들은 지중해와 북해의 해안 절벽 등의 장엄한 시적 분위기를 재현하려고 했다. 자연과 세계를 가능한 우리 눈에 보이는 "있는 그대로" 묘사하려고 했던 사실주의적 경향에서 시작된 화풍은 인상주의, 신인상주의, 후기인상주의 경향에서 절정에 달했다. 이는 전 유럽, 더 나아가 전 세계에 보급된 보편적인 화풍이었고 그 화가들은 지극히 다채로운 바다와 연안과 주민의 생활을 그림의 본격적인 '주제'로 삼았다는 점에서 해양미술을 이야기할 때 가장 중요한 조류였다고 하겠다.

귀스타브 쿠르베, 「폭풍 뒤의 에트르타 해안 절벽」, 1870.(좌), 귀스타브 쿠르베, 「넘실대는 바다」, 1869.(우)

클로드 모네, 「디에프 해안 절벽」, 1882(상), 클로드 모네, 「인상」, 1875년경(하)

인상주의의 아름다움도 미의 여신이 바다에서 태어났듯 다시 한 번 바다에서 태어났다. 클로드 모네(Claude Monet, 1840-1926)가 베네치아에서 눈부신 역광으로 넘실대는 찬란한 파도로 전에 없이 눈부시고 강렬한 '인상'을 빚어내었기 때문이다. 야외의 일광이 색채를 얼마나 다채롭게 반영하는지 궁금했던 화가들에게 바다와 그 주변은 그 모든 황홀한 색채의 변신을 관찰하고 탐구하는 실습장이었다.

그러나 바다와 얽힌 미술의 모든 역사를 통틀어 바다를 가장 극적인 미술의 주제로 끌어들여 승화시킨 두 화가를 기억하지 않을 수 없다. 프랑스 화가, 에두아르 마네(Edouard Manet, 1832-1883)와 폴 고갱(Paul Gauguin, 1848-1903)이 그들이다. 마네는 흔히 인상주의의 선구자로, 폴 고갱은 후기인상주의의 거장으로 분류되지만, 이런 분류는 잠정적인 것일 뿐이다. 왜냐하면 두 사람은 그런 작은 범주로 묶기에는 너무나 폭 넓고 깊이 있는 예술성을 보여주었기 때문이다.

두 화가 모두 청년시절에 배를 타고 견습 선원 훈련을 받았다는 사실이 흥미롭다. 당시 증기선이 취항하기 직전 마지막 범선의 시대에 이들은 고향을 떠나 멀리 항해하려는 모험심으로 르 아브르 항에서 범선에 몸을 싣고 대서양과 태평양을 건넜던 경력이 있다. 감수성이 풍부하고 정신이 말짱하던 두 청년이 고된 선상생활과 또 이국 항구에서 겪은 체험은 이후 바다, 더 넓은 의미에서 바다와 더불어 사는 삶을 뛰어난 솜씨로 형상화하는 데 밑거름이 되었다.

마네는 부두의 정경과 뱃사람 등을 역사적 맥락에서 대담하게 포착한 장면을 그렸다.

그는 바다야말로 가장 감동적인 인간 드라마가 펼쳐지는 무대라고 생각했다(오른쪽 위).

폴 고갱은 아예 모든 문명의 출발지를 원시적 대양과 섬에서 찾았다. 몰락해가고 전쟁의 광분을 되풀이하는 유럽의 산업문명에 깊은 염증을 느낀 이 화가가 남태평양의 타히티와 마르키즈 제도에서 이상향을 찾았다는 것은 너무나 유명한 전설이다. 그는 그곳에서 병들어 오래 살지는 못했지만 그곳에서 생을 마감하기까지 그 섬 사람들과 어울리며, 태고의 사람들과 함께 산다고 생각했다. 식민지로 이주해 와 정착했던 유럽인과 여기에 동조한 일부 원주민을 제외한다면 말이다.

그는 그 섬의 봉우리와 동식물, 바다생활과 '피로그'라는 통나무배와 산호초와 토속종교의 신 등 대양에서 사라져가는 삶과 문물을 그렸다(오른쪽 아래). 사실, 이 폴리네시아 해역에서 그 뒤, 프랑스가 가장 여러 차례 핵실험을 했으니까 폴 고갱은 마지막 낙원에서 잠시 살아보는 행운을 누린 셈이다. 비록 그의 사생활은 빈곤과 질병으로 비참했지만 남태평양의 신성한 자연은 그의 창작욕까지 꺾지는 못했다.

에두아르 마네, 「어부들」, 1873.(상)
폴 고갱, 「타히티 해변의 '피로그'와 원주민」, 1896.(하)

폴 고갱은 서구와 백인중심의 현대미술의 근본을 뒤흔든 미술사상 가장 위대한 혁명가였다. 검게 그을린 구리빛 피부의 마오리 족과 타히티 사람들은 그의 붓으로 영원히 건강한 인간상이 되었다. 또 그 여자들은 검은 비너스가 되었다. 바다는 그의 화폭에서 푸르지만은 않았다. 대양 위로 이글거리는 태양의 모든 스펙트럼과 검푸른 정글의 기운을 모두 받아주고 반영하는 장엄한 빛을 띠었다. 그의 작품은 바다가 낳은 예술의 유례없는 승리였다.

영화 속의 바다

김청수 프런티어필름 대표

● 바다, 고요한 안식처

영화「폭풍속으로」(Point Break)의 바다는 주인공들의 영혼의 안식처다. 하찮은 것들을 손에 넣기 위해 끝없이 싸우고 눈치보고 질투하는 세계에서 즐길 수 있는 '호사스러운 고요함'이 그 곳에 있다.

히치콕(Alfred Hitchcock, 1899-1980)의 영화「레베카」(Rebecca)와 멜빌(Herman Melville, 1819-1891)의「모비딕」(MobyDick)에 나오는 바다는 산 자와 죽은 자, 인간의 탐욕과 분노를 모두 집어삼키는 불멸의 그것이고,「어비스」(The Abyss)의 바다는 모든 것들 너머에 있는 미지의 공간이며「노킹 온 헤븐즈 도어」(Knockin' On Heaven's Door)는 죽기 전에 꼭 가봐야 할 천국의 문이다.

"좀비들은 바다를 통해 화를 발산한다. 그것이 바로 그들의 분노이다."
- 진 리스(Jean Rhys),「광막한 사르가소 바다」(Wide Sargasso Sea)

노킹 온 헤븐즈 도어 Knockin' On Heaven's Door, 1997

http://blog.naver.com/advill

고요함이 죽음이 되고, 탐욕과 분노가 집어 삼켜져 다시 고요함이 되는 바다. 광막함이라는 단어가 주는 깊이와 황량함을 헤아릴 수 없다면 우리는 바다 앞에서 겸손해져야 한다. 바다는 고요한 영혼의 안식처이기 때문이다.「모비딕」에 나오는 이스마엘의 독백처럼 "영혼에 우울한 기운이 엄습할 때는 바다로 가야한다." 그리고 우리가 어떤 길을 선택하든 "그 길은 바다로 이어진다."

● 바다를 배경으로 한 열 편의 영화들

1851년에 출판된 멜빌의 「모비딕」(MobyDick or the White Whale)을 모르는 사람은 없다. 하지만 주위 친구들에게 물어보면 모비딕 완역본을 읽었다거나, 그레고리 펙(Gregory Peck) 주연의 「백경」을 봤다는 사람은 흔치 않다.

거장들의 만남, 「백경」(Moby-Dick, 1956)

「말타의 매」(The Maltese Falcon, 1941)를 연출한 거장 존 휴스턴(John Huston)이 1956년에 연출한 「백경」은 영화로 만드는 것이 불가능하다고 여겨졌던 원작의 철학적이고 긴 분량을 에이허브 선장과 그의 선원들이 망망대해에서 펼치는 흰고래 모비딕과의 사투에 포커스를 맞춰 박진감있게 묘사하고 있다. 존 휴스턴 감독과 함께 각본을 담당했던 레이 브래드버리(Ray Bradbury)의 놀라운 시나리오는 존 휴스턴 버전의 「백경」이 영화사의 클래식이 되는 것을 가능하게 했다. 물론 에이허브 선장 역의 그레고리 펙이 보여준 광기어린 눈빛과 대사, 스타벅 역의 레오 겐(Leo Genn)과 이스마엘 역의 리처드 베이스하트(Richard Basehart) 등 출연 배우들의 열연도 빛을 발한다. 거장 오손 웰스(Orson Welles)도 메이플 목사 역으로 카메오(cameo) 출연해서 인상적인 설교 장면을 보여준다. 그는 출연료를 받아 같은 이야기의 연극 제작비로 썼다고 한다.

라스트 신에서 "에이허브가 우리를 부른다."는 대사가 잊히지 않는 「백경」은 바다와 인간의 광기, 복수와 불멸에 관한 이야기로 원작속의 구절 "한 늙은이가 부러진 작살에 기대어 한 발로 서 있다. 하지만 그의 영혼은 백개의 발로 움직이는 지네와도 같다"에 가장 가까운 영화가 되었다.

컴퓨터그래픽이 없던 시절, 그레고리 펙은 실제 크기의 고래 모형에 매달려 그대로 물속에 처박혔다고 하는데 덕분에 이 고래 모형도 계속해서 다시 만들어졌다고 한다. 일등 항해사 스타벅(Starbuck)의 이름을 따서 커피 프랜차이즈 '스타벅스(Starbuck's)'가 탄생한 건 알고 있는 사람은 다 아는 유명한 일화다.

「백경」이 에이허브 선장과 흰고래와의 사투를 그린

「백경」(Moby Dick)의 영화포스터

「퍼펙트 스톰」(상) - 자연의 거대함 앞에서 조각배를 탄 채 사투를 벌이는 인간의 모습을 그렸다.
「퍼펙트 스톰」의 한 장면(하)

영화라면 거대한 태풍과 맞서 싸우는 인간의 모습을 그린 영화가 있다. 독일 명장 볼프강 페터슨(Wolfgang Petersen)이 연출한 「퍼펙트 스톰」이 그것이다.

제목처럼 태풍하나 만큼은 완벽하게 묘사된 「퍼펙트 스톰」(The Perfect Storm, 2000)

저마다 삶의 막다른 골목에 이른 어부들이 만선의 꿈을 이루기 위해 안드레아 게일호를 타고 먼 바다로 나선다. 1991년 10월, 북대서양에는 킬러 태풍이라 부를만한 거대 규모의 태풍이 몰려오고, 안드레아 게일호는 그 태풍의 눈 속으로 들어간다.

실화를 바탕으로 한 영화 「퍼펙트 스톰」은 자연에 대한 인간의 사투를 다루고 있는데 조지 클루니(George Clooney), 마크 월버그(Mark Wahlberg), 다이안 레인(Diane Lane), 존 C. 라일리(John C. Reilly) 등 쟁쟁한 연기파 배우들의 연기도 뛰어나지만 누군가가 주연상을 받아야 한다면 그 수상자는 조지 클루니가 아니라 집채만한, 아니 63빌딩만한 '파도'가 될 것이다. 감독 볼프강 페터슨은 리얼한 특수효과를 통해 자연의 거대함 앞에서 '조각배'를 탄 채 사투를 벌이는 인간의 모습을 흥미진진하게 그리고 있다.

아카데미 시각효과상, 음향상에 노미네이트된 작품답게 영화 「퍼펙트 스톰」은 태풍의 위력을 실감나게 보여준다. ILM(Industrial Light and Magic :「스타워즈」,「해리포터」,「트랜스포머」의 컴퓨터그래픽을 담당한 할리우드 최고의 특수효과 회사)이 창조해 낸 태풍은 관객들이 실제 태풍의 한가운데에 있는 것처럼 느낄 정도로 리얼리티 100%의 라이브 액션을 선보이는데 영화 속 태풍만 봐도 입장료가 아깝지 않았던 영화. 그런 파도를 어디에서 다시 본다 말인가?

「퍼펙트 스톰」을 제치고 그 해 아카데미 시각효과상을 수상한 작품은 러셀 크로우(Russell Crowe)가 주연을 맡았던 「글래디에이터」(Gladiator)였다. 「퍼펙트 스톰」의 감독 볼프강 페터슨은 「특전 U 보트」(Das Boot)와 「퍼펙트 스톰」으로 '물'이라는 재난과 죽음 앞에선 인간의 이야기를 능숙하게 만들어냈던 감독이다. 그가 재난영화의 고전인 「포세이돈 어드벤처」(The Poseidon Adventure, 1972)를 리메이크한 「포세이돈」(Poseidon, 2006)은 볼프강 페터슨이 스스로 '해양 재난영화 3부작'의 마지막 작품이라고 말할 만큼 심혈을 기울였다.

고전과 리메이크, 「포세이돈 어드벤처」 vs 「포세이돈」

12월 31일, 호화 여객선 '포세이돈'호. 새해를 맞기 위한 선상 파티가 한창 열리고 있다. 그러나 '올드 랭 사인(Auld Lang Syne)'도 잠시, 47미터가 넘는 파도에 포세이돈은 북대서양 한가운데에서 뒤집히고 만다. 영화 「포세이돈」은 지금껏 해양 재난영화가 보여줄 수 있는 스펙터클에서는 최고라고 부를만 하다. 선박의 내부와 연회장 등은 실제 세트로 제작되었고, 337미터에 이르는 유람선과 높은 파도는 「퍼펙트 스톰」에 참여해 놀라운 능력을 선보였던 ILM사가 한층 업그레이드된 그래픽 기술로 컴퓨터그래픽이 뭔지를 제대로 보여준다(이 작품 역시 아카데미 시각효과상에 노미네이트되었다).

영화 「포세이돈」의 포스터와 영화 속 장면

특히 오프닝에서 주인공 조쉬 루카스(Josh Lucas)가 배 위 갑판을 조깅하는 장면은 압권이다. 조깅 신의 그 배는 실제 배가 아니라 CG로 만들어진 배로 조쉬 루카스는 그린 스크린(green screen)을 배경으로 달리기만 열심히 했고, 그 장면을 그래픽 화면위에 합성을 했다. 실제보다 더 실제같은 마법의 장면. 하지만 100분도 안되는 상영시간 때문인가? 베테랑 감독의 노력에도 불구하고 영화 「포세이돈」에는 나름 극적이고 긴박한 볼거리는 있지만 '인간'이 보이지 않는다. 인상적인 배의 침몰은 있지만 그것이 전부여서 아쉬움이 크다.

오리지널 「포세이돈 어드벤처」에는 다른 무엇보다 "인간 드라마"가 있었다. 진 해크먼(Gene Hackman)의 카리스마 넘치는 캐릭터와 셸리 윈터스(Shelley Winters)가 수영하다 죽음을 맞이하는 장면을 어찌 잊을 수 있겠는가? 어린 시절, 명화극장에서 본 감동과 스릴은 지금도 기억이 생생하다. 스티브 맥퀸(Steve McQueen)이

「포세이돈 어드벤처」의 명장면들

주연한 「타워링」(The Towering Inferno, 1974)과 더불어 지금도 재난영화의 최고봉으로 손꼽히는 작품.

재난영화는 수없이 만들어진다. 하지만 70년대의 긴장도와 감동을 뛰어 넘지 못하는 건 무엇 때문일까? 진 해크먼이 "우리에게 뭘 더 원하나, 제발 좀 내버려두라! 얼마나 더 많은 사람들이 죽어야 멈출거냐"고 신을 향해 외치는 장면은 20년, 30년을 가지만 컴퓨터 그래픽으로 만들어진 볼거리는 이듬해 여름시즌이면 더 발전된 기술에 의해 곧 잊혀지기 때문이다. 결국 제목에서처럼 '어드벤처'가 있고 없고의 차이가 이토록 크다.

「포세이돈」은 재난을 실감나게 보여주기 위해 세트에 34만 리터의 물을 쏟아 부었다. 많은 스탭들이 하루에 몇 시간씩 깨끗하지 못한 물속에서 촬영하느라 각종 피부질환에 시달렸다고 한다. 「포세이돈 어드벤처」의 셸리 윈터스는 자신의 캐릭터를 위해 15kg 살을 불렸고, 대부분의 위험한 장면에서 모든 배우들은 스턴트 없이 직접 촬영에 임했다고 한다. 영화는 어쩔수 없는 수공업 작업인 셈이다. 영화 「포세이돈」에 나오는 배는 'CG로 만들어진 가장 디테일한 배'로 선정되어 그 해 기네스북에 올랐다.

영화 「오픈 워터」의 포스터

대부분의 할리우드 영화를 보면 칠흑같은 어둠은 나오지 않는다. 약간의 조명을 사용해 희미하게나마 관객이 현재 진행되고 있는 상황에 대해 알아볼 수 있게는 해 준다. 하지만 정말 캄캄한 바다가 나오는 영화가 있다.

영화 「오픈 워터」
13만불의 제작비로
5,000만불의 흥행
수익을 올렸다.

스크린의 절망이 관객에게 전이되는 '진짜공포' 「오픈 워터」(Open Water, 2003)

크리스 켄티스(Chris Kentis)가 감독하고, 블랜차드 라이언(Blanchard Ryan)과 다니엘 트래비스(Daniel Travis)가 주연한 영화 「오픈 워터」는 아무런 인공조명 없이 어둠이 찾아 온 바다를 보여주는데 시커먼 스크린에서는 두 사람의 절망에 찬 대사와 파도 소리만 들을 수 있을 뿐이다. 정말 '아무것도 보이지 않는' 밤의 망망대해. 공포가 관객의 몸속으로 전이되는 순간이다. 여름 블록버스터처럼 과대광고를 하는 바람에 대구 어느 극장에서 환불 소동이 있었던 「오픈 워터」는 상어가 나오긴 하지만, 스필버그(Steven Spielberg)의 「죠스」(Jaws, 1975)와는 정반대 지점에 있는 영화다. 인간을 지능적으로 공격하는 거대 상어를 기대해서도 안되고 극적인 뭔가를 기대해서도 안된다.

드라마틱한 반전이나 혈투도 없이 망망대해에서 서서히 죽어가는 주인공들, 포스터에 나오는 카피처럼 누가 널 구해줄거라 생각해? 라는 문구가 그래서 더욱 섬뜩하고 무섭다. 「죠스」나 조 단테(Joe Dante)감독의 「식인어 피라냐」(Piranha, 1978) 대신에 「오픈 워터」를 추천하는 이유는 다름 아닌 이 '사실적 공포감' 때문이다.

13만불이라는 저예산의 이 영화는 전세계적으로 5000만불의 흥행수익을 올렸다. 13만불이라는 돈은 보통 할리우드 영화의 음향효과 예산의 절반에도 미치지 못하는 액수다. 이 영화에는 어떤 특수효과도 사용되지 않았는데, 하기야 그 예산으로 무슨 효과를 쓰겠는가? 배우와 스탭들은 안전을 위해 잠수복 안에 체인 메쉬(chain mesh)를 입었고 촬영이 진행되는 동안 상어들에게 참치를 계속 먹여 다행히 누구도 물린 적은 없다고 한다.

이 영화를 생각하면 니노 로타(Nino Rota)의 애잔한 선율과 지중해를 닮은 알랭 들롱(Alain Delon)의 푸른 눈동자가 먼저 떠오른다. 그리고 충격의 라스트 신까지..

파도와 바람과 태양이 가득했던 영화 「태양은 가득히」

바다를 배경으로 한 스릴러의 클래식, 「태양은 가득히」(Plein Soleil, 1960)

감독 르네 클레망(Rene Clement)이 연출한 「태양은 가득히」는 지중해와 나폴리, 강렬한 햇살과 짙푸른 바다를 배경으로 충격적인 결말까지 시종일관 서스펜스가 넘치는 작품이다. 편집은 빈틈이 없고, 촬영은 파도와 바람과 태양을 '느낄 수' 있을만큼 훌륭하고, 알랭 들롱이라는 완벽한 캐스팅은 신인이었던 그를 단숨에 세계적인 스타로 만들었다.

어릴적 신문의 영화 광고란에 아랑 드롱, 심지어는 이름 빼고 드롱이라고 불리웠던(얼마나 인지도가 높으면 그랬겠는가) 이 세기의 미남은 완벽한 외모가 무엇인지, 눈으로 말한다는 게 어떤건지를 제대로 보여준다. 가난한 청년 톰 리플리의 욕망은 이 모든 요소들에 의해 드라마를 확장시키고 주제음악이 흐르는 라스트에서 전율은 충격으로 바뀌게 된다.

「태양은 가득히」의 리메이크작 「리플리」

이런 고전이 리메이크 되지 않을 리가 없다. 「잉글리쉬 페이션트」(The English Patient, 1996)의 안소니 밍겔라(Anthony Minghella) 감독은 1999년 「태양은 가득히」의 리메이크작 「리플리」(The Talented Mr. Ripley)를 선보인다.

맷 데이먼(Matt Damon), 주드 로(Jude Law), 기네스 팰트로(Gwyneth Paltrow)의 연기 앙상블은 우아하고 지적인 스릴러 한 편을 우리에게 안겨주었는데 이 세 배우 외에도 케이트 블란쳇(Cate Blanchett), 필립 세이무어 호프만(Philip Seymour Hoffman) 등 당대의

영화「리플리」의 원작 소설을 쓴 패트리샤 하이스미스

배우들을 보는 즐거움도 크다. 영화「리플리」의 또 한가지 매력은 넘치는 재즈와 클래식 음악. 그 중에서도 리플리 역의 맷 데이먼이 직접 불렀던 'My Funny Valentine'과 시네드 오코너(Sinead O'Connor)가 부르는 '카인을 위한 자장가(Lullaby for Cain)'는 지금 들어도 너무 좋다.

두 작품 모두 패트리샤 하이스미스(Patricia Highsmith, 1921-1995)의 소설「The Talented Mr. Ripley」를 원작으로 하고 있는데 패트리샤 하이스미스는 1921년 미국에서 태어났다. 1950년 데뷔작「낯선 승객」(Strangers on a Train)이 출간되자마자 엄청난 성공을 거두었고 히치콕 감독에 의해 영화화되기도 했다.「The Talented Mr. Ripley」는 그녀의 대표작이며, 실제 소설의 결말은 두 영화와는 다르다. 하이스미스의 파격적인 결말을 책으로 만나보는 것도 좋을듯 하다. 그녀는 1995년 스위스에서 세상을 떠났다.

잠수함이라는 공간은 엔진이 고장을 일으키거나 통신장비 하나만 고장이 나더라도 드넓은 바다속에서 완벽한 폐쇄공간이 된다. 더구나 수면위에 적의 구축함이 버티고 있을때는 숨도 쉴 수가 없게 된다. 볼프강 페터슨이「특전 U 보트」에서 보여준 긴장감 넘치는 연출은 그야말로 명불허전. 수압에 핑-핑- 소리를 내며 튕겨져 나가는 볼트소리는 지금 생각해도 숨막힐 지경이다.

잠수함 영화의 영원한 전설,「특전 U 보트」(Das Boot, 1981)

독일군의 시각으로 그려낸 전쟁의 슬픈 초상화「특전 U보트」는 서스펜스

전쟁의 슬픈 초상화 「특전 U보트」의 포스터와 영화속 한 장면

「크림슨 타이드」(상), 「붉은 10월」(중), 「니모를 찾아서」(하)

넘치고, 감동적이고, 리얼하다. 히틀러의 군인들이지만 영화를 보다보면 제발 연합군에게 들키지 말라고 숨죽인 채 기도하게 된다.

죽음의 공포와 맞서 싸우는 실존적 존재들로서의 인간 군상들, 함장역을 맡은 위르겐 프로크노브(Jurgen Prochnow)의 눈부신 연기, 결말의 충격까지 스토리, 연출, 연기, 촬영 모두 만점을 주고 싶은 전쟁 영화의 걸작이다.

잠수함 영화의 전설이자 바이블인 「특전 U보트」는 전쟁이 잠수함을 가지고 벌이는 게임도 아니고, 적도 아군도 없는 그저 허무함과 광기의 그것임을 사실적으로 표현하고 있다. 특히 마지막 장면의 엄청난 충격은 지금도 잊을 수가 없다. 영화속에서 승무원들이 씩씩하고 즐겁게 따라 부르던 노래는 It's a long way to Tipperary라는 곡으로, 노래는 러시아 붉은군대 합창단 Russian Red Army Choir의 하모니다.

원제의 Das Boot는 영어로 The Boat가 된다. 그렇다면 U 보트는 뭔가? 독일어로 잠수함은 Unterseeboot, 줄여서 U boot가 되고 그래서 U boat가 된 것이다.

잠수함을 소재로 한 묵직하고 긴박감 넘치는 스릴러를 원한다면 「크림슨 타이드」(Crimson Tide, 1995)와 「붉은 10월」(The Hunt for Red October, 1990)을 추천한다. 극한의 연기력(진 해크먼(Gene Hackman)과 덴젤 워싱턴(Denzel Washington)의 연기대결은 말 그대로 전쟁이다!)으로 만들어낸 최고의 할리우드 오락영화, 오직 '대사' 하나만으로 핵전쟁이 일어났다가 말았다가 한다. 한마디로 '지적'이라는 표현이 딱 어울린다. 「다이 하드」(Die Hard, 1988)의 감독 존 맥티어넌(John McTiernan)이 고층빌딩이 아니라 잠수함을 소재로 만든 스릴러로 잠깐이라도 눈을 뗄 수 없는 긴장감이 최고다. 주연을 맡은 숀 코너리(Sean Connery)의 안정감 있는 연기는 보석과도 같은 존재감을 보여준다.

픽사(Pixar)의 「니모를 찾아서」(Finding Nemo, 2003)는 귀엽고 사랑스러운 캐릭터들을 보는 것만으로도 즐겁다. 그들의 매력적인 해양 어드벤처는 감동도 있고 재미도 있다. 하지만 「죠스」가 아니라 「오픈 워터」였듯이 '니모'가 아닌 '포뇨'를 소개한다. 물이 이처럼 아름답게 묘사된 애니메이션도 드물다.

미야자키 하야오 감독이 만든 인어공주, 「벼랑 위의 포뇨」 (Ponyo on the Cliff, 2007)

온가족이 즐길 수 있는 동화「벼랑 위의 포뇨」

「하울의 움직이는 성」(Howl's Moving Castle, 2004) 이후 선보인 미야자키 하야오(Hayao Miyazaki)의 신작 「벼랑 위의 포뇨」는 일본에서 1,200만명이 넘는 관객들이 봤고 "저 푸른 바다에서 찾아 온 포뇨 포뇨 포뇨, 배고프다 뭔가를 먹어버려야지.."라는 장난기 넘치는 '포뇨송'의 중독성은 일본 전역을 강타했다.

미야자키 하야오가 전작에서 보여준 주제의식을 생각한다면 아쉬움이 남을지는 모르지만 물고기 소녀 포뇨와 바닷가 소년 소스케를 통해 선보이는 동화적인 상상력과 자연과 순수에 대한 동경은 우리를 미소짓게 만든다. 단순하고 순수하고 영혼이 잠시라도 정화되는 기분이 드는 온 가족이 즐길수 있는 동화「벼랑 위의 포뇨」, 말이 필요없다. 햄을 좋아하는 포뇨를 보고 있노라면 너무 귀여워 이 영화를 좋아하지 않을 수 없게 된다.

바다의 꿈을 꾸며 만들어낸 미야자키 버전의 인어공주 이야기. 모든 컷을 손으로 작업한 2D 애니메이션의 풍성함은 미야자키 감독의 팬이 아니라 하더라도 편안하게 즐기기에 충분하다. 「벼랑 위의 포뇨」에는 17만장의 셀화가 사용되었다.

자연에 맞서는 인간의 사투도 좋다. 미지의 세계인 심해를 상상하는 것도 박력이 넘친다. 하지만 바다하면 뭐니뭐니해도 돛을 올리고 바람에 몸을 맡긴 채 모험과 활극을 펼치는 해적 영화를 빼놓을 수 없다. 이 영화는 해적이 나오긴 하는데 전혀 해적같지가 않다. 무섭기는 커녕 그냥 보고만 있어도 웃음이 나온다. 캐릭터의 힘이다. '영화가 곧 캐릭터고 캐릭터가 곧 영화다'라는 명제가 딱 들어맞는 해적영화.

미야자키 하야오 감독

영화 역사상 가장 유쾌한 해적들이 나오는 「캐리비안의 해적」(Pirates of the Caribbean)

1편「블랙 펄의 저주」(The Curse of the Black Pearl, 2003)가 처음 나왔을때 철 지난 해적이야기가 다 뭔가? 하는 의문을 가졌었다. 달빛을 받으면 해골로 변해버리는 해적들이라니.. 디즈니 답군. 하지만 주연이 조니 뎁(Johnny Depp), 제프리 러시(Geoffrey Rush), 올랜드 블룸(Orlando Bloom) 거기에 키이라

유쾌한 해적영화
「캐리비안의 해적」

나이틀리(Keira Knightley)까지, 그리고 제작자가 제리 브룩하이머(Jerry Bruckheimer)라면 얘기가 달라진다. 영화를 보고 나면, 시리즈의 최고 강점인 매력적인 캐릭터들에 푹 빠지지 않을 수 없다. 캡틴 잭 스패로우는 말할 것도 없고, 1편의 바르보사와 2편의 데비 존스, 3편의 사오 펭까지(바다괴물 크라켄은 또 어떤가!) 영화「캐리비안의 해적」은 그야말로 캐릭터의 향연과도 같다. 특히 늘 술에 취해 비틀거리며 걷고, 발음은 입속에서 웅얼거리며, 카리스마는 눈씻고 찾아봐도 없고, 뭐든지 자기 마음 내키는 대로 행동하는 조니 뎁의 연기는 시리즈의 가장 큰 즐거움이다.

2편「망자의 함」(Dead Man's Chest, 2006)에서 칼 한자루 들고 크라켄에게 돌진하는 잭 스패로우를 보고 있으면 전율을 느끼게 된다. 재미와 감동, 유머와 박력. 할리우드 오락영화가 보여줄 수 있는 모든 것을 담았다고 해도 과언이 아니다. 시리즈 3편인「세상의 끝에서」(At World's End)의 엔딩 자막이 올라갈 때는 절로 탄식이 나온다. 이 시리즈를 다시는 볼 수 없단 말인가? 정말 끝난건가? 에너지와 재기발랄함, 유머와 비장미가 한스 짐머(Hans Zimmer)의 음악으로 더욱 빛나는 해적 3부작. 해적은 죽지 않는다. 결국 4편「낯선 조류」(On Stranger Tides)가 만들어졌다. 첫 감독 데뷔작이었던「시카고」(Chicago, 2002)로 2003년 아카데미상을 휩쓸었던 롭 마샬(Rob Marshall)이 3부작을 연출했던 고어 버빈스키(Gore Vervinski)에 이어 메가폰을 잡았다. 그러나 감독이 바뀌면 영화도 달라지는데 라는 우려는 현실이 되었다. 기대와는 달리 이전의 3편의 명성을 크게 먹도는 범작이 되고 말았다.

영화「캐리비안의 해적」은 디즈니랜드에 있는 같은 이름의 놀이기구에서 아이디어를 떠올렸다고 한다. 1편의 제목 역시「캐리비안의 해적」이 전부였지만 영화가 흥행에 성공해서

시리즈로 만들면 좋겠다는 바램에서 '블랙 펄의 저주'를 붙였다고. 바램이 화끈하게 이루어진 셈이다. 재미있는 것은 3부작의 주요 인물들의 극중 이름이 모두 '새'와 연관되어 있다는 것. 잭 스패로우(Jack Sparrow)는 제비, 엘리자베스 스완(Elizabeth Swann)은 백조, 윌 터너(Will Turner)는 영국의 유명한 조류학자이자 식물학자의 이름이기도 했다.

최고의 바다영화 중 한 편인「그랑 블루」

바다를 주제로 한 영화. 여기에 가장 가까운 영화 한 편을 고르라고 한다면 그 영화의 제목은「그랑 블루」가 될 것이다. 감독 뤽 베송(Luc Besson)이 연출한「그랑 블루」는 80년대 프랑스에서 개봉한 영화들 중 최고의 흥행작이자 80년대 베스트 필름 중 한 편이다. 만약 바다와 동의어의 영화를 한 편 고르라고 한다면, 영화와 바다가 한 몸이 되는 영화를 고르라고 한다면 그 영화는 바로「그랑 블루」다.

바다 그 자체가 주인공인 영화,「그랑 블루」(Le Grand Bleu, 1988)

자크(장-마크 바(Jean-Marc Barr))는 바다와 돌고래를 가족으로 여기며 외롭게 자라난다. 그의 유일한 친구는 엔조(장 르노(Jean Reno)). 자크와 엔조는 잠수 실력을 겨루며 우정을 쌓아간다.

바다와 한 몸이 되고 싶어하는 그들. 그들에게 바다는 무엇이었을까? 바다는 그들을 향해 무엇을 소리쳐 불렀을까? 도대체 바다와 한 몸이 된다는 건 어떤 느낌일까? 사랑과 우정 그리고 무엇보다 자유에 관한 아름답고 감동적인 영화「그랑 블루」는 제목처럼 '거대하게 열려 있는 바다와 같은' 작품이다.

제임스 카메론 감독

뤽 베송 감독의 부모는 클럽 메드(Club Med) 다이빙 교사였다고 한다. 본인도 다이버가 되는 게 꿈이었다고 하니「그랑 블루」나「아틀란티스」(Atlantis, 1991)가 만들어진 건 어쩌면 당연한 일인지도 모르겠다. 그는「그랑 블루」에서 다이버 중 한 명으로 직접 출연하기도 한다. 17세 때 다이빙 사고를 당한 후 영화 감독이 되기로 마음

「심연」의 명장면들

먹은 뤽 베송은 데뷔작 「마지막 전투」(The Final Combat, 1983)와 「그랑 블루」로 주목을 받게 되고 「니키타」(Nikita, 1990)와 「레옹」(Leon, 1994), 「제5원소」(The Fifth Element, 1997) 등을 통해 세계적인 감독이 된다.

제임스 카메론(James Cameron) 감독을 모르는 영화팬들은 없다. '터미네이터'의 창조자이자 「타이타닉」(Titanic, 1997)으로 모든 흥행 기록을 갈아치웠던 인물. 그가 「아바타」(Avatar, 2009)로 돌아왔을 때 '왕의 귀환(The Return of the King)'이라고 했던 건 그냥 나온 말이 아니다.

제임스 카메론의 숨겨진 걸작, 「심연」(The Abyss, 1989)

제임스 카메론 감독이 「터미네이터」(The Terminator, 1984)의 성공 이후 야심차게 준비했던 프로젝트 「어비스」는 영화의 높은 완성도(기술적인 성취는 물론이거니와)에도 불구하고 흥행에 실패하고 만다. 「어비스」의 줄거리는 미 핵잠수함이 침몰하는 사고가 발생하고 공동탐사에 나선 주인공들이 신비한 생물체를 발견한다는 내용. "심연(深淵)"이라는 뜻의 어비스는 심해를 다룬 영화는 이 정도는 되어야 한다는 것을 본때있게 보여준다. 주연을 맡았던 에드 해리스(Ed Harris)의 연기가 두고두고 기억에 남는 작품이다. 한마디로 숨이 멎을만큼 감동적이고 파워풀한 영화.

제임스 카메론은 세계에서 가장 큰 규모의 수조에 해양기지 세트를 만들고, 바다색을 구현하기 위해 엄청난 양의 파란색 물감을 풀었다. 그 수중세트의 깊이가 12미터를 넘었지만 낮에는 햇빛이 새어들어 오는 바람에 주로 밤에만 촬영을 했다고 한다. 제임스 카메론 감독의 장인정신은 따라올 자가 없다.

영화를 보면 '액체로 된 얼굴'이 등장하는데 이러한 컴퓨터 그래픽 기술을 '몰핑기법'이라고 한다. morphing은 변형이라는 의미의 metamorphing의 약자. 이 기술은 이후에 나온 「터미네이터2」(Terminator 2: Judgment Day, 1991)에 좀 더 진화한 모습으로 사용된다.

연기와 연출, 특수효과의 3박자를 제대로 갖춘 「어비스」가 열 번째 영화인 이유는 주인공은 늦게 나오는 법이어서 그렇다.

● 바다와 인간 그리고 영화

전세계를 충격에 몰아 넣었던 일본의 쓰나미를 보면서 내진 설계든 방재 시스템이든 그것은 그냥 우리 인간들의 보잘것 없는 발버둥처럼 느껴졌었다. 바다는 인간의 이해나 의지와는 아무런 상관도 없다는 듯 우리 인간이 결코 이해할 수 없는 자신만의 법칙을 가지고 그곳에 존재한다. 역설적으로 들리겠지만 우리 인간이 드넓은 바다위의 보잘것 없는 존재에 불과하기 때문에 고귀하다는 생각을 해본다. 숭고함은 상실과 부재에서 나오기도 하니까 말이다.

많은 영화와 문학 작품 속에서 '바다'의 존재는 투쟁해서 살아 남아야 하는 욕망과 복수의 대상이기도 했지만 향수와 낭만, 자유의 그것이기도 했다. 우리가 이해할 수 없기 때문에 더욱 매력적이고, 나에게 오라고 끊임없이 우리를 자극하는 바다. 「모비딕」의 구절처럼 바다로 갈 수 밖에 다른 도리가 없다. 바다를 배경으로 한 영화 또한 우리가 바다를 완전히 이해하는 그날까지 계속 만들어질 것이다. 인도양이든, 태평양이든, 어느 바다든 무슨 상관이겠는가? 노를 저어 앞으로 나아갈 뿐, 자 떠나자!

생활 속의 바다

Sea in the Life

단순한 식량자원의 차원을 넘어 건강장수식품의 공급처로서,
그리고 현대사회의 가장 고급한 놀이문화의 제공처로서,
바다는 더욱 각광받고 있다.

바다의 먹거리와 건강

전중균 · 변희국 강릉원주대학교 교수

우리나라는 삼면이 바다로 둘러싸여 있으며, 각 해안마다 나름의 특성을 갖고 있다. 서해안은 갯벌이 매우 광활하게 발달해 있어 패류나 갑각류 자원이 풍부하고, 남해안은 리아스식 해안으로 해안선의 굴곡이 크고 매우 길게 발달되어 있어 어패류의 양식이 일찍부터 성행했다. 또한 동해안은 난류와 한류가 교차함으로써 어류의 먹이인 플랑크톤이 풍부하여 각종 어족자원이 풍성하다. 그 덕분에 우리 선조들은 바다로부터 각종 해산물을 손쉽게 구할 수가 있었으리라 여겨진다. 실제로 울산의 반구대에는 고래를 잡는 모습의 암각화가 그려져 있고, 부산에서 발견된 신석기 시대의 패총에서는 조개껍질과 함께 물고기 뼈가 발견되는 것으로 보아도 우리 선조들은 일찍부터 해산물을 식량자원으로 이용했음을 알 수가 있다. 이렇듯 해산물을 식용으로 해왔던 습관은 오늘날까지도 이어져서 우리나라는 세계적으로 수산물을 많이 소비하기로 이름난 국가 중 하나이다. 국제농업기구(FAO)의 2004년 통계자료를 보면, 우리나라 국민 1명이 1년에 소비하는 해산물의 양은 무려 50kg으로 이는 세계인의 평균소비량 16.4kg에 비하면 4배나 많은 수준이고, 선진국들의 평균소비량인 23.5kg에 비해도 2배나 많은 양이며, 일본(64.7kg)에 이어 두 번째이다. 우리나라 국민이 해산물을 많이 소비하는 것이 중요한 이유는 바로 해산물로부터 동물성단백질 요구량의 절반을 공급받고 있다는 점에서 찾을 수 있다. FAO와 세계보건기구(WHO)의 자료에 따르면 국민 1인당 해산물섭취량이 많은 나라일수록 국민들의 평균수명도 높다. 이것은 해산물이 사람들의 건강에 매우 긍정적인 영향을 미친다는 것을 보여주는 직접적인 증거라 할 수 있다. 우리나라가 이처럼 해산물 소비량이 많은 이유로는 저장이나 가공방법이 다양해서 해산물을 단순히 날로 먹거나 또는 구워 먹거나 하는 것뿐 아니라 말리거나(소건품, 자건품, 염건품, 동건품 등), 소금에 절이거나(염장품) 또는 연기 등에 그을리는(훈제품) 방법 등으로 오래 보관하면서 먹었다는 점을 들 수 있다. 그 중에

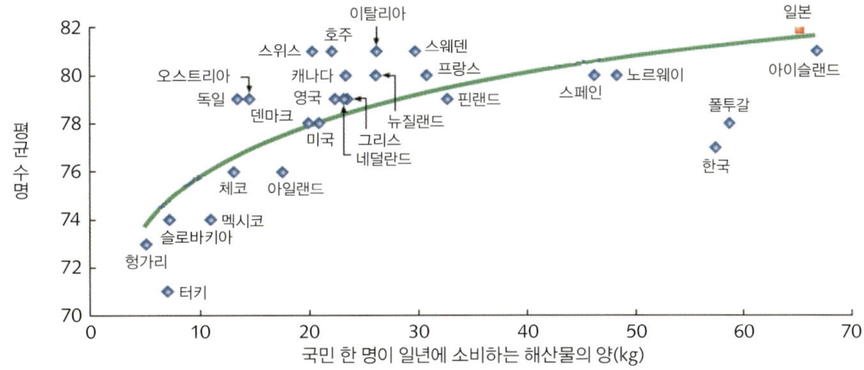

나라별 해산물 소비량과 수명

서도 특히 젓갈(염신품)은 우리나라나 동남아시아 몇 나라에만 존재하는 독특한 식품이다. 김치가 대표적인 채소류 발효식품이라 한다면 젓갈은 대표적인 수산물 발효식품이라고 할 수 있는데, 독특한 감칠맛과 더불어 유산균이 많아 장수식품의 하나로 외국에서도 인정받고 있다.

해산물의 영양을 말하기 전에 우선 영양학에서는 식품을 어떻게 기능적으로 구분하는지를 잠시 설명하고자 한다. 현대영양학에서는 식품의 기능을 크게 세 가지로 구분하는데, 첫째는 에너지(열량) 공급원으로 작용하는 기능이고, 둘째는 주로 미각이나 시각, 후각, 촉각, 청각을 자극하는 맛으로서의 기능이며, 셋째는 건강을 유지할 수 있도록 하는 생체조절물질로서의 기능이다. 이런 기능을 하는 것을 영양소라고 하는데, 에너지원이 되는 탄수화물(carbohydrates), 단백질(proteins), 지방(lipids)을 비롯하여, 비록 에너지원은 아니지만 앞의 에너지원들이 몸속에서 온전하게 이용될 수 있도록 여러 대사에 보조적으로 관여하는 비타민(vitamins)과 미네랄(minerals)을 합쳐 5대 영양소라 한다. 최근에는 콜레스테롤이나 지방 같은 체내 유해물질을 배출시키는 기능이 있는 식물섬유(dietary fiber)를 더하여 6대 영양소라고도 한다. 건강을 유지하고 증진시키는 데에는 이들 영양소를 골고루 섭취하는 것은 매우 중요하다고 하겠다.

5대 영양소

● 해산물이 우리 몸에 좋은 이유

그렇다면 우리들이 즐겨먹는 해산물이 어째서 우리 몸에 좋은지를 알아보자. 일반적으로, 어패류는 70-85%가 수분이고, 나머지는 단백질이 15-25%, 지질이 1-10%, 미네랄이 1-2%, 그리고 탄수화물이 1% 이하여서 육상 축육과 비교했을 때 성분상으로 큰 차이가 없다. 그러나 질적으로는 오히려 우수하다고 할 수 있다. 사람들은 흔히 생선보다 축육에 단백질이 더 많을 것이라 생각하지만 반드시 그렇지는 않다. 소고기나 돼지고기, 닭고기는 가식부 100g 당 대략 16g 정도의 단백질이 들어있지만 어패류에는 이보다 더 많이 들어있다. 예를 들어 우리들의 식탁에 자주 오르는 고등어에는 19.8g, 꽁치에는 20.6g, 정어리에는 19.2g, 참치에는 24.3g 등 대체적으로 20g 전후의 양이 들어있다. 또한 '바다의 채소'라 불리는 해조류에도 건물량으로 환산하면 8-20g 정도의 단백질이 들어있고, 특히 말린 김에는 40g 이상이나 들어 있기 때문에 해산물은 우수한 단백질 공급원이라고 할 수 있을 것이다. 게다가 단백질은 양적으로 많은 것도 중요하지만 이들 단백질을 구성하는 아미노산이 얼마나 조화롭게 포함되어 있는지도 매우 중요하다. 즉, 단백질을 구성하는 20여 종류의 아미노산 중에서 몸 안에서 만들어지지 못하고 음식을 통해서 공급받아야만 하는 아미노산을 필수아미노산(essential amino acids)이라 하는데, 성인에게는 로이신(leucine), 이소로이신(isoleucine), 라이신(lysine), 메치오닌(methionione), 트레오닌(threonine), 트립토판(tryptophan), 바린(valine), 페닐알라닌(phenylalanine) 등 8가지 외에 성장기 어린이에게 필요한 알기닌(arginine) 등을 필수아미노산으로 취급한다. 그래서 사람이 먹는 식품의 단백질 영양가를 평가할 적에는 단백질 함량뿐 아니라 단백질을 구성하는 전체 아미노산의 구성과 또 그 중에서 필수아미노산이 얼마나 골고루 들어 있느냐를 중요한 지표로 삼는다. 이를 아미노산 스코어(amino acid score)라 한다. 해조류인 톳(62)처럼 낮은 것도 있지만 대부분 82(김, 다시마) - 100(미역, 파래, 꽁치, 고등어, 명태) 정도여서 소고기, 돼지고기, 닭고기, 달걀에 필적하며 밭의 쇠고기라 불리는 콩이나 채소보다는 오히려 더 우수하다. 더욱이 단순히 아미노산 조성만으로 평가하기 보다는 실제 실험동물에게 식품단백질을 공급한 다음 이들의 체중 증감을 조사하여 실질적으로 단백질이 몸 안에서 얼마나 이용되었는지를 조사하는 최종단백질이용률(net protein utilization, NPU)이라는 방법으로 조사해도 해산물의 NPU는 80 전후로서, 달걀 단백질(93) 보다는 낮지만 우유(75), 밥(66), 밀가루(47)에 비하면 영양가가 크게 높다는 것이 밝혀졌다. 바로 해산물이 양질의 단백질 공급원인 이유이다.

주요 단백질 공급원의 아미노산스코어/NPU 비교

게다가 우리나라처럼 곡류를 주식으로 하는 농경민족에게 부족하기 쉬운 라이신

(lysine)이라는 아미노산이 해산물에는 풍부하게 들어있기 때문에 해산물을 섭취하면 필수 아미노산의 결핍을 보완하고 영양적으로도 균형 잡힌 식사가 되는 것이다. 이런 면에서 우리네 식사는 자연건강식이라고 할 수 있을 것이다.

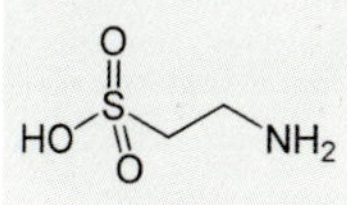

타우린의 구조

한편, 육상식물에는 없는 타우린(taurine)이라는 함황 아미노산(sulfur-containing amino acid)도 해조류나 오징어, 조개, 게, 새우류 등에 많다. 이 아미노산은 그동안 해산물의 맛에 기여하는 것으로만 알고 있었는데 최근 들어 각종 활성을 가지고 있다는 사실이 밝혀지면서 많은 관심을 모으고 있다. 즉, 타우린은 체내에서 지질이나 콜레스테롤 대사를 개선하는 효과가 있어 동맥경화나 혈전증의 예방에 효과적이고, 심장을 강하게 하며, 간장을 해독시키는 효과가 있다. 또한 부정맥 개선 작용, 혈압 안정 작용, 알코올에 의한 간장 장해의 예방효과, 콜레스테롤계 담석의 용해 작용 등이 있고, 인슐린 분비를 촉진하여 당뇨병의 예방효과 및 시력회복을 돕는 등의 효과도 있다는 것이 밝혀졌다.

한때는 콜레스테롤이 많은 문어나 새우를 먹지 않는 게 동맥경화의 예방과 치료에 도움이 된다고 여긴 적도 있었지만, 이제는 이들 해산물에는 콜레스테롤을 분해하는 타우린 성분이 많다는 것이 밝혀졌기 때문에 지나치게 많은 양을 먹는 게 아니라면 크게 걱정할 필요는 없을 것이다. 즉, 해산물에 풍부한 타우린은 앞서 말했듯이 중 · 장년층에서 나타날 위험이 큰 심장질환이나 뇌질환 등의 혈액 관련 성인병을 예방할 수 있는 효과가 있을 뿐 아니라 자양강장 효과가 있다고 알려져 있어 요즘에는 타우린을 첨가한 여러 종류의 드링크제도 나와 시중에 판매되고 있다.

또한 해산물은 축육에 비해 근육 중 결체조직의 양이 상당히 적고 조직이 연해서 소화가 잘되며, 가열 등의 조리를 하더라도 영양성분의 손실이 적다고 알려져 있다. 즉, 생선을 굽거나 찌거나 해도 단백질 손실은 1-2%에 지나지 않아 날로 먹는 것과 크게 차이가 나지 않고 식은 후에도 씹는 맛이 크게 달라지지 않지만, 축육의 단백질은 가열 시 딱딱해질 뿐 아니라 가열 후에 실온에 방치하면 더욱 딱딱해지고 식감도 크게 떨어진다.

생선 단백질이 어떤 면에서 우리 몸에 이로운지를 보여주는 흥미로운 연구가 있다. 최근 우리나라 사람들의 주요 사망원인 가운데 하나는 뇌질환이나 심장질환 등이며, 염분의 과다섭취가 이들 질환과 밀접한 관계가 있다는 보고들이 적지 않은데, 생선 단백질은 체내에 남아있는 염분을 배설토록 하여 성인병 예방에 도움이 된다는 것이다. 일본 기후대학 의학부에서는 어촌주민들에게 뇌졸중이나 심근경색 같은 성인병이 많지 않다는 것에 주목하여 농촌지역과 어촌지역 주민들을 대상으로 여러 가지 검사를 하였더니, 어촌주민들의 소변 중에 염분이 많이 들어있음을 알게 되었다. 소변 중의 염분 농도가 높다는 것은 염분 배설이 그만큼 많다는 것이고, 몸 안에 남아있는 염분은 그만큼 적다는 걸 의미한다. 당연한 말이겠지만 어촌 주민들은 농촌 주민들에 비해 생선의 섭취량이 많을 것이다. 그래서 염분 배설량에 차이가 있는 것이 생선 섭취 때문인 것이 아닐까 생각하게 되었다.

SMWS
생선구이 - 생선은 굽거나 찌거나 해도 단백질 손실이 1-2%에 지나지 않는다

연구팀은 이를 입증하기 위해 실험동물을 이용하여 실험을 하였는데, 태어나면서부터 고혈압을 앓고 있는 실험쥐에게 여러 패턴의 급이를 실시하였더니 일반 사료로 사육한 그룹에서는 뇌졸중 발증율이 84%나 되었다. 일반 사료에 1% 소금물을 더 급이한 그룹은 100%가 뇌졸중에 걸리고 수명도 그만큼 단축되었다. 이에 비해 어분단백질이나 대두단백질로 단백질 함량을 높인 고단백질 사료를 급이한 그룹에서는 뇌졸중 발증률이 0%였고, 1% 식염수를 더한 그룹이라도 10%의 낮은 발증률을 보였다. 이 실험을 통해 단백질에는 뇌졸중 발증률을 억제하는 효과가 있음이 밝혀졌다. 그리고 대두단백질을 급이한 그룹의 혈압은 일반사료 급이군과 큰 차이를 보이지 않았으나, 어분단백질을 급이한 그룹에서는 혈압 강하가 현저하다는 것도 밝혀졌다. 단백질 섭취가 많으면 염분 배설이 늘어나는 것은 아마도 단백질의 최종대사물인 요소(urea)가 신장에서 나트륨의 배설을 촉진하기 때문일 것이라고 생각되었고, 실제 사료에 요소를 첨가하여 급이한 동물실험을 통해 생선 단백질에는 염분을 배설토록 하는 효과가 있는 것으로 확인되었다. 이런 결과를 통해서 생선은 고혈압이 걱정되는 사람에게는 아주 좋은 건강식품이라는 것을 알 수가 있었다.

이처럼 생선은 소고기, 돼지고기, 닭고기와 비교하여 단백질 함량은 비슷하면서도 지방은 낮고 칼로리도 낮아서 다이어트에 적합한 식품이다. 이 때문에 비만인이 많은 서구 여러 나라에서는 생선을 포함한 해산물의 비중이 높은 우리나라 식사에 대한 관심이 높아지고 있다.

● 해산물은 필수지방산의 보고이다

이번에는 중요한 에너지원으로 이용되는 해산물 지방의 영양에 관해 알아보자. 지방을 구성하는 지방산이라도 동물성 지방과 식물성 지방은 차이가 있다. 동물성 지방은 대체로 포화지방산이 많아 저온에서는 고체형태가 되지만, 식물성 지방은 불포화지방산이 많아 저온에서도 액상을 유지한다. 그런데 어패류에 들어있는 지방산은 식물성 지방처럼 불포화지방산이 많다. 지방의 영양을 설명할 적에는 구성지방산 중 필수지방산(essential fatty

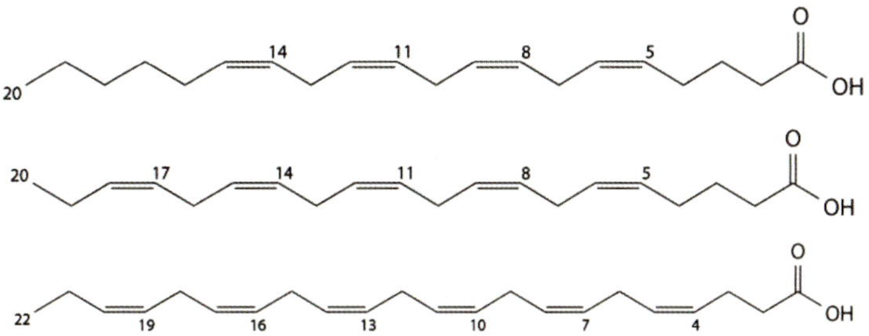

AA 구조(상), EPA의 구조(중), DHA 구조(하)

acids)이 얼마나 많이 들어있는지를 살펴봐야 한다. 필수지방산이란 우리 몸에 반드시 필요하지만 몸 안에서 합성하지 못해 외부로부터 음식을 통해 공급받아야 하는 지방산을 말하며, 리놀산(linoleic acid), 리놀렌산(linolenic acid), 아라키돈산(arachidonic acid; AA)이 이에 해당된다. 이것이 부족하면 불임, 성장 억제, 피부 병변 등이 생긴다. 따라서 이런 지방산이 풍부한 지방은 에너지원으로 좋을 뿐 아니라 생리기능 향상에도 도움이 되기 때문에 이들 지방산이 많이 들어있는 식품을 선호하고 있다. 이 밖에도 최근에는 에이코사펜타엔산(eicosapentaenoic acid; EPA)과 도코사헥사엔산(docosahexaenoic acid; DHA)이라는 불포화도가 매우 큰 지방산이 뇌의 기능향상에 도움이 되고 순환기계통 질병의 원인인 혈전의 형성을 억제한다는 것이 알려지면서 이들 지방산에 대한 관심도 매우 커졌다. 이들 지방산이 사람의 건강에 얼마나 유익한지를 알게 된 사연을 잠시 소개하면 다음과 같다.

1978년 덴마크의 의사였던 존 다이어버그(J. Dyerberg)는 덴마크령의 그린랜드(Greenland)에 사는 이누이트(Innuit; '날고기를 먹는 인간'이라는 의미)들은 주로 생선이나 바다표범 등의 해산동물을 주식으로 하기 때문에 축육을 즐기는 덴마크 본토인들보다 심장질환의 발병률이 더 높아야 함에도 불구하고 실제로는 오히려 더 낮고 심장질환으로 인한 사망률도 훨씬 낮다는 점을 이상하게 여기고 4년여에 걸쳐 역학조사를 실시하였다. 이 조사를 통해 그는 두 지역주민들의 혈중 지질 조성에 큰 차이가 있음을 확인하였고, 이누이트들은 혈액 응고를 저해하는 EPA와 DHA가 많은 반면 혈액 응고를 돕는 AA가 적다는 것을 관찰하였다. 그리고 이후 여러 연구자들의 연구를 통해 이들 두 지방산은 체내에서 대사되어 프로스타그란딘(prostaglandin)이라는 호르몬과 비슷하게 작용하는 물질을 만드는데, EPA는 혈관벽을 이완시키는 작용이 있는 프로스타그란딘 I3(PGI3)과 혈소판을 응집시키지 않도록 하는 트롬복산(thromboxane) A3(TXA3)를 만들고, DHA는 혈소판을 강하게 응집토록 하는 트롬복산 A2(TXA2)의 생성을 조절하기 때문에 혈관벽의 PGI3와 혈소판 내에서 만들어지는 TXA3, TXA2의 작용에 의해 혈관을 흐르는 혈액의 점성이 떨어지면서 혈액의 흐름이 좋게 되어 혈관이 막혀 생기는 심근경색이나 뇌경색과 같은 혈관병을 예방하거나 치료하는데 도움이 된다는 것이 밝혀졌다.

이렇게 EPA나 DHA는 심장질환 예방에 유익하다는 사실이 밝혀졌을 뿐 아니라 이후 많은 연구자들에 의해 광범위한 기능들이 점차 확인되었다. EPA는 혈중 지질 개선 작용,

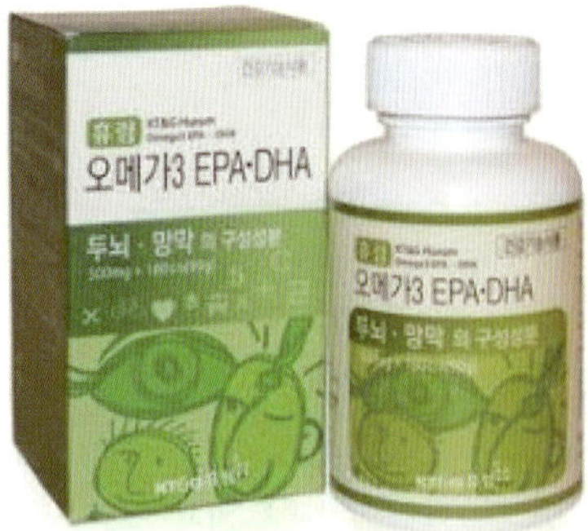

성인병 예방 의약품의 예 어류에서 추출한 오메가 3 지방산의 건강제품!

곧 혈중 중성지질의 감소, 총콜레스테롤량 감소, 고밀도 리포단백질의 증가를 가져오며, 혈소판 응집능을 떨어뜨려 혈전이 생기는 것을 억제하고, 혈액 점도를 낮추며, 적혈구 변형능을 증가시킬 뿐 아니라, 혈압을 낮추는 작용이 있고, 이 밖에도 항염증 작용, 만성관절염 류마티스, 천식, 건선, 궤양성 대장염, 허혈성 피부궤양, 담석형성 저해 등의 작용이 있음이 확인되었다.

한편, DHA는 뇌 기능을 좋게 한다는 것이 세계 여러 연구자들에 의해 밝혀지면서 세간의 주목을 받았다. DHA 등이 부족한 사료를 급이한 실험동물의 학습능력이 일반 사료를 급이했을 때보다 떨어진다는 것과 DHA가 부족하면 뇌 장애가 일어날 위험성이 크다는 사실도 지적되었다. 또한 미숙아를 대상으로 한 연구에서 미숙아일수록 DHA 함량이 매우 낮거나 없다는 임상결과가 발표되었다. 뇌 세포의 숫자는 태아기에서 젖먹이 시기까지 결정되는데, DHA는 뇌의 정보전달에 관여하는 신경세포의 돌기(시냅스)가 뻗어나가는데 도움을 주는 기능이 있다는 사실이 밝혀지면서, DHA가 뇌 발달에 매우 중요하게 작용한다는 것이 알려지게 되었다.

그런데 이처럼 건강 유지에 도움이 되는 EPA와 DHA는 값비싼 고급어종이 아니라 저렴하여 누구나 손쉽게 사 먹을 수 있는 등푸른 생선에 많다. 정어리 지질에는 각각 8-10%와 15-34%, 고등어는 8-10%와 11-15%, 전갱이는 7-9%와 8-17%, 꽁치는 5-6%와 7-15%로, 이들 두 지방산을 합치면 약 25-30%가 된다. 이처럼 해산물에는 EPA와 DHA가 축육에 비해 상당히 많아 건강에 더욱 좋다는 것을 알 수 있다.

종전에는 어패류를 단순히 동물성 단백질의 공급원으로만 여길 정도로 해조에 대한 인식이 매우 낮았지만 요즘에는 건강 유지에 유익한 여러 가지 생리활성 성분들의 존재가 밝혀지면서 외국에서도 해조류를 '바다의 채소(sea vegetable)'라고 부를 만큼 가치를 인정하고 있고, 가능하면 많이 섭취하도록 권장하고 있다.

다행히도 우리나라 근해에는 약 400 여종의 해조류가 서식하며 그 중 약 50 여종을 식용으로 이용하고 있는데, 해조류의 영양적 가치는 채소와 마찬가지로 비타민과 무기질의 공급원일 뿐 아니라 특수한 탄수화물이 들어있다는 점에서 찾을 수 있다. 이들 탄수화물은 주성분이 식물성 섬유라서 칼로리가 전혀 없고 체내에서 쉽게 분해되지 않아 성인병과 비만 예방에 좋고 다이어트 식품으로서의 기능이 탁월하다는 것은 잘 알려져 있다. 이 밖에도 해조류에는 항궤양성 효과(알긴산, 카라기난), 혈압 상승 억제, 혈장 콜레스테롤 저하, 항혈액응고 등의 혈압조절 효과(라미난, 알긴산, 푸코이단), 혈구응집소(lectin)

효과, 자외선 흡수 효과, 산화방지 효과, 항생 효과, 항종양 효과(알긴산, 카라기난), 항암 효과(알긴산, 카라기난), 구충 효과, 효소활성 또는 저해 효과가 있다는 것이 밝혀지고 있어 앞으로도 해조류를 이용한 건강소재가 더 많이 개발될 것으로 기대되고 있다.

이누이트(Innuit : 날고기를 먹는 인간이라는 뜻)족. 연구결과 이들에게는 혈액응고를 억제하는 EPA와 DHA가 많은 반면 혈액응고를 돕는 AA가 적음이 확인되었다.

● 칼슘 공급원으로서의 해산물

더욱이 해조류는 훌륭한 미네랄 식품으로 특히 양질의 칼슘 공급원인데, 칼슘은 산성화하는 체질을 개선시키고, 골다공증이나 골연화증을 예방하는 효과도 있고, 신경을 안정화시키는 작용이 있어 정신적인 스트레스에 시달리는 현대인에게는 매우 중요한 성분이다. 서양인들이 우유에서 칼슘을 공급받는다면 우유를 분해하는 효소가 없거나 부족한 우리들은 해조나 작은 고기를 먹고 칼슘을 섭취하는 것이 좋겠다. 성인이 하루에 필요한 칼슘은 0.6-1g인데 김이나 다시마, 미역 등의 해조류를 매일 70g만 먹는다면 필요량을 충족하게 된다.

● 성인병을 예방해 주는 해산물

그런데 해산물에는 또 다른 다당류가 존재하는데 바로 키틴(chitin)이다. 키틴은 새우나 게 등 갑각류의 딱딱한 껍질을 이루거나 오징어 연골을 구성하는 성분이다. 조금 더 자세히 설명하면, 키틴은 식물을 구성하는 셀루로오스(cellulose)라는 다당과 비슷한 구조를 한 성분으로, 셀루로오스가 사람이 소화하지 못하는 β-포도당이 수 천개 결합한 식물성 다당이라면, 포도당 중의 알코올기 하나가 아세틸아미노기로 변환된 아세틸글루코사민이 수 천개 이상 연결된 것이 동물성 다당인 키틴이다. 그런데 키틴은 셀루로오스와 마찬가지로 우리 몸속에서는 이를 소화

우리나라의 여러 가지 해조류들

갑각류의 껍질을 구성하는 성분인 키틴은 동맥경화 개선, 면역기능 활성화 등 여러가지 효과가 있다. 키틴의 수용성을 높인 키토산도 같은 효능을 갖는다.

시킬 수 있는 효소가 없어 소화가 되지 않으므로 키틴의 구조 중 아세틸글루코사민의 아세틸기를 떼어내어 소화될 수 있는 형태로 바꾼 것이 바로 키토산(chitosan)이다. 즉, 게나 새우의 껍질이나 오징어의 연골은 잘 씹히지도 않고 몸속에서 소화되지도 않아 이용할 방도가 없어 지금까지는 거의 대부분 폐기시켜 왔었다. 그런데 1970년대 초반 이들 폐기물에 들어 있는 키틴과 키토산이 매우 독특하면서도 뛰어난 생리 효과를 갖고 있다는 사실이 밝혀지면서 지금은 국내외를 막론하고 고기능성 키토산을 개발하기 위한 주요 소재로 쓰이고 있다. 최근에는 키토산의 소화흡수력을 높이기 위해 수용성을 높인 제품도 개발되고 있으며, 효소 등으로 가수분해 시켜 올리고 키토산을 만들기도 하였다. 이들은 종래의 키토산보다 더욱 강한 활성을 나타내거나 항암작용 등 전혀 새로운 기능을 가진다는 것이 밝혀지면서 키토산의 이용에 관한 연구도 활발하게 이루어지고 있다.

키틴과 키토산의 주요 기능으로는 몸 안의 여분의 콜레스테롤을 없애주는 작용을 하여 동맥경화를 개선시키는 효과가 있고, 면역기능을 활성화시켜 면역저하에 따른 질환의 발병을 억제할 수 있다는 점을 들 수 있다. 또한 혈압상승의 원인인 염소를 배출시키는 작용이 있어 고혈압을 억제하고, 혈액 중의 중성지방을 감소시켜 지방간 발증을 억제하는 등의 간장기능 강화효과가 있으며, 비피더스균과 같은 장내 유효세균을 증식시키는 작용이 있어 소화기 계통의 기능을 개선하기도 한다. 이 밖에도 암세포를 죽이는 NK 세포를 활성화 하고, 체내의 중금속 이온을 흡수해서 배출하는 작용이 있어 중금속으로 인한 중독을 예방하고 치료하는데 효과적이며, 생체친화성이 있어 화상과 피부질환에도 탁월한 효과를 보인다는 것이 밝혀지면서 폭넓게 활용되고 있다. 이 뿐 아니라 항균 및

키틴의 구조

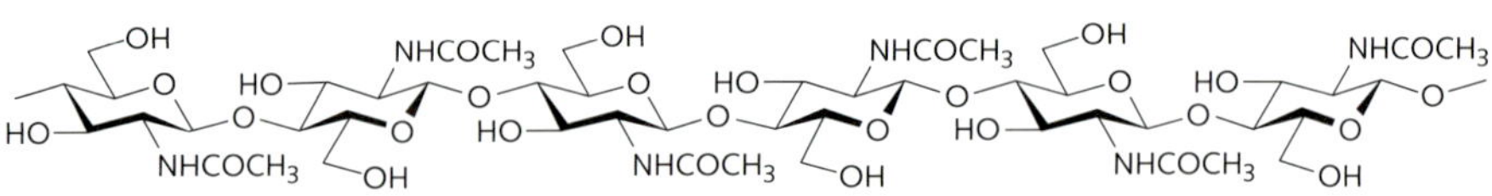

키토산의 구조

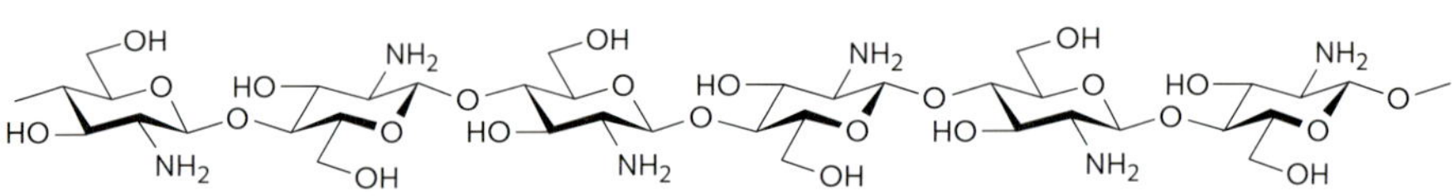

항곰팡이 작용이 있기 때문에 식품보존 재료로서, 또한 식물병원성균에 대해 정균작용이 있기 때문에 토양 개량제 혹은 천연계 농약으로, 산성 용액에 녹이면 다중의 양이온(polycation)을 만들기 때문에 폐수처리 시 응집제로도 뛰어난 기능이 있으며, 보습성이 좋아 화장품 소재로도 이용되고 있다. 또한, 생체에 의한 흡수성이나 세포 수준에서 친화성이 우수하기 때문에 수술용 봉합사나 인공 피부 등의 의료용 재료로서의 용도가 주목받고 있는데, 전신의 80%에 가까운 화상을 입은 러시아 소년이 키토산으로 만든 인공피부를 사용 후 합병증도 없이 완치되어 세상을 놀라게 한 적도 있다. 이처럼 키틴과 키토산은 에너지나 맛을 내는 기능보다는 생체조절물질로서의 기능에 맞는 소재라 할 수 있겠다.

● 맺는 말

이상의 내용을 정리하면, 우리 주변에서 손쉽게 구할 수 있는 해산물은 우리에게 양질의 동물성 단백질을 공급하여 성장과 건강 유지에 기여하고, 지방의 고도불포화지방산은 심장병 같은 성인병을 예방해 준다. 또한 칼슘이나 요오드, 철분 같은 무기질과 비타민 A나 비타민 D 등을 공급하며, 식물섬유를 제공함으로써 건강 증진과 유지에 중요한 역할을 한다는 것을 알 수 있다.

우리나라는 오늘날 저출산과 평균수명 연장으로 노년인구가 늘면서 매우 빠른 속도로 고령화 사회로 진입하고 있다. 장차 65세 이상의 노년인구를 부양할 젊은 세대들의 건강 상태는 고령화 사회를 안정적으로 정착하는데 가장 크게 영향을 미칠 터이다. 그러나 최근 국민건강보험공단에서 밝힌 바에 따르면 20, 30대 청년층의 비만 증가세가 다른 나라에 비해 매우 급격하며, 이는 열량과 지방 섭취량이 높은 서구식 식생활의 원인이라고 지적하였다. 비만은 고지혈증, 당뇨병, 고혈압, 통풍의 위험인자일 뿐 아니라 비만에 흡연습관이나 스트레스가 더해지면 나이의 많고 적음과 상관없이 동맥경화로 발전되는 수가 많아 젊은층에서도 뇌경색, 심근경색, 협심증 등이 늘어난다. 또한 과도한 가공식품의 섭취나 육류 섭취로 인해 체내 칼슘이 빠져나가 칼슘부족으로 인한 골다공증 발생이 많아지고 있다는 것도 이제는 많이 알려지고 있다.

앞으로 성인병을 비롯한 각종 질병이 문제될수록 고단백 · 저칼로리 식품이면서 비타민과 무기질이 다량 함유된 어패류, 무기질과 식물성 섬유가 많은 해조류는 더욱 주목을 받을 것이다. 더욱이 최근에는 해산물로부터 여러 가지 생리기능을 갖는 성분들이 발견되고 있다. 따라서 앞으로 해산물은 단순히 에너지를 제공하는 식량자원의 차원을 넘어 우리의 건강 복지를 향상시킬 소재로 더욱 활용될 것으로 기대되고 있다. 해산물의 현명한 이용은 우리들의 건강을 유지하고 증진시키는데 큰 기여를 할 것이다.

바다와 레저

김성귀 한국해양수산개발원 연구위원

해양관광

관광은 여가 시간을 통해 자유로운 이동을 통하여 육체적으로 쉬면서 재충전을 하는 것을 의미한다. 관광산업은 21세기에 가장 유망한 산업 가운데 하나가 될 것이 확실하다. 세계관광기구인 WTO(World Tourism Organization)는 전 세계 국제관광객수가 95년 5.6억 명에서 2020년 16억 명으로 성장할 것이며, 특히, 중국인 해외 관광객 수가 2010년 5천만 명에서 2020년에 1억 명으로 증가하여 중국이 새로운 국제적 관광 송출시장으로 떠오를 것으로 전망하고 있다. 이 경우 중국인 관광객 10%만 우리나라로 유입시켜도 천만 명의 외국인 관광객이 국내로 유입되는 효과를 얻게 된다. 관광은 고용 효과가 높은 산업으로 각광을 받고 있고 그래서 선진국들은 관광산업을 일자리 창출의 핵심 산업으로 키워가고 있다. 특히 바다를 중심으로 하는 해양관광산업은 전체 관광산업의 50% 이상을 차지하여 고용의 핵심 산업으로 주목받고 있다. 우리나라에서도 해양관광산업은 높은 성장 잠재력을 보유하고 있다. 해양관광산업과 해운업, 수산업, 조선업 등 전통적인 해양산업과 경제적 기여도를 비교해 보아도 미국은 이미 해양관광산업이 전체 해양산업의 60%를 차지하고 있으며, 중국은 39%, 우리나라는 59%(2010년도)를 차지하고 있다.

우리나라는 해양관광자원이 비교적 풍부한 편이다. 삼면이 바다로 둘러싸여 있어 3,200여개의 수려한 섬을 가지고 있고, 약 12,800km에 이르는 아름다운 해안선과 해양관광에 유리한 수심 20m 내외의 해역만도 국토의 1/3에 해당되는 등 풍부한 해양자원을 보유하고 있다. 여름 휴양산업의 꽃이라 할 수 있는 동해의 해수욕장들, 다도해, 한려수도를 중심으로 한 남해의 해양 리조트업 및 유람관광업, 그리고 서해의 갯벌을 활용한 생태관광 활동 등 해안별 특징을 활용할 수 있는 좋은 지리적 여건을 가지고 있다. 기후측면에서 보면 우리나라가 온대 지방에 속하여 해양관광 활동이 하계에 집중되는 경향이 크지만 최근에는 온난화로 말미암아 과거 6월말 개장하던 해수욕장이 한달 앞 선 5월말 내지 6월초에 개장할 정도로 변화가 일어나고 있다.

육상이나 산악 등 다양한 자연환경을 대상으로 하는 일반 관광산업과 달리 해양관광 산업은 여가활동의 공간으로서 바다를 이용한다. 따라서 해양관광산업은 사람들이 해양이나 해양자원이 있는 곳으로 이동해서 관람, 운동, 휴양 등의 활동을 통해 휴식과 감동을 얻게 되고 여기에 종사하는 사람들은 소득을 얻게 됨으로써 산업으로서의 가치를 창출하게 된다.

해양관광산업 활동 중에는 해변에서 일어나는 활동도 많지만 해상, 해중, 해저를 이용한 다양한 활동이 가능하여 육상활동에서는 맛볼 수 없는 색다르고 풍부한 체험을 제공하는데, 이러한 해양 관광 산업은 직접적인 해양산업 활동과 부대산업활동으로 나누어 볼 수 있다. 직접적인 해양관광산업 활동은 해수욕 등 해변휴양산업군, 해양스포츠·레포츠 산업군, 유람관광 산업이 주류를 이루고, 이를 지원하는 부대 산업으로서는 해양박물관, 수족관 등 해양문화관광산업, 해양리조트업(테마공원·건축물), 숙박·음식업 등의 활동으로 구분할 수 있다.

● 해수욕

해수욕은 대표적 해양관광 활동이다. 우리나라에는 350여개의 해수욕장이 있는데 이용은 주로 낮 기온이 25℃를 넘는 시즌인 6월초에서 8월 중순까지 가능하며 앞서 언급한 것처럼 지구 온난화로 개장 시즌이 앞당겨지고 있다. 오래 전부터 우리나라의 대표적인 하계 해양관광 활동이었던 해수욕은 해경 통계에 의하면 2010년에만 9천만 명 이상이 참여하였다고 한다. 우리나라 해양레포츠 중 시장 규모가 가장 큰 활동인 셈이다. 따라서 해수욕장에서는 이 시즌을 이용하여 다양한 산업 활동이 동시에 일어난다. 특히 숙박, 요식업, 해양레포츠 업체들이 해수욕장 인근에 분포하여 거대한 여름 휴가 산업을 형성하고 있다.

우리나라 해수욕장의 2010년도 이용객 분포를 보면 해운대, 대천, 경포대, 광안리 등 4대 해수욕장 방문객이 3천 6백만 명으로 약 40%에 이르고, 10대 해수욕장 방문객이 전체의 60%를 차지하고 있다. 방문객이 10만 명 미만인 해수욕장도 110여개소로, 전체의 30%를 차지하지만 관광객 수로는 전체의 5% 정도에 불과하다. 이 때문에 큰 해수욕장에서는 각종 쓰레기 등 환경 처리 문제, 교통 체증 문제 등이 크게 대두되고 있는 반면, 작은 소규모 해수욕장의 경우에는 수익성이 낮고 시설 재투자도 어려워 해수욕장 개장이 지역 경제에 큰 보탬이 되지 못하고 있다. 따라서 앞으로는 소규모이면서도 쾌적하고 아름다운

김웅서

아름답고 편안한 휴식공간인 해수욕장. 사진은 하와이 와이키키 해변이다.

해수욕장을 많이 발굴하고 보다 적극적인 홍보를 통해 많은 사람들이 다양한 해수욕장을 이용케 하여 쏠림현상을 해소함으로써 편안하고 안전한 해수욕을 즐길 수 있도록 해야 할 것이다.

또한 앞으로 해수욕장이 있는 해변 지역들은 해안 산책로나 자전거 길, 경관 카페, 전망대, 스포츠 시설 등과 숙박 및 식음 시설을 고루 갖추어 4계절 이용지역으로 변모될 전망이다. 이미 우리나라 해수욕장 중 일부는 다양한 시설을 유치하여 여름철 이외의 계절에도 다양하게 이용되고 있다.

해상 부유식 낚시터 (경남 하동)

● 바다낚시

삼면이 바다로 둘러싸인 우리나라에서는 사철 바다낚시를 즐길 수 있다. 전국에 약 500만 명의 동호인이 있는 것으로 추산되는 바다낚시에는 갯바위 낚시, 섬 낚시, 선상 낚시 등이 있으며 기존에는 갯바위 낚시가 많았으나 점차 국민소득이 높아지면서

김성귀

김웅서

일본의 잔교식 낚시터(좌)와 바다낚시 공원(우)

해상에서 선박을 이용한 선상 바다낚시가 늘어 나고 있다. 2009년의 경우 어촌에서 바다낚시를 즐긴 낚시객이 225만명(농림수산식품부 자료), 일반 소형 유어선을 이용한 낚시객이 65만6천명('08, 해경 자료)이었던 것으로 집계되었다. 레저낚시선으로는 지금까지는 어선이 많이 활용되어 왔으나 앞으로는 모터보트나 크루저 요트 등 고급 선박을 이용한 전문 바다낚시선의 이용이 늘어날 것으로 예상된다.

또한 최근에는 국내나 해외를 막론하고 해상에 설치된 낚시전용 잔교나 부유식 해상시설을 이용한 낚시 활동이 많아지고 있다. 일본 같은 경우는 갯바위 등에서 낚시를 하기가 위험하므로 바다에 잔교를 만들어 육상에서 바로 접근가능케 함으로써 보다 안전하고 수월하게 바다낚시를 즐길 수 있도록 하고 있다. 또한 우리나라 일부 지역에서는 부유식 바지선을 이용하거나 돔 형 해상 낚시 시설을 만들어 낚시터로 활용하는 예도 많아지고 있다. 어떤 형태이든 낚시객의 편의와 안전을 도모하여 가족 단위로도 즐길 수 있도록 시설이 진화해 가고 있다.

● 해양레포츠

선박을 이용한 해양레포츠 종목으로서는 요트와 윈드서핑 등 여러 종류가 있다. 요트는 모터 등 동력이 없이 바람의 힘만을 이용하여 항해를 하는 선박이다. 딩기라는 1-2인용 요트도 있으나 대개 여러 명이 조를 이루어 역할을 분담하여 돛과 선체를 조작하는 세일링 요트가 많다. 반면 동력모터로 움직이는 모터보트는 주로 연안 풍경을 감상하거나 바다낚시, 그리고 도서간 이동 등에 많이 쓰인다. 관련 산업으로는 레저보트 설계, 제조, 유통, 수리 등 다양한 업종이 전후방 산업을 이루고 있다. 특히 소득이 늘어나면서 모터보트, 요트 등 레저선박에 대한 활동 수요가 높아져 레저보트 교육 수요도 급증하고 있다.

기구를 이용하는 해양레포츠 중 윈드서핑은 발을 지탱하는 2미터 전후의 보드(Board)와

세일링 요트의 종류
크루저 요트(좌),
딩기 요트(가운데)
윈드 서핑(우)

돛으로 구성되며 바람의 힘을 이용하여 즐기는 레포츠로서, 파도가 많이 일어나는 연안에서는 보드만으로 즐기는 서핑도 있다. 국내 연안에는 큰 파도는 없으나 바람의 여건은 좋은 편으로 서핑보다 윈드서핑 위주로 보급이 이루어지고 있다. 윈드서핑은 특별한 해상조건은 필요 없으나 안전대책이 요구되므로 만이나 폐쇄형 해역이 많이 이용된다.

● 레저잠수

레저잠수는 수중에서 호흡할 수 있는 장비를 이용한다. 스노클 기구만 이용하여 얕은 지역을 잠수하는 스노클링(snorkeling, 일명 스킨다이빙)과 산소통을 구비하고 수심 약 30m까지 잠수하는 스쿠버다이빙으로 나뉜다. 바다에서 스쿠버다이빙을 하기 위해서는 다이버(Diver)를 양성하는 교육기관에서 간단한 교육을 받아야 한다. 이 교육기관들은

잠수 훈련 풀장을 갖춘
잠수리조트(필리핀 세부)

김성귀

레저 잠수 모습

바다에서 다이버들에게 교육을 시킨 후 라이센스에 해당하는 C카드(Certificate)라는 것을 발행해 준다. 이것은 현재 국제적인 면허로서, 이를 제시하면 전 세계의 어느 바다에서라도 장비를 대여 받을 수 있고 다이빙을 즐길 수 있다. 교육 과정은 초급, 중급, 고급 과정으로 나뉘며 특히 잠수 마스터 과정을 이수하면 레저잠수 리조트를 개설하여 교육을 하고 코스 안내 등을 할 수 있는 자격을 받게 되어 새로운 일자리 창출로 이어진다.

해중 지역을 훈련을 받지 않고 관광하는 방법으로는 관광잠수정이 많이 이용되고 있다. 해저 30-40 미터까지 관광잠수정을 타고 내려가서 해저 경관과 해저 생물을 감상하는 것으로서 우리나라에서는 제주도 3곳과 통영 등 4개소에서 행하여지고 있다.

이외에 일본이나 괌 등 태평양 도서 관광지에서는 해중전망탑도 많이 활용되고 있다. 이는 해저 10미터 정도까지 해중 전망탑을 통해 내려가 바닷속을 조망할 수 있도록 한 것인데, 아쉽게도 우리나라에는 아직 이러한 시설이 없다. 해중전망탑은 인근 해중에 물고기, 산호 등 다양한 해양생물과 볼거리가 있어야 많은 관광객들을 유치할 수 있다. 최근 미국에서는 이러한 해중 공원을 만들기 위하여 플로리다 펜사콜라(Pensacola) 해역에 퇴역한 항공모함을 가라앉히기도 하였다. 이 항공모함은 73년 전인 지난 1933년 길이 274m의 크기로 건조되기 시작해 1945년 완성된 뒤 한국전쟁이 한창이던 1950년 9월 25일 취역한 '오리스커니'(3만2천톤)호로, 정원은 3,460명에 이르며 80대의 전투기를 실을 수 있었다고 한다. 우리나라에서도 최근에 군함, 어선 등이나 인공어초 등을 이용, 해중공원을 꾸며 해중레저를 즐길 수 있도록 하고 있다.

괌의 해중전망탑 및 구조 안내판(상, 중)
오키나와의 해중전망탑(하)

http://ussoriskanydive.com/(2010 6 13)

해중공원화를 위해 폭파되어 가라앉고 있는 미국 오리스커니 호

● 국제 크루즈

누구나 타보기 원하는, 흔히 바다의 궁전이라 불리는 대형 크루즈선은 각종 놀이, 오락, 휴게, 식당 등을 잘 갖추고 있다. 최근에는 유람 선박의 대형화와 각종 시설의 확장이 이루어져 7-8만톤급 위주에서 15-20만톤급의 유람선도 출현하는 등 각 크루즈 선사 간에 대형화 경쟁이 가속화되고 있다. 크루즈 서비스도 놀랍게 발전하고 있어 수영장은 기본이고 대형 유람선 안에 암벽타기 시설, 골프연습장, 번지점프대를 설치하는 경우도 있다. 우리나라에서는 부산, 제주, 인천 등에서 크루즈선을 탈 수 있는데, 주로 한중일을 경유하는 노선이며 2010년 상해 엑스포 이후 이용객이 급증하고 있다. 이에 비추어 볼 때, 2012년 여수세계박람회를 기점으로 한국 기항은 더욱 늘어나게 될 것으로 보인다. 더욱이 중국 등 동북아 경제 발전에 따라 카니발, 로얄캐리비안, 스타크루즈 등 세계적인 선사들이 동북아 지역에 크루즈선 투입을 늘리고 있어 국제 크루즈 산업이 크게 발전할 전망이다. 또한 캐나다, 미주 지역, 홍콩이나 싱가폴 인근 해역의 경우는 우리나라에서 비행기로 가서 크루즈를 즐기는 형태로 이용되고 있다. 선진국에서는 크루즈선 선장, 항해사가 되거나 유람선 탑승을 주선하는 여행대리업이 크게 번창하고 있는데, 우리나라에서도 향후 크루즈 관광객들을 선사와 연계하는 크루즈 대리점업의 성장이 가속화 될 것이다.

현재 우리나라에서는 천톤 미만의 작은 유람선을 이용하여 도서 관광 등을 하는 연안 경관 크루즈도 번창하고 있다. 해경 통계에 의하면 소형 선박을 이용한 연안 크루즈 참여 인구는 연간 557만명(해경, 2009)에 이르는 것으로 나타나고 있다. 한편 팬스타 크루즈에서 1만 5천톤급 선박을 2008년 4월에 투입하여 2박 3일 프로그램으로 남해 연안 크루즈로서 운항하였으나 수요 부족 등으로 몇 개월 만에 중단되고 말았다. 이는 대형 선박을 이용한 연안숙박 크루즈가 아직은 국민들에게 낯설게 느껴지고 있음을 말해주는 예라 하겠다. 그러나 향후 소득 증대와 휴가일수가 늘어 나면 다도해나 한려 수도 등 다소 원거리 지역에서 편안한 연안숙박형 크루즈 여행을 즐기려는 사람들이 많아질 것이다.

해양문화관광

해양문화는 해양생활문화, 해양예술문화, 해양역사문화 등 다양하다. 해양문화 관광 자원은 사람에 의해 만들어지거나 가공된 유·무형의 해양관광자원이며, 이를 이용한 관광이 해양문화관광이다.

이러한 해양문화관광 중 중요한 것이 해양 축제이다. 전국적으로 알려진 대형 해양축제로는 서해안 풍어제 등이 있고, 역사를 소재로 한 축제로는 장보고대사의 위업을 기리기 위한 장보고축제, 이순신 장군의 승전을 기념하기 위한 명량대축제 등이 있다. 서해안에서는 갯벌, 철새를 대상으로 한 축제가 매년 개최되어 많은 국내외 관광객들을 유치함으로써 지역 경제에도 큰 도움이 되고 있다. 특히, 대규모 축제로 자리잡은 보령의 머드축제, 진도영등제, 부산자갈치축제는 지역에 해양관광객을 끌어 들이는 촉매제 역할을 톡톡히 하고 있다.

해양생태 체험

해양 관광 중 앞으로 크게 늘어날 것으로 보이는 또 다른 분야는 해양생태체험 분야이다. 이는 해양공간의 생태 자원을 중심으로 한 관광 활동으로서, 갯벌, 철새, 고래, 물범과 같은 해양포유류를 비롯한 생태자원을 이용하여 체험하고 교육하는 유형을 말한다. 2010년 현재 우리나라에는 해양보호구역, 습지보호구역, 해양생태계보호구역, 해양(상)국립공원

국제 크루즈산업의 발달로 대형유람선의 취항이 계속 늘어나고 있다.

SWW

보령 머드축제

등이 지정되어 있고 연안에는 각종 철새, 난한류를 오가는 고래 자원, 한중 황해를 오가는 물범 떼 등 다양한 연안 생태자원이 있다. 따라서 앞으로 선진국과 같이 해변에서 하는 각종 해양생태 체험 활동도 늘어날 것으로 기대된다.

또한 우리나라 연안에는 곳곳에 연안갯벌센터가 들어서 각종 연안갯벌체험의 중심지가 되고 있으며 금강 하구, 천수만, 낙동강 을숙도, 강릉 경포호, 순천만 갈대밭 등 철새 체험을 하기 좋은 곳도 많이 있다. 특히 순천만 갈대밭은 연간 250만 명이 갯벌과 철새 등 생태 체험을 하는 국제적인 생태체험 명소가 되었다. 아울러 최근 울산에서는 고래 관광선이 연간 45-50회를 운항하여 좋은 반응을 얻고 있다고 한다.

순천만 갈대밭 탐방로

순천시청

앞으로는 이와 같은 생태관광의 발전에 따라 갯벌 등 해양생태에 대하여 설명하고 지도하는 해양생태체험 가이드에 대한 수요도 늘어날 것으로 예상된다. 해양생태가이드

목포 국립해양유물 전시관(좌)과 내부전시물(우)

교육은 각 지역에서 해양을 연구하는 연구단체나 지역 환경단체, 각 지역 관청 등에서 많이 실시하고 있는데, 이러한 교육을 통하여 생태체험 안내자 양성은 물론 일반인들의 철새와 갯벌에 대한 인식 증진에도 많은 기여를 하게 될 것이다.

● 해양박물관과 수족관

구미의 선진국들은 대개의 경우 일찍부터 자국의 역사시대 이래의 다양한 해양문화를 종합적으로 보여주는 국립 해양박물관을 건립, 운영하고 있다. 그러나 우리나라에서는

부산아쿠아리움의 외부전경

부산아쿠아리움의 국내 최장(80m) 해저터널수조

1990년대에 와서야 목포 해양유물전시관 등 해양 전시시설이 건립되기 시작하였고 이후 국가 지원으로 어촌민속관, 해양수산과학관, 등대박물관 등 다양한 해양관련 전시시설이 건립되어 왔다. 그러나 이러한 시설들은 전시, 교육 등의 기능은 있으나 본격적인 연구 기능은 갖추지 못하였고 전시물도 다소 빈약한 편이었다. 다행히 최근에는 우리나라를 대표할 국립해양박물관이 부산에 조성됨으로써 기존의 각종 해양전시관과 연계하여 해양 분야의 전시 · 연구 · 교육의 중추적 역할을 담당하게 될 것으로 기대된다. 한편 민간에서도 수족관을 건립하여 해양생태 교육 · 체험의 장을 제공하고 있다. 현재 서울 2곳, 부산에 1곳 등이 운영되고 있는 바, 앞으로 국민소득수준이 향상될수록 이러한 시설에 대한 수요도 급증하게 될 것이다.

● 해양리조트

리조트란 '어느 장소에 체재한다'라는 의미를 지니고 있는데, 특히 해양리조트라 하면 일정기간 동안 해안지구에서 휴양을 목적으로 한 여가활동을 즐길 수 있는 지역을 말한다. 즉, 해양리조트는 다양한 해양위락을 즐길 수 있는 현지 체제형의 종합위락시설이 갖추어진 관광지를 말한다. 해양리조트에서는 조용히 쉬는 휴식 외에도 바다낚시, 해수욕, 요트나 모터보트를 타는 레저활동도 많이 하게 되는데, 이와 관련한 서비스를 리조트에서

해양 리조트 구상도

직접 운영하기도 하고 리조트 주위의 업체들과 연계하여 운영하기도 한다. 우리나라에서는 주로 동해안, 제주도 등지에 규모있는 해양리조트들이 많이 있지만 온대 지구의 계절적 제약으로 말미암아 여름 위주로 시장이 형성되고 수익성도 크게 떨어지는 편이다. 이에 따라 괌, 사이판, 하와이 등의 남태평양 지구와 필리핀, 태국 등 동남아의 해양리조트가 많이 활용되고 있다.

● 맺는 말

해양레저는 골프와 더불어 일인당 국민소득 2-3만 달러 시대에 활성화되는 것으로 알려지고 있다. 일반적으로 사람들의 소득수준에 따른 레저활동은 5천불 수준에서 마이카 시대가 시작된다고 하며 고급 요트 시대는 3만 불 전후하여 절정을 이루고 그중에서도 1%의 부자들은 80피트(24미터) 이상의 수퍼 요트급으로 넘어가게 된다고 한다. 소득 4만 달러 대의 일본은 약 50만 척의 레저선박을 보유하고 있으나 우리나라는 다 합쳐도 아직 1만 척이 채 되지 않는다. 그러나 최근 정부가 발표한 43개소의 마리나 개발계획, 8개소의 크루즈터미널 개발 등 기반시설 조성사업이 계획대로 진행되면 해양레저 및 관광산업의 발전은 더욱 가속화 될 것이다.

스킨/스쿠버 다이빙의 세계

명정구 한국해양과학기술원 책임연구원

김병일

제주 해녀

스킨스쿠버다이빙의 역사

인류가 간절히 바라던 꿈들은 지난 수세기 동안 하나씩 모두 실현되어 왔다. 새처럼 하늘을 날아보고 싶었던 옛 인류의 바램은 레오나르도 다 빈치의 거친 스케치로부터 조금씩 진전되어 라이트 형제가 역사상 처음으로 가솔린기관을 장착한 비행기로 비행에 성공함으로써 마침내 이루어졌다. 하늘을 날고자 했던 인류의 꿈은 지금의 초음속 제트여객기 시대를 열고 나아가 우주 정거장을 만들고 우주를 왕복할 수 있게 되기까지 눈부신 발전을 거듭해 왔다. 하늘과 마찬가지로 바다를 동경했던 인류는 깊은 바다 속 탐험을 늘 꿈꾸어 왔다. 언제부터 인류가 바다 속을 들어가게 되었던 것일까?

우리나라에서 가장 먼저 수중세계를 감상하기 시작한 이들은 아마 해녀들일 것이다. 바다 속에서 전복, 성게, 해삼, 미역, 다시마 등 갖가지 수산생물들을 채취하여 생계를 유지했던 해녀들이야 말로 스킨다이빙의 시조라 할 만하다.

석기시대, 청동기 시대에 이미 바닷가에서 패류를 채취하여 먹었던 흔적이 있어 이미 이 시대에 간단한 스킨다이빙이 있었던 것으로 추정되고 있지만 한 연구에 의하면 문헌상

스쿠버 다이빙의 개척자 쿠스토

으로는 우리나라에선 약 4세기경부터 제주도에서 해녀들이 물 속에서 작업을 했었다는 기록이 있다고 한다. 아마 세계 최초의 전문 스킨다이버는 해녀였지 않을까 싶다.

스쿠버다이빙의 역사는 동물 방광 등의 공기주머니를 이용했던 기원전의 군사 활동으로 거슬러 올라 가기도 하지만, 현대식 장비를 사용한 잠수 기술은 1940년대에 프랑스에서 군사적 목적으로 개발되기 시작하였다. 당시에는 지금같은 고성능 장비가 없었을 뿐 만 아니라 체계적인 스쿠버다이빙 교육도 없었기 때문에 잠수사고가 잦았다고 한다. 과학적인 잠수 기술교육이 시작된 것은 불과 지금으로부터 30-40여년전인 1970년대부터라 볼 수 있다.

스쿠버다이빙의 역사에서 프랑스인 '쿠스토(Jacques-Yves Cousteau, 1910-1997)'를 빼고는 얘기 할 수 없다. 1930년대 자신의 신체 결함을 치료하기 위하여 수영을 하던 그가 바다 속을 들여다 본 후 수중세계의 신비함에 마음을 빼앗긴 것이 계기가 되어 엔지니어 에밀 가냥(Emile Gagnan)을 찾아가 함께 개발한 것이 '아쿼렁(Aqua-Lung)'이다. 바다 속 세계에 매료된 프랑스의 한 젊은이의 꿈이 인간이 수중에서 물고기처럼 숨을 쉬면서 바다 속을 산책할 수 있는 장비를 개발하게 하였던 것인데 그때가 1945년이었다. 해군이나 지금의 해양 레저활동에서 없어선 안될 가장 중요한 공기통이 불과 60여년전에 개발되었던 것이고 지금은 세계의 다이버들에게 없어서는 안 될 수중장비가 되었다.

그 후 쿠스토는 '18m deep', '난파선', 'The silent world' 등 불멸의 수중 다큐멘터리 영상물을 만들면서 바다 속 새로운 세상을 관찰한 끝에 물 속의 세계가 육상 세계와 별도의 생태가 아님을 깨닫고 인류가 이를 보호하지 않으면 안 된다는 환경론을 정립하게 된다. 그리고 1960년대에 들어와 수중에서 사람이 생활을 하려는 시도인 '해저기지실험(Conself)'을 하던 중 환경보호를 위하여 본인 자신이 실험을 중단한다.

● 잠수 장비와 기술의 발달

아쿼렁을 개발한 쿠스토는 젊은 시절 물 속 세계를 보고 싶어 자신이 직접 물안경과 스노클(수경을 쓰고 머리를 들지 않은 채 숨을 쉴 수 있는 대롱)을 만들었으며 카메라를 갖고 들어 갈 수 있는 하우징도 만들었다.

공기통을 사용하지 않고 수면 위의 공기를 사용하는 것을 스킨다이빙이라 하며 공기통을 매고 압축 공기를 사용하여 수중에 장시간 머물면서 즐기는 잠수를 스쿠버다이빙이라 한다. 스킨다이빙과 스쿠버 다이빙에 필요한 장비는 중복되는 것도 있지만 구분하여 소개한다면 다음과 같다.

● 스킨다이빙

스킨다이빙 장비에는 수경과 핀, 스노클이 있다. 수경은 코를 감싸는 수경, 눈만 감싸는 수경 등 구조가 다양하고 각각 장단점이 있지만 물 속 세계를 육상처럼 또렷하게 볼 수 있도록 해 준 가장 기본적인 장비라 하겠다. 인간이 물고기처럼 넓은 지느러미를 갖고 싶어 만든 것이 핀이다. 핀에는 발 위를 신발처럼 감싸도록 신는 것, 발목만 밴드로 감싸는 것 등 다양한 스타일이 있다. 스킨다이빙은 이들 장비 외에는 수영복만으로 즐길 수 있지만 온대, 한대지방에서는 낮은 수온 때문에 잠수복(슈트)을 착용하여야 하는 곳도 있다.

● 스쿠버다이빙

스쿠버(SCUBA)란 'self contained underwater breathing apparatus'의 약자로서 개인의 수중호흡장치란 뜻이다. 즉, 수면 위의 공기를 이용하는 스킨다이빙과는 달리 개인이 공기통을 가지고 물 속에 들어가 호흡하면서 활동하는 기구를 말한다. 이처럼 장비를 사용하여 물 속에서 작업을 하거나, 과학적인 활동 등을 하는 것을 통칭하여 스쿠버다이빙이라 한다.

스쿠버다이빙을 위한 잠수복(슈트)은 웻슈트(wet suit) 드라이슈트(dry suit), 세미드라이슈트(semi-dry suit) 등 다양한 제품이 있다. 잠수복에는 머리를 보호하는 후드와 핀을

김병일

장비를 사용하여 물 속에서 작업을 하거나, 과학적인 활동을 하는 스쿠버다이버

신을 수 있도록 발을 보호하는 신발이 포함된다. 장갑은 수중에서 바위를 만질 때나 수중 작업시 손을 보호하며 여름용, 겨울용이 별도의 제품으로 나와 있다. 호흡기(regulator)는 공기통과 입을 연결해 주는 장비로서 2단계의 감압 장치로 공기를 자동으로 조절해 준다. 보조호흡기는 옥토퍼스라고도 하는데 별도의 여유분 공기호흡기를 말한다. 짝 다이빙이나 다른 다이버들에게 남은 공기를 나누어 마실 수 있도록 하는 장비이다.

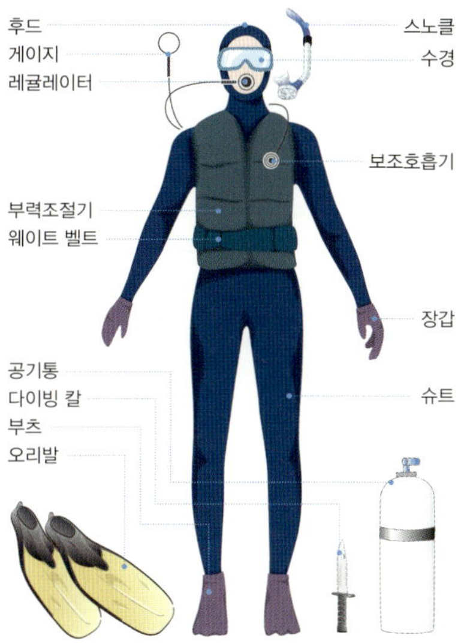

김병일

스쿠버 다이빙 장비 구성(좌), 스쿠버 디이빙을 하기 위한 모든준비를 마친 다이버의 모습(우)

공기통은 아쿼렁(aqua-lung)이라고 하기도 하는데 영어 이름은 '수중허파'란 뜻이다. 산소통이라 부르는 이들도 있지만 실은 공기를 압축해서 넣은 공기통이다. 게이지는 수심, 나침반, 공기압의 잔량 등을 점검할 수 있는 장비로서 레귤레이터와 함께 공기통에 연결되어 있다. 부력조절기(BCD)는 80년대에 우리나라에 들어온 장비로 수중에서 공기를 넣었다 뺐다 하면서 부력 조절을 용이하게 할 수 있도록 해 준다. 이 장비가 들어오기 이전에는 수중에서 부력 조절을 사람의 허파로 조정해야 했었다. 이 장비는 공기탱크와 결합되어 탈착시에도 편리하다.

안전한 다이빙을 위해서는 자신의 장비를 세팅하여 세심하게 점검해 두어야 한다(좌), 생태관광용 다이빙 전용선(가운데), 다이빙 전용선에서 한가하게 입수를 기다리는 다이버들(우)

명정구

명정구

명정구

명정구

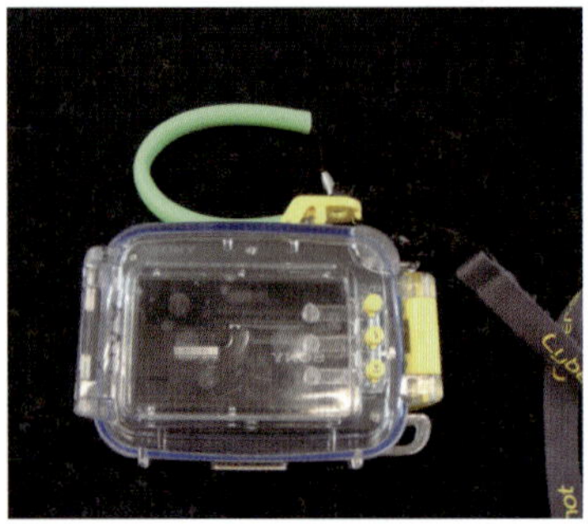
명정구

명정구

자체 방수가 되는 수중사진기(좌) 부피가 작아서 수중에서 취급하기가 편리하다.
소형 디지털카메라용 하우징(가운데)
육상용 카메라를 넣을 수 있는 하우징(우)

웨이트와 벨트는 사람 몸의 부력을 줄여 수중으로 들어갈 수 있도록 무게추 역할을 하는 장비로 벨트와 납추를 사용하고 있다. 추의 무게는 사람마다 다르며 사용하는 장비에 따라서도 달라진다. 나이프는 수중에서 그물에 걸렸을 때나 또는 자르든지 찔러서 작업을 해야 하는 경우에 유용하게 사용한다. 소시지는 수중에서 수면으로 떠 오르기 전 감압하는 동안 다이버의 위치를 알려주는 것으로 주변을 지나는 선박으로부터 자신을 보호하면서 안전 감압을 할 수 있도록 도와주는 보조 장비이다. 그 외 각종 장비를 담을 수 있는 장비가방, 수중에서 의사 소통이나 과학적인 자료를 메모할 수 있는 메모판, 비상용 호루라기 등이 있다.

이선명

명정구

건강한 산호들이 가득한 산호정원은 다양한 해양 생물의 휴식처이기도 하다(상)
제주도 남부연안의 연산호밭과 청줄돔이 열대바다풍경을 연출한다(하)

수중사진기는 스쿠버다이빙시 기념사진 촬영이나 과학 잠수시 기록용 사진 촬영에 필요하며 요즈음은 디지털카메라를 사용한 수중사진 장치들이 다양하게 개발되어 있다. 하우징을 사용하거나 카메라 자체가 방수가 되는 수중사진기도 있다. 이러한 개인 스쿠버 장비를 착용하면, 약 30m 전후 수심대까지는 안전하게 다이빙을 즐길 수 있다. 최근에는 우리나라에서도 테크니컬 다이빙 기술이라 하여 수심 100m가 넘는 바다 속을 탐험하려는 모험가들이 늘어나고 있다.

● 스쿠버 다이빙으로 만나는 재미있고 무서운 해양생물들

예쁘고 재미있는 생물들

명정구

겨울철 제주연안에 무성한 모자반숲은 온대바다를 상징한다

산호는 열대해역의 맑은 바다 속에서 화려한 색으로 우리를 유혹하는 생물이다. '산호가든'이란 말이 있듯이 열대바다의 산호초에는 우리들이 상상하기 어려울 정도의 많은 해양생물들이 산호에 의지하여 살아가고 있는데, 마치 꽃밭처럼 아름답고 화려한 자태에 수중 다이버들로 하여금 넋을 잃고 그 아름다움에 취하게 만든다. 군체 생활을 하는 산호는 폴립이라는 하나하나의 꽃잎같은 개체들이 모여 살아간다.

우리나라에서는 제주도 남부 해역에서 연산호(수지맨드라미류) 군락을 만날 수 있다. 온대, 아열대 바다의 특성을 동시에 보여주는 제주 바다에서는 겨울에는 키가 10m에 달하는 모자반이 자라지만 여름이 되면 대형 해조류가 자취를 감추면서 독특한 산호바다로 변한다.

석회관갯지렁이류는 환형동물에 속하며 독특한 관을 형성하여 그 속에서 살아가는 종들이다. 이들은 촉수만을 관 바깥으로 우산처럼 펴서 내어 놓고 지나가는 먹이들을 잡아먹고 산다. 이 촉수들은 종마다 색이나 모양이 달라서 마치 꽃처럼 보이는데 다이버가 가까이 가면 재빨리 관속으로 움츠려 모습을 감춘다. 이 중에는 열대해역에서 '크리스마스 트리'라 불리는 종도 있는데 바위 위에 나선형 촉수를 내 놓고 있는 모습이 마치 크리스마스 트리를 닮아서 붙여진 이름이다.

돌돔(*Oplegnathus fasciatus*)은 연안 암초지대에 사는 힘세고 멋있는 고기라 하여 '바다의 황제', '환상의 고기', '갯바위의 제왕' 등 최고의 별명들을 달고 다니는 물고기이다. 입술 밖으로 돌출된 이빨은 새 부리 모양으로 턱뼈와 붙어 있어 매우 강하며 성게, 전복 등을 부수어 먹는다. 지방에 따라 줄돔, 시마다이, 갯돔 등의 이름도 가지고 있다. 대개 30-50cm

명정구

명정구

크리스마스트리라 불리우는 열대바다의 갯지렁이(좌)

어린 돌돔들은 먼 거리를 여행하기도 한다 (독도)(우)

명정구

명정구

명정구

청소놀래기가 청소를 하는 동안 입을 크게 벌리고 얌전히 있는 큰 물고기(상)
제주도 수중에서 만난 나비고기와 거북복(중)
코발트빛이 화려한 파랑돔(독도)(하)

정도의 것이 흔하며 70cm정도 까지 성장한다. 돌돔은 어릴 때 노란색 바탕에 7줄의 검은 띠무늬가 뚜렷하여 매우 아름다운 고기인데, 나이가 들면 검은 띠무늬가 없어지고 주둥이 부분만 검은색으로 남게 된다. 따뜻한 바다를 좋아하며 호기심이 많아 다이버들과 매우 가까운 거리까지 접근하는 종이기도 하다.

청줄청소놀래기(*Labroides dimidiatus*)는 놀래기류의 일종으로 '바다 속 청소부'이다. 영어권에서도 Cleaner wrasse라 부르는데 다른 물고기의 피부, 입 속의 찌꺼기나 기생충을 먹고 살며 쥐돔, 바리류, 돔류 등 몸집이 큰 어류의 입속, 몸 표면을 청소해 주는 종으로 알려져 있지만 실제 수중에서 관찰해 보면 자리돔처럼 자기만한 작은 어류들의 몸도 청소해 주는 귀여운 종이다. 전장은 7-10cm이며 열대바다에서 우리나라 남해까지 분포한다. 난류의 영향을 강하게 받는 남해 먼 바다의 도서 연안이나 제주도 연안 수중에서 만날 수 있다.

해마(*Hippocampus* spp.)는 일반 물고기와는 달리 몸이 단단한 경골성 판으로 덮여있고 항문 앞쪽에 10개, 뒤쪽에 38-40개의 고리를 갖는다. 고삐달린 말처럼 단단히 감싸여 있는 머리를 갖고 있어 '바다의 말'이란 뜻의 해마라 붙여졌다. 긴 꼬리로 잘피나 해조를 감고서 바로 선 채로 흔들리면서 입 앞을 지나가는 플랑크톤을 긴 대롱형 주둥이로 빨아 들인다. 해마의 알은 수컷이 꼬리 아래쪽의 주머니(육아낭)에 넣어 부화할 때까지 보호한다. 크기는 10cm 정도이다. 수족관에서 인기 있는 종이지만, 전 세계에서 약용으로 매년 수천만 마리가 남획되고 있어 보호가 필요한 종이다. 국제 사회에서는 2004년부터 10cm 이상 크기만 거래할 수 있도록 제한하고 거래를 모니터링하고 있다.

나비고기류(*Chaetodon* spp.)는 암초, 산호초 부근에서 서식하는 종으로 이름에서 느낄 수 있듯이 매우 아름다운 물고기이다. 납작한 계란형 몸에 종마다 독특하고 화려한 무늬를 가진다. 물속에서 만나면 아름다운 몸매를 과시하면서 뾰족한 주둥이를 내밀고 화려한 암초나 산호 사이로 돌아다니며 다이버를 유혹한다. 산란기가 되면 암수가 짝을 지어 다닌다. 이 중 나비고기는 우리나라 남해에서 호주 연안까지 분포하는 열대 어종이다. 남해안과 제주도 연안에서 종종 만날 수 있다.

파랑돔(*Pomacentrus coelestis*)은 'Neon damselfish' 이란 영어 이름을 가진 종으로 푸른 코발트빛 몸에 배와 꼬리지느러미가 노란색을 띠어 매우 아름답다. 서부 태평양, 스리랑카 연안까지 널리 살고 있는 열대 어종인데 우리나라 남해, 제주도 연안에서 만날 수 있으며 여름철에는 대마난류의 영향권에 있는 울릉도, 독도, 왕돌초, 거제 홍도에도 출현한다. 크기는 7-8cm 정도로 작다. 제주도에서는 8월경에 바닥의 바위에 자리를 잡아 산란해 놓고 어미가 알을 지키는 모습을 볼 수 있다. 이 종은 다이버들에게 인기가 있으며 우리나라 연안 환경 변화를 모니터링하기에 적합한 종이기도 하다.

명정구

명정구

명정구

가시를 펴고 다이버들에게 모델이 되어주기도 하는 가시복(상)
위협이 없을 때는 가시복은 가시를 누이고 행동도 점잖은 물고기이다(중)
다이버들에게 인기 높은 나폴레옹피시(하)

자바리(*Epinephelus bruneus*)는 제주도 연안 바위지대에 굴을 은신처로 삼는다. '자바리'가 표준명이지만 제주도에서는 '다금바리'라 부른다. 몸은 자갈색이며 6줄의 흑갈색 가로띠가 비스듬히 앞쪽으로 휘어지면서 그어져 있는데, 이 무늬는 나이를 먹어감에 따라 희미해져서 소실된다. 1m 이상으로 자라는 대형 바리류의 일종이다. '구루퍼(grouper)'라 불리는 바리과 어종들은 전 세계 바다에 약 320여 종이 알려져 있는데 따뜻한 바다를 좋아하여 열대 지방에 많은 종이 살고 있다.

가시복(*Diodon holocanthus*)은 꼬리자루를 제외한 온몸이 비늘이 변형된 긴 가시로 덮여 있는 복어이다. 위협을 느끼면 물을 마셔 배를 부풀리는데 이 때 가시가 서서 둥근 밤송이모양이 된다. 포식자가 가고나면 다시 가시를 누이고 정상적인 체형으로 돌아간다. 천천히 움직이고 가시를 세운 모습이 독특하여 스쿠버다이버들에게 인기가 있는 종이다. 난류의 영향을 받는 남해, 제주도 연안 수중에서 종종 만날 수 있으며 짓궂은 다이버들은 손으로 움켜쥐어 일부러 배를 부풀리기도 한다. 그러나 이때 가시복은 상당한 스트레스를 받으므로 삼가하는 것이 좋겠다. 40cm정도 자라며 복어류 중에서 독이 없는 종이다.

나폴레옹피시(*Cheilinus undulatus*)는 최대 1.8m 까지 자라는 몸집이 가장 큰 놀래기류이다. 대형 놀래기류로 우리나라에 혹돔이 있다면 열대해역에는 나폴레옹피시가 있다. 영명으로는 Humphead wrasse 또는 Napoleonfish 라 부른다. 혹을 가진 머리가 나폴레옹 모자를 닮았다 해서 붙여진 이름이다. 열대 산호초 해역에서 자주 만날 수 있는 종으로

명정구

제주도 문섬에서 만난 어린 쏠종개 떼

유명한 다이빙 포인트에서는 다이버들과 친해져서 인기를 독차지하기도 한다. 연안에서 수심 60m 정도의 수층에 서식한다. 이 종은 떼를 지어 살지는 않고 대개 홀로 생활을 하며 갑각류, 불가사리, 어류 등 다양한 육식성 먹이를 먹는다. 맛이 있어 오래전부터 수산어종으로 포획되어 온 탓에 그 수가 급격히 줄어든 어종중의 하나로 일부 해역에선 보호 어종으로 관리되고 있다.

조심해야 할 생물들

온대 지방에 속하는 우리나라 바다에는 강한 독을 가진 어종이 열대바다에 비하여 그다지 많은 편은 아니다. 가시에 독을 가져 만질 때 조심해야 하는 종으로는 쑤기미, 쏠배감펭, 미역치, 노랑가오리, 볼락 · 쏨뱅이류, 쏠종개 등이 있다.

쏠종개(*Plotosus lineatus*)는 지구상의 메기류 중에서 유일하게 바다에 서식하는 종이다. 크기는 약 20-30cm 정도이고 몸은 녹색을 띠며 노랑색 세로줄을 갖고 있다. 주둥이는 둥글고 입가에 4쌍의 수염을 갖고 있다. 남해안, 제주 연안에 서식하며 떼를 지어 몰려다니는 습성을 갖고 있다. 호기심 많은 다이버들에게는 인기가 있으나 이 종은 등지느러미 가시에 독이 있어 쏘이면 심한 통증을 일으키므로 만질 때에는 조심하여야 한다.

쑤기미(*Inimicus japonicus*)는 생김새가 험상궂은 종으로 우리나라에선 가장 강한 독성을 가진 종이라 할 수 있다. 펄 밭이나 바위틈에 가만히 앉아서 먹이를 기다린다. 아래위로 납작하면서 돌처럼 울퉁불퉁한 머리와 지저분해 보이는 크고 작은 돌기들을 달고 있는 입은 먹이가 가까이 접근하도록 위장하는데 아주 유용하다. 이 종의 독을 가진 지느러미 가시에 찔리면 병원 신세를 져야 할 정도이다. 이 때문에 지방에 따라서 쏘는 고기라는 뜻의 '쐐치', 호랑이처럼 무섭다는 뜻의 '범치'라고도 불린다. 열대바다의 돌고기(stone fish)보다는 독이 약하다고는 하지만 사람에 따라 독에 반응하는 정도가 달라서 언제나 조심해야 하는 종이다. 우리나라 남, 서해, 혼슈, 동중국해, 남중국해의 연안에서 수심 200m의 깊은 바다까지 서식하며 몸길이는 25cm 정도이다. 무서운 독과 못생긴 외모와는 달리 살은 희고 맛이 좋아서

독이있는 가시를 세우고 바위에 앉아 있는 위장술이 뛰어난 쑤기미

명정구

명정구

화려한 외모를 자랑하는 쏠배감펭은 지느러미 가시에 강한 독을 갖고 있다

찜, 탕 등 요리용 고급 어종으로 취급되고 있어 미식가들에게 인기가 높다.

쏠배감펭(*Pterois lunulata*)은 제주도에서 다이빙을 즐기는 이들에게 인기가 높은 종으로 수중에서 이 종을 만나면 큰 행운을 얻은 듯이 기뻐하곤 한다. 이십 여년전 만해도 개체수가 그리 많지 않아 수중에서 만난 것만으로도 자랑거리가 되었는데 지금은 제주도 연안에 개체수가 늘어나 만날 수 있는 확률도 높아졌다. 영명으로는 'lion fish(사자고기)'이며 열대 해역에서 사는 종도 많다. 양볼락과(Scorpaenidae)에 속하며 쑤기미, 미역치 등과 함께 지느러미에 강한 가시독(毒)을 가진 종으로도 유명하다. 이 종은 예쁘다고 함부로 만지다가는 지느러미 가시에 찔려 통증으로 고통스러운 시간을 보내야 하므로 취급시 조심해야 한다. 등지느러미에 독을 가진 날카로운 가시 끝들이 노출되어 있다. 작은 고기, 새우, 게 등 갑각류를 포식하는 육식성 어종답게 입은 매우 크다. 크기는 35 cm 전후이다. 우리나라에서는 남, 동해안의 대마 난류의 영향을 받는 먼 바다 섬 연안, 제주도 연안, 일본 남부연안, 동중국해에서 남서태평양 열대해역, 인도양에 널리 분포한다. 우리나라 연안에서 확인된 쏠배감펭류는 쏠배감펭 외에도 점쏠배감펭, 도자감펭 등이 있다.

해파리는 몸집이 1m가 넘는 것도 있지만 플랑크톤으로 분류되고 있다. 수중에서 천천히 움직이는 해파리를 보면 위험한 동물이기보다는 우선 멋진 해양생물로 느껴져 가까이 접근하게 된다. 특히 수중사진 작가들에게는 촉수결을 따라 다니는 조그만 새끼어류들과 함께 좋은 작품을 선사하기도 한다.

최근 우리나라 연안에 대량으로 출현하여 어업이나 여타 사업체에 피해를 주는 노무라

촉수들 사이에서 공생하는 작은 물고기들 때문에 수중영상작가들에게 좋은 모델이 되기도 하는 해파리(울릉도)(좌)
노무라입깃해파리와 다이버(제주도 서귀포 연안)(우)

입깃해파리(*Nemopilema nomurai*)는 1m 이상의 거대한 몸집과 촉수 주위에 공생하는 작은 물고기들이 있어 수중에서는 꽤나 멋이 있어 보이는 종이다. 그러나 해파리는 자포라는 기관을 가지고 있어 사람이 촉수에 닿으면 자포를 쏘아 매우 심각한 피해를 주기도 한다. 한번 쏘이면 마치 채찍으로 맞은 듯이 부풀어 오르며 심한 통증을 유발하므로 조심하여야 한다. 이 외에 작은 해파리들도 최근 해수욕장에 출현하여 피서객들을 괴롭히고 있다. 세계에서 악명 높은 해파리로는 'portuguese man-of-war (고깔해파리, *Physalia physalis*)' 와 호주 연안의 box jellyfish (상자해파리, *Chironex fleckeri*) 등을 들 수 있다.

히드라는 바위에 붙어 있는 부착생물로 산호나 다른 해조류와 혼돈되기도 한다. 마치 가는 부채모양의 흰깃히드라, 솜털깃히드라, 자색깃히드라 등 유사한 종들이 바위 표면에 붙어 있는데 맨살을 접촉하면 순간적으로 이들이 가진 자포에 쏘이게 된다. 히드라에 쏘이면 오랫동안 가렵고 빨갛게 붓기까지 하여 그 통증과 외부 환부로 고통과 불편을 겪는다. 수온이 30℃에 가까운 열대바다에서는 다이버들이 수영복 차림으로 다이빙을 즐기기도 하는데 이때는 맨살이 바위에 붙어 있는 히드라류와 닿지 않도록 조심하여야 한다.

바다뱀을 잡은 다이버 (필리핀 난파선 다이빙)

바다뱀(sea snake)은 코브라 독보다 더 강한 독을 가진 종으로 유명하다. 바다뱀은 바다로 들어가 적응한 파충류이다. 우리나라엔 아직 보고된 바가 없지만 열대바다에선 종종 만날 수 있다. 사람을 무는 경우는 드물다고는 하지만 어업이나 바닷가 산책시 위험은 항상 존재한다.

바다뱀(*Ophisurus macrorhynchus*)이란 어류도 있어 파충류의 바다뱀과 이름이 혼돈되기도 한다. 어류인 바다뱀은 몸이 가늘고 긴 원통형에 주둥이가 뾰족한 특징을 가지며 우리나라 남해에서 가끔 잡힌다.

● 최고의 다이빙 포인트들

세계 곳곳의 바다에는 다이버들이 꿈에 그리는 유명한 다이빙 포인트들이 산재해 있다. 이들 중 유명한 곳들을 찾아가 보자.

호주의 대보초해양공원(GBR, Great Barrier Reef Marine Park)은 세계의 8대 자연경관에 속하며 북으로는 파푸아 뉴기니와의 토레스 해협으로 부터 남으로는 남회귀선 아래의 글래드 스톤 해안까지 이어진 2,300km 이상의 길고 넓은 산호초지대이다. 연안에서 250km 떨어진 곳도 있으며 전체 넓이는 344,400km^{2}로 세계에서 두 번째로 넓은 해양공원이다. 호주 동부 해안선을 따라 펼쳐져 있는 이 GBR은 산호 바다 규모로서는 세계 최대이다. 이곳은 단순히 산호초만을 가지고 있는 것이 아니라 수많은 다양한 해양 생물들이 서식하고 있는 자연의 보고이기도 하다. 해양생물 다양성으로 보면 1,500여종의 어류, 350여종의 산호(hard coral), 전 세계에 알려진 연산호(soft coral)의 1/3, 전 세계 거북 7종 중

명정구

다이버와 친해진 포테이토그루퍼

6종과 그 외 듀공 등 다양한 생물종들과 보호 대상 종들이 서식하고 있는 생태보고이기도 하다. 이곳에는 연간 190여만명의 관광객들이 찾아오고 있어 호주로서는 산호초 바다 생태를 보러오는 관광객들로부터 많은 관광 수입도 얻고 있다.

호주의 해양보호구역은 어업, 산호 관광(생태관광)을 비롯하여 다이빙과 스노클링, 낚시, 반 잠수정 관광, 수영, 패러세일링, 헬리콥터 관광과 그 외 과학적인 조사 등 여러 가지 활동을 7개의 단계로 나누어 허용과 규제하면서 생태보존, 관리되고 있다. 호주는 GBR을 보존하기 위하여 2003년도에 새로운 ZONING PLAN을 제정하였으며, 퀸스랜드 주 정부는 그 이듬해에 GBR과 주 연안 사이 해역에 ZONING PLAN을 만들었다.

랑카위코랄해양공원의 스킨스쿠버 관광객을 위한 수상 플랫폼(상)
풍부한 생물다양성을 자랑하는 인도네시아 렘베해협의 수중세계(중)
렘베해협에서 만난 해마. (늘 부끄럽고 겸손한 모습이 귀엽다)(하)

명정구

명정구

명정구

타운스빌시의 해양수족관은 1980년대에 들어서 대보초 보호를 목적으로 세운 수족관으로서 단순한 해양생물 전시보다는 대보초 해양공원의 교육장으로서의 역할을 전면에 내세우고 있는 수족관이다.

말레이시아 랑카위코랄해양공원은 페낭시에서 제트 선박으로 약 2시간(35Km)거리에 있는데 1990년 초에 만들어져서 지금까지 운영되고 있는 말레이시아 최초의 산호초 해양공원이다. 수백명이 동시에 수중 관광(스노클링 및 스쿠버다이빙)을 할 수 있는 섬 연안의 플랫폼과 상어와 함께 수영을 할 수 있는 섬 비치가 대표적인 관광 명소이다. 원래는 자연적인 산호초를 배경으로 관광이 이루어졌으나 오랜 시간동안 사람이 찾아오고 먹이를 줌에 따라 많은 어족자원들이 사람에 길들여진 상태여서 관광객은 고기들과 함께 수영을 즐길 수 있다.

대표적인 어종으로는 1.3m에 달하는 바라쿠다, 70-90cm 급 그루퍼(grouper), 말미잘과 공생하는 흰동가리들, 그 외 독가시치류, 해포리고기 등과 1m 남짓한 상어들이다.

인도네시아 렘베해협(Lembeh)은 인도네시아의 동쪽 바다 Swulawesi섬의 조그만 해협으로 다윈(Charles Robert Darwin, 1809-1882)과 함께 종의 기원에 대하여 발표하였던 알프레드 러셀 월리스(Alfred Russel Wallace, 1823-1913)박사의 이름을 따서 그어진 월리스선의 오른쪽(호주권역)에 위치한 곳이다. 지구상의 해양생물 다양성이

다양한 해저 지형을 가진 팔라우의 다이빙 포인트(좌)

손꼽히는 세계적 다이빙 포인트인 시파단(우)

가장 높다는 코랄트라이앵글(coral triangle) 해역에 속하는 곳으로, 화산 활동에 의한 검정색 사니질 바닥에 군데 군데 산호초가 발달해 있는 곳이다. 지금도 이곳엔 희귀하고 새로운 해양생물종들이 발견되고 있어 종의 분화와 특화 과정을 볼 수 있는 역사의 바다라 하겠다. 이곳에 서식하는 해양생물은 다양할 뿐만 아니라 화산지대의 사질 바닥과 참치 어업기지가 위치한 해협의 특성상 다양한 생물종이 발견되고 있고 각 생물종의 개체수 또한 많은 곳으로 유명하다. 지구상 가장 작은 해마(현지명: Pontoi, 전장 0.5cm) 등 현지에서만 볼 수 있거나 모래 바닥에 적응한 기이한 형태의 해양 어류들을 볼 수 있는 곳으로 유명하다.

팔라우는 괌에서 남서쪽으로 비행기를 타고 약 1시간을 더 날아가면 닿는 지상의 마지막 낙원이란 별명이 붙은 나라이다. 팔라우는 조석간만의 차이로 수면부근이 파도에 의해 안쪽으로 침식되어 마치 버섯을 연상케하는 록아일랜드(rock island)가 물위의 절경을 만들고 있다. 그 외 팔라우가 갖고 있는 자연 재산은 대부분 물 속에 있다. 즉, 세계 최고의 다이빙, 스노클링 포인트 들을 모두 갖고 있는데 블루코너, 블루홀, 뉴드롭, 저먼채널 등이 유명하고 그 외 2차 세계대전의 흔적들도 있지만 역시 태고적 자연의 절경을 그대로 간직한 수중세계가 가히 세계에서 일등이라 할만하다.

팔라우가 가진 또 하나의 매력은 담수에서 사는 해파리 떼를 가진 호수로, 이름은 젤리피시레이크(jellyfish lake), 즉 해파리연못이다. 오랜 세월 광합성을 하면서 살다가 무독해파리로 진화한 기이한 해파리와 함께 수영을 즐길 수 있는 곳이다.

시파단은 세계에서 몇 안되는 유명한 다이빙 포인트로서 말레이시아 사바주 남쪽에 위치한 조그만 섬이다. 인도네시아와의 국토분쟁이 있어왔으나 2002년 국제사법재판소에서 말레이시아 국토로 인정된 섬이다. 지금은 수중 생태 보호를 위하여 하루에 들어갈 수 있는 관광객 수를 제한하면서 절제된 생태 관광을 허락하고 있다. 수심 600m에서 불쑥 수면 위로 솟은 조그만 섬은 섬 주위가 모두 다이빙포인트라 할 만큼 다양한 해양생물

2차대전의 상흔을 함께 감상할 수 있는 마이크로네시아 축의 바다 속 풍경

들이 서식하고 있다. 특히 무리를 지어 사람을 감싸는 빅아이트레발리라 부르는 줄전갱이(*Carax sexfasciatus*) 떼와 새벽이면 어김없이 잠에서 깨어 나오는 버팔로놀래기(*Bolbometopan muricatum*), 등에 빨판 상어를 붙이고 관광객과 가까이 헤엄치는 바다거북 등 다양한 해양생물들을 만날 수 있는 곳이기도 하다. 또 지금도 바다거북이 모래사장에 산란한 알을 보호하고 있어 육상의 구경꺼리가 되는 곳이기도 하다.

마이크로네시아의 4개 주 중에서 2차 세계대전 당시 일본 해군 사령부가 있었던 축주는 세계 대전의 상처를 관광자원으로 이용하고 있다. 당시 미군의 폭격으로 바다 속에 가라앉은 여러 척의 군함들이 그대로 보존되어 있어 난파선 다이빙 포인트로서 세계에 널리 알려진 곳이다. 이곳에는 한국해양과학기술원 남태평양연구센터가 있어 우리나라 연구자들이 남태평양의 생물자원에 대한 연구를 하고 있기도 하다.

바다 속의 군함들은 이름과 크기와 제원 등을 자세히 기록한 다이빙 안내서를 따라 차례로 선택하여 다이빙을 즐길 수 있는데 일본 군함의 옛 모습과 함께 그곳에 서식하는 수많은 해양생물종들을 관찰할 수 있다. 각 군함에는 대포, 탄약창고, 주방, 화장실 등 시설들이 잘 보존되어 있으며 당시 일본군들이 사용했던 청주병이나 화생방 마스크, 탄약 등 생활용품과 군용 물자들을 관찰할 수 있어 시간을 거꾸로 돌린 듯한 느낌을 받는 곳이다. 해저 바닥에 가라앉아 있는 커다란 군함이 인공어초 역할을 하여 대형 다랑어, 전갱이 떼가 몰리는 곳이라 산호초와는 또 다른 다이나믹한 스쿠버다이빙을 즐길 수 있는

2차대전중 침몰된 일본전함 후지카와 마루의 잔해

곳이기도 하다.

우리나라 바다는 북으로부터 한대, 온대, 아열대, 열대 생물 모두를 계절마다 만날 수 있는데, 울릉도와 독도는 뛰어난 수중경관을 지닌 곳이기도 하지만 계절이 바뀔 때마다 달리 출현하는 다양한 해양생물들로 다이버들에게 인기가 높은 곳이다. 이곳은 온대, 열대, 아열대생물들의 만남의 장소가 되고 있는데, 이곳에서만 큰 군락을 이루는 대황은 감태와 함께 울창한 숲을 이루고 있으며 자리돔, 인상어, 혹돔 등 사계절 만날 수 있는 어종들 외에 파랑돔, 얼게비늘 등 여름철에만 만날 수 있는 열대어종들이 섞여 이곳만의 독특한 생물상을 보여주고 있어 학술적으로나 수중경관으로 보존 가치가 높은 우리바다 중의 하나이다.

김병일

능성어, 돌돔, 벵에돔 무리로 마치 수족관을 방불케 하는 독도(서도) 가제바위 주변

울릉도에는 능걸, 죽도, 공암, 대풍령, 삼선암, 쌍정초 등의 훌륭한 다이빙포인트들이 있으며 독도에도 가제바위, 보찰바위, 혹돔굴, 독립문바위 등의 알려진 포인트 외에 아직 미답의 멋진 수중경관구역이 있다. 이 해역에서는 지금도 새로운 종들이 발견되고 있어 해양학, 해양생물학 전문가들의 좋은 연구 장소로 가치를 인정받고 있고, 수중 비경, 높은 생물 종다양성 등 우리 바다의 가치를 알리기 위해서도 탐사 가치가 높은 곳이다. 따라서 앞으로는 동해를 연구하고자 하는 많은 국제사회 학자들과의 교류가 이루어져야 할 곳이기도 하다.

다양한 연산호가 잘 발달한 제주 바다는 우리나라 바다의 또다른 매력을 가진 곳이다. 연산호라 부르는 수지맨드라미류의 아름다움과 다양한 온대, 아열대, 열대 생물종의 조화를 보면서 수중 산책을 즐길 수 있는 제주바다에서는 넓게 펼쳐진 연산호밭에서 청소놀래기, 흰동가리, 샛별돔, 황붉돔, 청줄돔, 줄도화돔 등 귀엽고 아름다운 열대어종들을 만날 수 있어 늘 이국적인 수중 경관을 접할 수 있다.

이선명

자원이 줄어서 보호가 필요한 바다거북

명정구

열대바다에서나 볼 수 있는 산호와 해양생물들이 화려한 수중 경관을 만들어 놓은 제주도 서귀포 앞바다

● 스쿠버다이빙의 새로운 역할과 미래

오래전부터 연안에서 헤엄을 치며 놀거나 얕은 바다 속의 해양생물종 들을 잡아서 이용하던 생활로부터 자연스럽게 발달해 온 것이 스킨다이빙이다. 우리나라에서 스쿠버다이빙이 본격적으로 보급된 것은 아마 70년대가 아닌가 생각된다. 해군, 육군 등 특수부대에서 군사 작전을 위하여 훈련을 받았던 군인들이 제대한 후 잠수기술을 이용하여 각 종 수중작업을 직업으로 삼기 시작하였던 것이 60-70년대의 초기 스쿠버다이빙이라 하겠다.

잠수 생리에 대한 정확한 정규 교육이 부족하고 장비도 지금과는 달리 무겁고 부력 조절기도 없었던 시절이라 당시 다이버들 중 상당수는 장시간의 수중작업 누적으로 인하여 크고 작은 잠수병에 시달렸다.

소득이 증가하고 각종 해양 관련 레저활동들이 붐을 일으켰던 80년대부터 본격적인 레저 다이버들이 증가하면서 PADI (Professional Association of Diving Instructors, 미국 다이빙협회), NAUI (National Association of Underwater Instructors, 전미수중지도자협회) 등 세계의 유명한 잠수 교육 단체들이 우리나라에 들어오기 시작하였다. 바다 속의 신비한 세계에 매력을 느낀 젊은이들을 중심으로 스킨 스쿠버다이빙 인구는 급격히 늘어나기 시작하였다.

최근에는 휴가, 레저를 위한 스킨, 스쿠버다이빙 뿐만 아니라 대수심 잠수 기술, 과학적인 연구를 위한 과학 잠수 기술들이 체계화되고 관련 기술들이 발달하면서 다양한 수중 활동이 가능하게 되었다.

전문가들이 수중에서 과학적인 활동을 하는 것을 과학잠수라 한다. 즉, 스쿠버다이빙을 활용한 수중에서의 과학적인 관찰과 실험을 위해 하는 잠수가 과학잠수인데, 과학잠수를 위해서는 정량, 정성적인 자료를 획득하기 위한 사전 교육이 필요하다. 예를 들면 산호초 보호를 위한 생태 보전, 자원 증식을 위한 해양생물들의 포식, 은신 등에 대한 행동 실험 등을 포함하는데 이런 경우 실험을 위한 전문 지식과 수중에서의 과학적인 활동을 위한 숙련된 기구 활용 등에 대한 사전 교육과 숙달 과정을 필요로 하는 것이다. 우리나라에서는 이러한 과학 잠수기술을 습득한 전문가들이 현재 지구 온난화와 관련된 연안 생태변화 모니터링, 영토 관리를 위한 울릉도, 독도 수중탐사, 무인도서 관리기술 개발, 연안 자원 회복과 국민들의 연안 공간 활용을 위한 바다목장 사업 등 다양한 연구 사업에서 중심 연구를 수행해 오고 있다.

무성한 해조숲이 형성되는 동도와 서도사이의 얕은 연안(좌).

영토주권차원에서도 매우 중요한 독도 바다의 생태조사(우).

명정구

명정구

우리민족과 바다

Our people and the Sea

나라가 이순신을 필요로 할 때, 그는 언제나 위기 극복의 중심에 섰던 호국 영웅이었다. 또한 장보고는 일찌감치 '동북아 바다의 패자(覇者)'로 군림하였다.

해양 개척의 선구자, 장보고

나홍주 흥사단 독도수호본부 상임대표

장보고 초상(이종상 화백 그림)

일찍이 영국의 엘리자베스 1세(Elizabeth the Great, 1559년 1월 15일 즉위)의 조신 월터 러레이경(Sir Walter Raleigh, 1552-1618)은 여왕에게 "바다를 지배하는 자 무역을 지배하고, 무역을 지배하는 자, 세계의 부를 지배하고, 곧 세계 자체를 지배하게 된다"고 설파했다. 엘리자베스 여왕은 이를 수용하여 영국 해운의 양성을 결심하였고, 특별히 칙령을 내려, 영국 해군 증강 임무를 월터 러레이 경에게 부여함과 동시에, "해군 증강사업 추진 상 필요에 의하여 러레이 경이 요구하는 모든 사항을 다 들어주고, 그의 말을 자신의 명령처럼 여기라"고 했다.

엘리자베스 여왕의 적극적 지지와 후원 아래 월터 러레이 경은 영국 해군 증강에 몰두하였다. 그 결과 영국은 1588년 7월 23일부터 28일 간에 걸쳐 영국을 침공해 온 스페인의 무적함대(Armada)를 영불해협에서 격파하였다. 그때 재빠른 작은 영국 선박이 스페인의 대형 선박을 격파한 것은 4년 후(1592년)에, 극동에서 이순신 장군이 작은 거북선으로 우리나라를 침략해 온 3-4층 높이의 일본 판옥선을 수없이 쳐부순 것과 유사한 성과라 할만하다. 영국은 스페인의 무적함대를 격파한 이래, 세계의 바다를 지배했고, 부와 권세를 함께 얻어 "19세기 영국에는 해지는 날이 없다."는 말이 생겨날 정도로 융성한 시대를 구가하였다, 반면에, 우리 장보고대사의 9세기 동북아 바다제패와 해상왕 등극은 부(富)를 지배하는 과정에서 그가 불의에 암살당함으로써 꽃을 피워보지 못 한 채 막을 내리고 만 것은 민족사적 비극이 아닐 수 없다. 오랜 우리나라 역사상 바다와 관련하여 가장 통쾌한 대목은 역시 9세기 통일신라시대 장보고대사의 해상왕(海上王) 기록과 16세기 임진왜란 때 이순신 제독의 거북선에 의한 수백척 왜선 격파기록이 아닐 수 없을 것이다. 여기서는 장보고대사의 씨 파워(Sea Power)에 대해서 살펴보고자 한다.

● 시대적 배경

나당(羅唐) 연합군에 의하여 고구려가 서기 668년 멸망하고, 그 후 약 10년간에 걸친 백제 및 신라백성에 의한 줄기찬 당군 축출운동이 성공하여, 드디어 서기 677년에 신라에 의한 소위 삼국통일이 이루어지게 되었다. 신라가 그때 당의 힘을 빌리지 않고 자력으로 삼국을 통일하였다면 후대에 와서 역사를 읽는 이의 가슴을 더욱 벅차 오르게 하였을 것이지만 ……. 신라통일 이후 오랜 전쟁이 끝나고 평화가 찾아오자, 국내적으로는 산업의 발달과 함께 대외적으로는 당나라와의 교류가 더욱 빈번해져서, 문화가 발전하고, 국제교역의 폭과 양도 증대되어 갔다. 통일신라 후기에는 양국간 공식적 교역(조공무역)만으로는 늘어나는 양국민의 수요를 충족하지 못하게 되었다. 여기서 우리는 통일신라 말기에 민간무역이 크게 성행하였음을 짐작케 된다. 그 당시 얼마나 불요불급한 민간무역이 성행했으면 신라 선덕왕 시대에는 당나라로부터 민간무역 금지령이 내려졌을 정도이었겠는가! 또한 신라말기에 이르러서는 정치적 통제기능의 이완으로 말미암은 일상생활의 방만, 상류층의 사치가 당나라의 호사스런 소비재 등 물품구입을 더욱 갈망하게 만들고, 이것이 민간무역을 성행케 하는 요인이 되었다..

우리나라는 3면이 바다로 둘러싸여 있어서 해상 교통의 발전 없이는 국제무역이 어렵게 되어 있다. 역사적으로 보면, 발해시대에 벌써 지금의 만주 땅 연해주에서 거친 동해바다를 건너 머나먼 일본까지 해상교류가 있었고, 서쪽으로 황해를 건너 당나라와의 해상교통이 이미 그 훨씬 이전인 삼국(고구려, 백제, 신라)시대부터 이루어졌던 것도 우리나라가 3면이 바다로 둘러싸여 있는 지리적 환경 때문이었음을 부인하기 어렵다.

사학자 김상기(1901-1977)는 일찍이(1934년) 진단학회에 발표한 연구논문에서 이점에 관하여 다음과 같이 논술하고 있다. "삼국 시대에 백제와 신라(남쪽 중국에 대하여는 고구려도)의 중국과의 교통이 황해를 통하여 행해졌던 것은 설명할 것도 없거니와, 신라

엔닌의 초상

통일시대에 이르러서는 공적인 교통이 주로 해로를 통하여 이루어졌던 것이며, 또 한반도는 동남으로 대한해협과 동해를 연하여 일본과 대하고 있어 동아 국제해상교통은 사군시대부터 이미 한반도를 중심으로 이루어지게 되었던 것이다."

이처럼 우리나라가 해양국가라는 것이 멀리 삼국시대 및 그 이전으로 거슬러 올라간다는 데 우리는 유의해야 한다. 옛날부터 우리나라에 전하여 오는 가사 "풍파에 놀란 사공 배팔아 말을 사니, 구절양장이 물 도곤 어려웨라."도 오랜 해양 전통에서 나온 것이리라.

김상기는 또 신라 신문왕 시대에 당나라에 파견하는 일본의 유학생들과 당나라에 들어가 학문하려는 승려들과, 당나라로부터 돌아오는 자들이 자주 신라사절 편에 본국에 송치되었으며, 경덕왕 시대에는 당나라 사절이 신라를 통하여 일본에 사명을 전달하였고, 혜공왕 시대에는 당나라에 있는 일본 사신과 유학생들의 통신이 신라 사절을 통하여 자주 행하여졌음을 지적하였다. 그때 한반도를 중심한 3면의 바다가 신라 사람들에게는 자기 집 안마당처럼 이용되고 있었던 것이다. 그 무렵 신라 사람들이 국가의 공식 사절단원으로 학문 연구차, 불교원리 연구차, 민간교역차 및 기타 생활방편을 찾아 황해를 건너 중국 땅 여러 곳에 흩어져 살았던 것은 많은 문헌에서 찾아 볼 수 있는 사실이다.

불교 연구차 838년에 당나라에 들어갔던 일본의 승려 엔닌(圓仁)은 산동반도에 상륙하여 내륙으로 들어가다가 운하를 통하여 목탄과 양곡을 운송하는 소형 선박을 보았는데, 그들 선원들은 당나라 사람들이 아니라 신라 사람들이었다고 일기에 적고 있다. 전술한 김상기의 논문에 의하면, 당 무종과 회창 연간(會昌年間, 841-846)에 금주(강소성, 회안현)와 사주 연수현(강소성) 같은 곳에 소위 신라방(新羅坊)이라는 신라인 거주지가 건설되었으며, 또 산동 등주 문등현(전부터 한반도와 해상교통이 빈번하던 곳)에도 상당한 세력이 있었다. 이들이 건립한 신라사원 법화원(法華院)의 강도(講道)를 듣기 위하여 신라인 남녀 도속이 일시에 집회한 자만 250인이었다는 것으로도 짐작할 수 있다.

이처럼 통일신라 후기에 들어갈 무렵 동북아 바다나 황해 바다 건너 대륙이나 어디에고 수많은 신라인들이 각양각색의 목적으로 내왕하고 흩어져 살고 있었다. 그런데 당시 당나라를 오가던 신라 선박을 대상으로 노략질하여 재물을 약탈하고, 사람들을 납치하여 당나라에 데려가 팔아먹는 인신매매단도 발호하게 되었다. 그러자 당나라에서는 해적들이 신라인을 약탈하는 것을 금지하는 훈령을 수차례 발하기도 하였지만 별 실효를 거두지 못하였다. 해적들에 잡혀 온 많은 신라인들이 당나라에 팔려 와서 중노동하에 살아가는 경우가 생겼다. 그러나 신라 말기는 국정의 문란으로 이들 해적을 소탕할 여력이 없었다.

이를 보다 못한 신라인 장보고(張保皐)가 당나라군대에 들어가 얻은 소장 계급을 버리고, 신라에 돌아와서 이들 해적 소탕책을 강구하게 된 것이다.

중국 장보고기념관 전경

● 청해진 설치

김상기의 연구논문에서는 장보고대사의 인적사항에 관하여 다음과 같이 적고 있다. "삼국사기 신라본기 제 10 홍덕왕(재위, 826-836) 3년 〈夏4月, 淸海大使 弓福姓張氏(一名 保皐) 入唐徐州, 爲軍中小將, 后歸國謁王, 以卒萬人鎭淸海(淸海令 莞島)〉. 또 삼국유사에는 다만 궁파(弓巴)로 쓰여 있는 것을 보아 궁복(弓福), 궁파(弓巴)는 동음이자(同音異字)로 적힌 것으로서, 그의 원명임을 알 수 있으며 장보고라는 것이 궁복(또는 보고(保皐))이라는 것으로부터 와전된 중국식 성명이 아닌가 생각된다. 또한, 일본 측 기록에는 장보고(張寶高)로 보이나, 보고(保皐)나 보고(寶高)는 동음이므로, 일본 측 기록에 보고(寶高)로 전자(轉字)되었을 뿐임을 알 수 있는 것이다."

그가 청해(지금의 완도)에 진을 설치한 것은 신라 홍덕왕 3년(828년)임이 분명하다.

여기에서 우리는 청해(완도)가 해로의 요충이라는 점과 장보고 제독이 일찍이 당나라 서주에 건너가 당나라군 소장까지 진급하였으나, 당나라 내부가 극도로 혼란하고, 연해에는 해적이 발호하여 신라에까지 피해를 입히고 심지어 신라인들이 해적에 납치되어 당나라에 노예로 팔려오는 것을 목격하고, 참다못해 장군직을 버리고, 고국에 돌아와서 해로의 요충지인 청해에 진을 설치코자 왕에게 청하니, 왕이 1만명의 병사를 주어 청해진을 설치케 하였고, 장보고대사가 해적을 소탕하여 신라인들 납치가 사라지게 되었다는 것을 알 수 있다.

또, 한 가지 우리의 관심을 끄는 대목은 '願得鎭淸海'라는 구절이다. 지금의 완도에 진을 설치하고 싶다는 뜻을 흥덕왕에게 아뢴 것인데 어찌하여 하필 그곳 "완도"에 진을 치려고 했던 것일까? 그 당시 벌써 동북아의 해상요충지로서 오늘날 다도해 중심지 '완도'를 택한 장보고대사의 안목은, 19세기 말 세계적 해양국 영국해군 일부 지휘관보다 탁월했던 것 같다.

1885년 러시아, 청나라 및 일본 제국주의자들은 한반도를 서로 자국 영향권 하에 두려고

청해진 본영이 있었던 장도

각축전을 벌였다. 그때 국제적 모략 선전책이었던 듯, 러시아와 조선이 비밀 협정을 체결했다는 거짓 풍문이 떠돌았다. 그러자 러시아의 남하를 견제한다는 명분 하에 영국 해군이 함정 3척을 동원하여 1885년 4월 14일 우리나라의 사전 승인도 없이 거문도 (Port Hamilton)를 점령해 버린 사건이 발생했다.

조정에서는 영국군에 즉시 철수를 요구하고 거문도 불법 점령에 대해 항의했지만, 그들은 계속 거문도를 불법점령하고 있다가 1887년 2월 27일에서야 철수하였다. 그들이 철수하게 된 것은, 첫째로 러시아와 조선왕국의 비밀협정 체결설이 근거 없는 낭설임이 밝혀졌다는 명분이었다. 다음으로는 거문도가 막상 점령하고 보니, 보급품 수송에도 불편할 뿐 아니라, 그리 중요한 요충지도 못된다는 것을 알게 된 때문이었다. 당시 영국의 해군 지휘관들이 일찍이 1,100여년 전 장보고대사가 선정했던 '완도'가 그들의 목표였던 블라디보스톡에 보다 가깝고 완벽한 지리적 요충지임을 그들은 미처 몰랐던 것이리라.

장보고대사의 직명에 대해서는 여러 가지 기록이 나타나 있다. 청해대사(淸海大使), 감의군사(感義軍使), 진해장군(鎭海將軍) 등… 이렇게 장보고대사의 직명이 여러 가지로 나타나고 있는 것과 관련하여 김상기는 다음과 같은 개인적 견해를 기술하고 있다. "나의 억측이 허용된다면, 원래 군인 출신인 장보고는 청해진 설치의 필요를 선각적으로 느끼고,

중국 장보고기념관 전시실 앞의 장보고 동상

당시 조정의 손이 거기까지 미치지 못할 정세를 통찰하고 청해진 설치의 필요를 국왕께 역설하여, 그의 양해 밑에서 변민(邊民)을 규합하여 일종의 민군조직으로서 청해에 진을 설치한 것이 아닌가 생각된다. 이렇게 보면 소위 10,000명으로 변방요지를 지키는 무관에게 규정의 직명을 붙이지 아니하고, 특별한 명칭인 '대사'로 부르고, 왕실에 공로가 있음으로써 '감의 군사'라는 칭호로 부르게 된 것이 아닌가 생각한다." 장보고대사의 고향에 대해서는 분명히 나와 있지는 않으나, 그의 딸에 대한 왕비 간택문제와 관련하여, 당시 조정의 신하들이 반대 이유로서 "合弓福海度人也"라고 한 점에 비추어 섬 출신인 것 같다. 당시 신라엔 골품제가 엄존하였기 때문에, 장보고대사가 제 아무리 세력이 크고 왕실에 공헌이 많았다고 하더라도 그 딸을 왕비로 맞을 수는 없었을 것이다. 장보고대사의 직명은 위에서 본 바와 같이 여럿 나타나고 있지만 단지 그 사용목적에 따라 구분된 것 같고, 그의 생애를 통하여 해적 소탕, 해상무역 관장, 동북아 제해의 제패 등으로 별칭 '해상왕'으로 불리고 있었다.

● 해적의 소탕

장보고대사의 업적은 무엇보다도 해상에서나, 연안에서 신라인들의 선박을 습격하여 약탈을 자행하고, 신라인들을 납치하여 당나라에 노예로 팔아먹는 해적들을 동북아 전해역에서 말끔히 소탕하여 바다의 평화를 되찾아 놓았다는 점이다. 통일 신라 말기에 내분으로 국정이 문란하여, 나라의 힘이 미치지 못하여 소탕하지 못한 해적으로부터의 민생보호를 실현함으로써, 장보고대사는 신라인의 긍지를 살렸을 뿐만 아니라, 국제무역의 근간이 되는 해상교통의 안전을 확보케 하였다. 이 점에 관하여 라이샤워(Edwin O. Reischauer, 1910-1990)는 엔닌의 시대에 동북아 지역에서는 신라사람들이 아직도 바다의 주인들이었다고 하였다. 그때 신라는 소위 씨 레인(Sea Lane)을 확보하였고, 장보고대사가 직접 국제교역의 주역으로 나서서 견당매물사(遣唐賣物使)라든가 회역사(廻易使)를 당나라나 일본에 파견하였다.

● 해상교역을 장악하다

지금도 우리나라의 지정학적 위치로 보아서나, 장차 중국 및 일본과의 3각 무역을 통한 원대한 통상발전 전망에 비추어, 그리고 머지 않아 도래할 소위 서해안시대에 비추어 볼 때에, 완도는 중요한 해상 요충지로서 국제해상교통의 중심지가 될 수 있을 것이다. 완도는 우리나라 국토의 균형발전을 위한 국토개발 정책의 견지에서도 결코 경시할 수 없는 요충지로서, 마헨(Capt. Alfred T. Mahen)이 강조한 씨 파워의 기지로서도 더욱 개발되어야 할 곳이라 하겠다. 청해에 진을 치고 동북아의 제해권을 장악한 후 해적의 소탕에만 멈추지 않고, 장보고대사는 당나라와 일본과도 새로 해상교역을 터서 명실 공히 '해상왕'이 되었다. 라이샤워가 그의 역서 「엔닌의 기록」에서 장보고대사를 '한국 무역의 왕자(Korean merchant prince)'라고 표현하고 있는 이유도 바로 여기에 있다. 그는 황해 건너 당나라 지역에서의 장보고대사 활동에 관하여도 다음과 같이 기술하고 있다. "중국에 있어서는 먼저 산동 등주 문등현 청녕향 적산에 있던 적산(赤山)법화원(지금의 산동반도 석성만 부근)은 적산원(赤山院) 또는 신라원(新羅院)이라고도 하였는데, 장보고가 창건한 것으로…"라고 기록하였다. 이 적산 법화원의 건설이 이 지방 신라 세력의 한 방증임은 물론이다. 이 적산 법화원이 당나라에 이주해 와서 살고 있는 신라인의 정신적 위안소가 되었다는 것은, 한번 강설이 열리게 되면, 신라인으로서 일시에 참집하는 남녀 도속이 250인에 달한 것으로 보아서도 알 수 있다. 이 절은 또 그곳에 사는 신라인들의 집회소였으며 신라 본국과의 연락기관이 되었던 것이다. 중국사절(中國使節)이 해로(海路)로 신라에 건너 갈 때 한반도와의 교통요지인 등주를 거치게 되는데, 특히 적산법화원에 들르던 것은 신라 본국과의 연락이 빈번한 곳이므로, 사절이 당시 이곳에서 미리 신라의

적산법화원

사정을 알아보고, 또는 사행의 편의를 도모하려는 의도에서 나온 듯 하다. 현재 중국 산동시 영성 적산 에 "적산법화원지"(赤山法華院址)란 바윗덩어리에 암각(岩刻)된 표지가 있으며, 그 옆에 오늘날도 장보고대사의 영정을 모시고 있는 법화원 대웅보전(大雄寶殿)이 중국식 건물로 복원되어 있다.

또한 라이샤워는 엔닌 또는 지가꾸 다이시(慈覺大師)라고 불리는 이 일본 승려가 신라인들이 모여 사는 이 적산법화원(赤山法華院)에 오게 된 것도 장보고대사의 배려라고, 다음과 같이 기술하고 있다: "엔닌은 비록 거리는 떨어져 있었지만 장보고의 직접적인 후원으로 적산의 법화원에 왔다. 장보고가 이 "적산법화원"을 지었는데, 아마도 자기 선박들에 정신적 가호를 베풀고, 또 자기 대행자들에게 종교적 전도를 할 목적으로 이 절을 지은 것 같다. 그는 이 적산법화원에 연 수입(年 收入) 쌀 500석의 토지를 주었다. 이 적산법화원과 이 지역 신라인 거류민단의 총책임자는 분명히 장영(張詠)이란 사람이었는데, 이 사람은 인근지역에 사는 많은 신라 사람들이 그랬던 것과 마찬가지로 필시 장보고 계열의 인물로 보인다." 당시 엔닌(圓仁)이 '적산법화원'에서 서기 838년 가을부터 겨울을 지날 수 있었던 것도 장보고대사의 호의 외에 통역을 맡았던 신라인 유신언(劉愼言)의 알선에 따른 일종의 식객의 입장이었다. 더구나 엔닌은 그때 당나라의 조정으로부터 입국허가를 받지 못한 밀입국자였기 때문에, 신라 사람들의 보호를 받고 있던 형편이었다. 이러한 사정에 대해서 엔닌 스스로가 자기 일기에 자세하게 기록하고 있다.

당시 장보고대사를 중심으로 한 '바다의 왕자들'이 일찍이 다른 나라의 해양역사에서 흔히 볼 수 있는, 남의 배를 습격, 약탈한다든가 하는 경우를 전혀 찾아 볼 수 없고, 그 씨 파워(sea power)로 도리어 바다의 평화를 되찾아 상호 번영과 부강의 국제무역 기반을 구축한 모범적 해양개척사를 남긴 것은, 세계 해양개척사에 특기할 만한 일이라 하겠다.

그러나 장보고 제독이 건립한 "적산법화원"의 복원사업이 신라방에 일시 기식하였던 엔닌을 추모하는 일본인들에 의해 추진되었다고 하는 바, 우리가 하지 못한 아쉬움은 남는다. 미국 하바드대학의 교수요 일본 주재 미국대사를 역임했던 라이샤워의 말을 좀더 빌려보자. "엔닌은 불교도 숙청후에 1년 이상을 당나라에 머물러 있었다. 그러나 그가 머물던 이 기간동안에 주로 접촉했던 사람들은 신라 사람들이었지 당나라 사람들이 아니었다. 이것은 일찍이 적산법화원에 체류하고 있었던 경우나 마찬가지였다. 사실은 그의 일기는 한 일본인이 당나라 여행을 반추하는 것이지만, 페이지 마다 당나라 사람들 보다는 신라사람들이 등장하고, 일본인들은 완전히 그늘에 가려져 있다. 그 때에도, 11개 세기가 지난 지금과 마찬가지로 3개국 사람들(한국인, 중국인, 일본인)이 동북아시아 지역의 주요 국민들이었지만, 이 3개국 국민들 중에서 한국인들이 가장 덜 알려져 있다. 그러나 엔닌의 일기 속에서 보는 것처럼 그때에는 한국 사람들이 아마도 이 지역에서 가장 현저한 역할을 맡았던 듯하다."

● 항해술의 진흥

라이샤워가 그 당시 신라인들이 바다의 주인공들이라고 한 것은 비단 동북아의 해상교통의 중심이 청해진에 있었고, 국제무역의 주도권을 장보고대사가 관장하고 있었다는 사실만을 가지고 말한 것은 아니었다. 그 말 속에는 신라인들이 가진 타의 추종을 불허하는 탁월한 항해술도 의당 포함되어 있었을 것이다. 김상기는 전기 논문에서 일반 신라인들의 해운역량에 관하여 다음과 같이 기술하고 있다. "당시 일본 견당사(遣唐使)의 중국 왕래가 신라통역의 안내와 주선에 의하여 행하여졌으며, 그들 사행의 선박도 신라선을 많이 이용할 뿐 아니라, 일본 선박에도 신라인 선원들을 고용하였다. 특히 당에 파견하는 사절단에는 다수의 신라선과 해로에 능통한 항법사 60여명을 채용했던 것이다. 당시 일본의 입당 유학승 엔닌과 그 제자들의 중국왕래 및 그들의 통신이 신라 상선을 통해 행하여진 것은 차라리 보통의 일에 속했다 할 것이다".

당시 장보고대사를 중심으로 한 신라인들의 해상세력이 어떠했는가는 다음의 사실에서도 엿볼 수 있다. 즉 일본의 엔닌이, 장보고의 부하에게 보낸 서신에서 당나라로부터 귀국할 방도에 관하여 청해진을 경유할 요량으로 장대사에게 그의 사정을 전달하여 달라는 것과 또 선편이 있으면, 자기 일행을 찾아 귀국하게 하여 줄 것을 간청하고 있음을 보면, 장보고대사가 내외국인 사이에 해상 패자로서 확고한 위상을 공인받고 있음을 짐작케 한다.

장보고시대의 무역선 (완도 장보고기념관 내)

이것은 엔닌이 당나라에서 일본으로의 귀국선편을 장보고에 간청하는 내용일 뿐이지만, 사실은 서기 838년에 엔닌이 당나라로 가는 일본국 사절단 일행을 태운 12척으로 구성된 선단에 편승하여, 처음으로 당나라 산동반도에 도착했을 때에도 동 선단을 일본에서 안전하게 당나라 땅까지 갈 수 있도록 배의 길잡이를 한 것도 신라인들이었다. 즉 암해로자(항법사) 30명을 장보고대사로부터 지원받아서, 각 선박마다 신라인 항법사 2-3명을 태워, 그들의 지도하에 안전항해를 했다는 것을 엔닌은 자기 일기에 기록하고 있다. 이처럼 9세기에 동북아시아의 바다를 지배한 장보고를 미국의 라이샤워는 "무역의 왕자, 또는 바다의 지배자"로 표현하고, 그 당시 신라 사람들이 바다의 주인공이었음을 자기 저서에서 기록하고 있는 것이다. 그렇다면 무엇이 신라사람들을 바다의 주인이 되게끔 하였을까?

역시 가장 중요한 것이 항해술이었던 것 같다. 항해술에 관한 한, 그 당시 일본 사람들이나 다른 어느 나라 사람들보다도 신라인들이 뛰어났으며, 동북아에서 뿐만 아니라 세계적 수준과 비교해도 우수하였던 것이다. 그 사례를 라이샤워의 「엔닌의 당나라 여행(Ennin's Travels to Tang China)」에서 살펴보자. "유럽에 있어서 경제적 성장 및 그에 따른 정치 사회적 변화는 15-16세기 서유럽 사람들에 의하여 재빨리 이룩된 세계의 바다에 대한 제패와, 수세기 동안 이 바다 위에 존재하였던 해상무역에 의하여 촉진되었던 것이다. 우리는 현재 서양의 시작을 그 시기로부터 잡는 것이 옳다. 그러나 널리 세계사적 견지에서는 현대 국제해상무역은 당나라 때의 이 국제해상무역의 성장과 더불어 시작된 것이라고 볼 수 있다는 데에도 상당한 정당성이 있을지 모른다....".

한·중·일 간 고대항로

엔닌은 우리가 이미 살펴 본 것처럼, 일본이 중국으로부터 문화를 도입한 첫 시기의 마지막에 당에 간 중요 인물이었다. 그러나 그가 중국 대륙에서 만났던 신라 사람들은 이 세계 해상무역 역사상 하나의 새롭고 보다 더 극적인 발전단계에 속한 사람들이었다. 엔닌이 서기 845년 산동에서 돌아오기 전에, 비록 장보고와 그의 "해상왕국"은 사라져 버렸지만, 그들 3명의 일본인 여행자들은 일본으로 돌아갈 귀국 교통편을 거의 전적으로 신라 사람들한테 의존하였다. 그들 일본인들은 적산에 있는 마음씨 너그러운 신라 거류민들에게 숙식을 의존하였을 뿐 아니라, 귀국선편까지 기대하였던 것이다.

신라의 항해술 발달에 대한 장보고의 업적은 3국간 국제해상교역 및 동 선박(견당매물선 및 일본에 보내는 회역선 등)운항관리에 청해진이 그 중심을 이루고 있었다는 사실에 비추어 보더라도 능히 짐작할 수 있다. 구체적으로 어떻게 장보고대사가 신라시대의 항해술 발전에 기여했는가에 대한 기록은 찾아보기 힘들지만, 9세기 중반 신라의 항해술은 당시 세계 제일의 수준을 유지하고 있었다고 해도 과언이 아닐 것이다. 라이샤워도 세계사적 견지에서 볼 때 9세기 경 당나라를 중심으로 한 3국간 국제해상교역이 이 시대의 첨단을 걸었다고 지적하면서, 당시 동북아 바다의 주인공들은 아직 신라 사람들이었다고 적고 있다. 페르시아인들이나 아랍사람들이 최초로 사용했다는 항해용 나침반도 당나라 민간인들 사이에 일부 전승된 것으로부터 발전시킨 것인지도 모른다는 개연성도 라이샤워는 지적하고 있다. 해상왕 장보고대사가 더 오래 살아서 해상교역 뿐 아니라 국가 민족을 위하여 더 기여하지 못하고 신라 문성왕(文聖王) 8년에 뚜렷한 죄 없이 암살당한 후, 그의 부하들마저 반역으로 몰려서 대부분 당나라로 도망가고, 일부는 일본으로 도망쳤던 사실에 비추어, 당나라의 해운 능력이란 원래 장보고대사 산하에 있다가 당나라에 망명 신라인들에 의하여 유지되었거나, 계승 발전된 것임을 배제하기 어려울 것이기 때문이다.

여기에서 잠시 신라 선원들과 일본 선원들의 항해능력에 대한 라이샤워의 비교 내용을 살펴보자. 「엔닌의 일기(入唐求法 巡札行記)」나 다른 자료에서 보면, 일본 사람들은 극동의 해상교역에 있어서 신라 사람들과 그 당시 처음으로 경쟁하기 시작한 듯하다. 그러나 그들 일본인들의 도전은 아직 미약했다. 엔닌이 당나라까지 바다를 건너갔다가, 일본 배를 타고 산동반도 남해안까지 파행적인 항해를 한 기록은 귀국 당시 엔닌을 태운 신라 선박이 일본까지 8일만에 도착했던 것과는 너무나도 대조적이다. 또 한가지 항해 기술상 당시 신라인들과 일본인들의 차이를 보여주는 것은 일본 사절단 중요인사들을 안전하게 일본까지 도착시키는 것을 도와주도록, 일본 사절단이 60명의 신라인 타수(舵手)와 선원들을 고용했다는 사실이다. 처음에 일본 사절단이 당나라로 떠날 때 각 선박에 승선했던 신라인 통역들의 역할이 또한 이 문제에 있어서 감안해야 할 요점이 된다. 이들 신라인 통역들은 당나라 해안에 도착한 뒤의 업무처리에 매우 유용했을 뿐 아니라, 엔닌이 자기 자신 바다를 건너 당나라로 갔던

적산 장보고기념탑

것을 언급한데서 볼 때, 분명히 이들 신라 통역인들은 해상에서는 최고의 항법 전문가들이었다. 극동에서 신라사람들이 바다를 지배하고 있을 시대도 실제로는 그 종말이 얼마 남지 않은 때이지만 (얼마 후에 일어난 장보고대사의 암살로 말미암아), 그러나 엔닌 시대에는 아직도 신라 사람들이 동북아의 해역에서 바다의 지배자들이었다.

● 해상왕의 죽음

장보고대사는 황해, 동지나해, 대한해협 및 동해 등 동북아 모든 바다를 지배하고, 해적을 소탕하고, 국제해상 교통질서를 확립한 후, 국제교역을 번성케 하였다. 그는 단순히 해상교역에만 치중치 않고, 국제해상 무역이 번성하여 감에 따라 발전되기 마련인 신라 상인 및 선원 등의 해외거주 문제까지도 배려하여, 특히 당나라의 산동반도의 연안에 무수히 흩어져 살던 신라인 거류민단을 위하여 여러 곳에 소위 신라방(新羅坊)을 설치하였을 뿐만 아니라, 적산에는 법화원이란 신라 절까지 지어 항해와 민생의 정신적 안정을 도모했다. 이러한 장보고대사의 다각적 활약은 그 당시 외국 사람들에게도 커다란 존경과 흠모의 대상이었다. 라이샤워도 장보고대사에 대한 당나라 사람들의 존경에 관하여, "동북아의 모든 해로지배자인 그 신라 사람에 대한 당나라 사람들의 존경" 이란 긴 표현을 사용 하였다. 또 일본 사람들의 존경을 한 몸에 받고 있는 엔닌은 대사라고 부르는 신라인 장보고에 대하여 "극도로 존경심으로 가득한 장문의 서한"을 보냈다. 이 서한에서 그는 어떤 일본 정부 관리로부터 장보고대사에게 보내는 진정어린 장문의 서한을 부탁받아 가지고 왔으나, 양자강 진흙탕물에 배가 난파되었을 때 분실하였다고 설명하였다. 엔닌은 또 장보고대사가 적산 법화원을 직접 창건했다는 사실에 대해서도 언급하고 있다. 즉 "나같이 보잘 것 없는 미미한 존재에게 일대 행운이 있음으로 말미암아, 장보고대사의 헌당에 의하여 축복받은 이 지역에서 체류하여 왔습니다." 라고 적었다. 그리고 그는 멀리 떨어져 있으면서 베풀어준 장보고대사의 덕행에 깊이 감사를 표하였다.

장보고대사는 영국의 월터 러레이경의 말대로, 동북아에서 당시 해상무역을 지배하고 난 후, 바야흐로 동북아의 부(富)를 지배할 단계에서 슬프게도 서기 841년 암살당하였다. 그것도 그가 보호하고 사랑해 마지않던 신라 사람 동료에 의해서 죄 없이 피살되었으니 더욱 억울한 죽음이요, 이 민족의 일대 손실이었다. 장보고대사가 그렇게 비명에 가지 않았었다면 동북아의 역사는 달리 쓰여졌을 것이다.

지금 중국 산동성 영성시 적산 한 산봉우리 연화정(蓮花頂) 에는, 1994년 7월 24일 당시 성신여자대학교 최민자(崔珉子) 교수가 중심이 되어 모금하여 한국인들이 건립한 15 미터 높이의 대리석 장보고기념탑("張保皐記念塔": 김영삼 전대통령휘호)이 적산법화원(赤山法花院)을 내려다보며 우뚝 서있다.

구국의 해전 명장, 이순신

임원빈 해군사관학교 명예교수

● 이순신 그는 누구인가?

이순신은 덕수 이씨 12대 손으로 평범한 가정에서 출생하였다. 할아버지 이백록(李百祿)은 그리 높지 않은 관직 생활을 했으며, 아버지 이정(李貞)은 관직에 출사하지 않은 평범한 선비였다. 그러나 이순신 집안 사람들은 나름대로 자기 가문에 대한 자긍심을 지니고 있었다. 이순신의 직계 조상 가운데 조선시대에서 눈에 띄는 족적을 남긴 분은 7대조인 이변(李邊) 그리고 증조 할아버지인 이거(李琚)이다. 7대조 이변은 홍문관 대제학을 지냈고, 증조 할아버지인 이거는 사헌부 장령, 이조좌랑 등을 지냈는데 홍문관 대제학이나 이조좌랑은 청요직(淸要職)으로 불리는 매우 명예로운 관직이어서 조선시대에는 정승이나 판서를 지낸 것보다도 더 높이 평가되는 경향이 있었다. 특히 증조 할아버지인 이거는 호랑이 장령이라고 알려 질 정도로 당시 조선의 조정에 널리 이름이 알려진 분이어서 이순신이 관료 생활을 하고 있을 당시에도 그 명망을 기억하는 사람들이 많이 있었다.

이순신은 1545년 4월 28일 한성(漢城)의 건천동에서 태어났는데 현재 명보아트홀(구 명보 극장) 근처로 알려져 있다. 임진왜란 당시 조선의 명재상이었던 서애 류성룡(柳成龍)이 같은 동네에 살아 교분을 나누었는데, 이 때 각인된 이순신의 사람됨에 대한 좋은 기억이 토대가 되어 이후 그는 이순신의 후원자 역할을 자임하였다.

이순신이 무과(武科)로 전향한 것은 22세 무렵이었다. 그 이전까지는 형들을 따라 서당에 다니면서 문과(文科) 과거 시험 준비를 하였는데, 나름대로 자질이 있어 문과 시험을 보았어도 성공할 수 있었을 것이라고 전해진다. 6년을 준비하여 28세 때 처음으로 무과 시험에 도전하였으나, 말에서 떨어지는 사고로 낙방하였다. 그 후 다시 4년을 준비하여 32세 때 무과 시험에 재도전하여, 총 합격자 29명 중 12등으로 합격하였다.

무과에 합격한 이후 처음으로 받은 직책은 함경도 동구비보 권관이었다. 권관은 종9품의 벼슬로 오늘날로 치면 소위, 중위 정도에 해당하는 계급이었다. 이순신은 초급 관료 시절부터 능력과 실력 그리고 도덕성을 인정받았다. 함경도 동구비보 권관으로 있을 때 감사 이후백(李後白)이 순시를 나와 변방을 지키는 관료들의 임무 수행 상태를 점검했는데, 지적이나 처벌을 받지 않는 관리들이 거의 없었다. 그러나 이순신에게는 매우 호의적으로 대했는데, 그 이유는 이순신의 업무 능력과 전투 준비태세가 다른 관리들에 비해 탁월했기 때문이었다. 훈련원 봉사 시절에는 직속 상관인 서익(徐益)이 아는 사람을 순서를 건너 뛰어 승진시키려 한 것을 차단시킨 사례가 있었다. 진급 서열이 아래에 있는 사람을 승진시키면 마땅히 승진해야 할 사람이 승진하지 못하게 된다는 것이 그 이유였다. 당시 이 사건은 조정 안팎에 널리 소문이 났었던 것 같다. 하급 관리로서 불이익을 감수하면서 직속 상관의 의지를 꺾는 일은 그리 쉬운 일이 아니었기 때문이다. 이 일이 있었던 전후로 이조판서로 있던 율곡 이이(李珥)가 류성룡을 통해 만나고 싶다는 뜻을 전했다. 그러나 이순신은 정중히 거절하였다. 같은 덕수 이씨이기 때문에 만나 볼 수도 있지만 그가 관료들의 인사를 담당하고 있는 이조판서로 있는 동안에 사사롭게 만나는 것을 옳지 않다고 여겼기 때문이었다. 이 번에는 병조판서로 있던 김귀영(金貴榮)이 자신의 서녀(庶女)를 이순신에게 시집 보내고 싶다는 뜻을 전해 왔다. 이순신은 이 또한 거절하였다. 관료사회에 막 발을 들여 놓은 사람이 권세있는 집안과 혼인 관계를 맺는 것은 떳떳한 일이 아니라는 것이 그 이유였다.

현충사

이 충무공 영정

이순신은 초급관료 시절 고속 승진을 하였다. 36세가 되던 해, 이순신은 전라도 좌수영에 소속된 발포(鉢浦)의 수군 만호(萬戶)가 되었다. 수군 만호는 종4품으로 오늘날 계급으로 해군 대령 쯤 되는 계급이다. 32세에 관료 생활을 시작하였으니, 4년이 못되어서 소위, 중위에서 대령까지 진급한 것이다. 발포 만호 시절에도 여러 가지 사건들이 있었는데, 대표적인 것이 오동나무 사건이다. 발포의 관청 뜰에는 오래된 오동나무가 있었는데 직속 상관인 전라좌수사 성박(成鎛)이 이것을 베어가서 거문고를 만들려고 한 것을 좌절시킨 사건이다. 대령급 지휘관이 직속 상관인 소장급 수사의 뜻을 받아들이지 않는다는 것은 관료 생활을 포기하겠다는 것과 다름이 없는 것이다. 어린 시절부터 정의감이 남달랐던 이순신은 관료가 되어서도 이런 평소의 삶의 태도를 초지일관하였다. 그의 인생의 행로를 가늠할 수 있는 좌우명이 남아있는데, 소개하면 다음과 같다. "대장부가 세상에 태어나서 쓰이게 되면 죽기로써 일할 것이요. 쓰이지 못한다면 들판에서 농사짓는 것으로 만족할 것이다. 권세 있는 곳에 아첨하여 한 때의 영화를 누리며 사는 것은 내가 제일

이순신의 구국혼이 담긴 난중일기의 각 책들

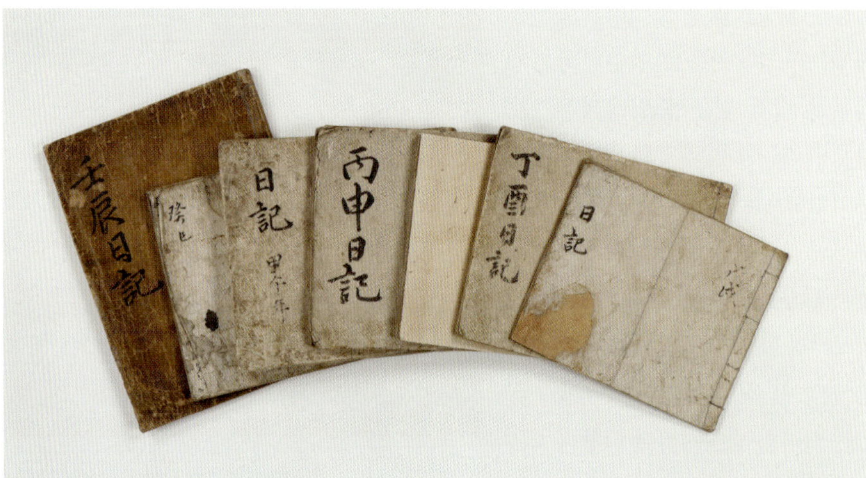

현충사

부끄럽게 여기는 것이다." 이런 좌우명을 실천하면서 관료생활을 이끌어 가던 이순신은 여러 직속 상관들과 갈등 관계에 놓이게 되었다. 심지어 통제사 시절에는 수군의 전략을 두고 임금과도 갈등을 빚었다. 그 결과는 파직과 투옥 그리고 백의종군이었다. 이순신은 임진왜란 발발 1년 2개월 전 전라좌수사로 발탁되는데 그 이전까지 2번의 파직과 1번의 백의종군을 하는 등 시련의 관료 생활을 하였다. 이순신이 전라좌수사로 발탁되기 직전의 직책은 정읍 현감이었다. 정읍 현감은 종6품의 직책이고, 전라좌수사는 정3품의 직책이니 7계급을 특진한 것이다. 비록 올 곧고 정의롭게 살겠다는 그의 인생관 때문에 우여곡절은 있었지만 조선 조정은 무인 관료로서의 이순신의 실력과 능력, 인품을 높이 평가

하였기 때문에 이와 같은 파격적인 인사가 이루어진 것이다.

전라좌수사가 된 이순신은 곧바로 전쟁준비에 돌입하였다. 그는 자신이 왜 전라좌수사로 발탁되었는지를 잘 알고 있었다. 이순신의 전쟁 준비의 백미는 거북선 건조이다. 거북선에 돛을 달고 지자, 현자 총통을 싣고 나가 사격훈련을 마친 날이 정확히 임진왜란 발발 하루 전인 1592년 4월 12일이었다. 적어도 이순신이 지휘하는 전라좌수군은 임진왜란 발발 하루 전까지 전투 준비를 끝내놓고 있었던 것이다. 이런 전투 준비에 기초하여 이순신은 임진왜란, 정유재란이 벌어진 7년 여 동안 40여 회의 해전에서 전승무패의 승리 신화를 창출하였다. 그는 이 기간 중에 700여 척 이상의 일본 함선을 격파하였으며, 6만 명 이상의 일본 병사를 전사하게 하였다. 이런 전과를 바탕으로 이순신은 임진왜란을 극복하는 역사의 주역이 되었으며 1598년 11월 19일 마지막 노량해전에서 장렬하게 전사한다. 향년 54세였다. 마지막 노량해전이 있던 날 자정에 이순신은 배 위로 올라가 하늘에 기도하였다. "이 원수 모조리 무찌를 수만 있다면 이제 죽는다 해도 여한이 없겠나이다(此讐若除, 死卽無憾)"

이순신이 전라좌수사로 임명될 즈음 이순신의 친한 친구가 꿈을 꾸었다. 높이는 하늘을 찌를 만하고 가지가 빽빽한 큰 나무가 있는데, 그 위에 헤아릴 수 없을 만큼의 많은 사람들이 올라가 몸을 기대고 있었다. 그런데 그 나무가 사람들의 무게를 지탱하기가 어려워 장차 뿌리 채 뽑혀 쓰러지려고 하는데 어떤 사람이 홀연히 나타나 몸으로 그것을 떠받들어 세우는데, 자세히 보니 그가 다름 아닌 이순신이었다는 것이다. 이순신이 우리의 역사에서 차지하는 위상을 상징적으로 나타내 주는 꿈의 내용이다.

임진왜란을 대비한 전쟁 준비

아니 땐 굴뚝에 연기가 나지 않는 것처럼, 준비 없는 승리는 없다. 임진왜란을 극복하는데 위대한 수군의 리더 이순신도 큰 몫을 했지만 그렇다고 모든 공로를 이순신에게만 돌리는 것도 올바른 시각이 아니다. 이순신은 홀로 싸운 것이 아니라 고려 말 이후 왜구의 침입에 대비하여 착실하게 준비해 온 자랑스런 수군의 전통을 등에 업고 싸웠기 때문이다. 아래에서는 임진왜란을 대비하여 조선 수군과 조선 조정 그리고 이순신의 전쟁 준비 상황에 대해 살펴보기로 한다.

조선 수군의 전쟁 준비

조선 수군의 전쟁 준비는 멀리 고려 말까지 거슬러 올라간다. 고려 때까지는 해전을 전문으로 하는 독립된 군으로서의 수군이 존재하지 않았다. 그러나 고려 말 수 많은 왜구의 침략은 수군 운용의 필요성을 제기하였으며 이 땅에 수군이 발전하게 되는 원인이

판옥선

되었다. 고려가 멸망하고 새로 개국한 조선은 초기부터 해전을 전문으로 하는 독립된 군으로서의 수군을 운영하였다. 수군력을 가늠하는 첫 번째 척도는 수군의 정원과 함선의 척수이다. 《세종실록지리지》나 《경국대전》에 명시된 수군의 정원은 약 5만 명이며, 함선의 척수는 700척에서 800척 정도이다. 당시의 인구를 500만 명에서 600만 명 정도로 추산해 볼 때 엄청난 규모의 병력이 아닐 수 없다.

수군력을 가늠하는 두 번째 척도는 무기체계이다. 임진왜란 당시 조선 수군의 무기체계는 천자, 지자총통으로 대표되는 대형 화약무기, 이른바 함포였다. 대형 화약무기인 함포 운영의 효시는 고려 말 고려 수군이다. 최무선 장군을 비롯한 고려의 군사 전문가들은 당시로서는 첨단 무기인 함포를 만들어 곧 바로 왜구를 퇴치하는 해전에 투입하였다. 1380년 지금의 군산 앞 바다에서 고려의 장수 나세(羅世), 최무선(崔茂宣), 심덕부(沈德符) 등의 지휘로 500여 척의 왜구 함선을 화약무기인 함포를 사용하여 불태운다. 이른바 진포(鎭浦) 해전이다. 3년 뒤인 1383년 남해의 관음포(觀音浦)에서 정지(鄭地) 장군의 지휘로 120여 척의 왜구 함선을 물리친 쾌거가 또 있었다. 함포를 사용한 최초의 해전이 자랑스럽게도 우리나라 역사에 있었던 것이다. 이렇게 볼 때 임진왜란 당시의 조선 수군은 고려 말 이래 200여 년 동안 함포 운영의 노하우가 축적된 첨단 수군이었다.

판옥선과 세키부네

수군력을 가늠하는 세 번째 척도는 함선의 성능이다. 잘 알려진 대로 임진왜란 당시 조선 수군의 주력함선은 판옥선(板屋船)이다. 판옥선의 기본 개념은 일본 배보다 크다는 데 있다. 판옥선 건조에 대한 논의는 임진왜란 발발 71년 전부터 기록에 보인다. 그렇다면 당시의 해양방위 전문가들은 왜 큰 배를 만들어야 한다고 극력 주장했을까? 그것은 칼 싸움을 잘 하는 일본의 병사들로부터 조선의 수군 병사들을 보호하기 위한 것이었다. 함포포격 전술이 도입되기 이전, 동 · 서양의 보편적 해전 전술은 등선육박전술(登船肉薄戰術)이다. 이른바 원 거리에서는 활이나 조총을 쏘면서 접근하다가 근접하여서는 사다리를 놓고 타고 올라가 백병전으로 승부를 내는 것인데, 이 때 병사들에게 가장 중요한 것이 칼을 다루는 능력이다. 그런데 한 · 중 · 일 동양 삼국 가운데 칼을 가장 잘 다루는 나라가 일본이었다. 조선의 해양방위 전문가들은 일본의 함선보다 큰 배를 만들면 마치 성 위에서 성 아래에 있는 적을 공격하는 것과 같은 양상이 되기 때문에 칼 싸움에 능한 일본 병사들의 전투력을 무력화시킬 수 있다고 생각하였다. 한산해전의 경우 일본 병사들은 6,000명에서 9,000명 정도가 사망한 반면 조선 병사들은 19명이 전사하였다는 사실에서 왜구의 해전 전술에 대비해서 만들어진 판옥선의 전투력이 얼마나 막강하고 효과적이었는지를 확인할 수 있다. 판옥선은 명종 10년(1555년)에 첫 시제품이 나왔으며 이후 10여 년 동안 대대적으로 건조되어 각 수영에 배치되어 임진왜란 해전에서 그 전투력을 유감없이 발휘하였다. 이른바 판옥선은 왜구 대비용 맞춤형 함선이었던 것이다.

임진왜란 때 일본의 주력 전함이었던 안택선

조선 조정의 전쟁 준비

임진왜란을 대비하여 조정에서는 어떤 전쟁 준비를 했는가? 과연 동인, 서인으로 나뉘어 당파 싸움에만 열중하면서 전혀 전쟁 준비를 하지 않은 것인가? 이런 역사관은 부분적으로는 옳지만 모두 맞는 것은 아니다. 당시 조선 조정에는 일본이 침략해 올 것이라는 위기감이 감돌고 있었다. 가장 노심초사한 사람은 아마도 임금인 선조였을 것이다.

임진왜란이 발발하기 4, 5년 전 임금인 선조는 대신들에게 명을 내린다. 직책이나 계급에 관계없이 유능한 무인(武人)을 천거하라는 지시였다. 이른바 '불차채용(不次採用)' 제도의 시행이다. 많은 대신들이 나름대로 유능한 무인을 천거했는데, 《조선왕조실록》의 기록에 의하면 이순신은 당시 이산해(李山海), 정언신(鄭彦信) 두 사람으로부터 각각 3위로 복수 천거되었다. 임금인 선조는 대신들이 천거한 무인들을 일본군이 침략해 올 길목에 지휘관으로 임명하였다. 임진왜란 발발 1년 2개월 전에 전라좌수사 이순신, 전라우수사 이억기가 임명되었으며, 임진왜란 발발 2개월 전에는 원균이 경상우수사로 임명되었다. 이순신의 경우 정읍 현감으로 근무하고 있을 때 고사리진(高沙里鎭) 첨사, 만포(滿浦) 첨사, 진도(珍島) 군수, 가리포(加里浦) 첨사 등 여러 번의 관직 임명과 취소가 되풀이 되었는데 결국 마지막으로 임명된 직책이 정3품 전라좌수사였다. 7계급 특진이라는 파격적인 인사에 대해서 사간원, 사헌부 등에서는 비판이 거세었다. 인사의 원칙이 무너진다는 것이 그 이유였다. 그러나 임금인 선조는 강력하게 이순신의 전라좌수사 임명안을 관철시켰다. 임진왜란을 대비하여 조정에서 취한 가장 훌륭한 조치가 이순신을 전라좌수사로 임명한 것이 아닐까 생각된다.

이순신의 전쟁 준비

이순신에게 임진왜란을 위해 준비할 수 있는 시간은 1년 2개월이었다. 1591년 2월에 전라좌수사로 부임한 이순신은 부임하자마자 전쟁 준비에 돌입하였다. 무너진 성을 보수하였으며, 보관하고 있는 무기를 점검하여 관리를 소홀히 한 관리에 대해서는 일벌백계 책임을 물었다. 이순신의 전투준비 태세의 백미는 거북선 건조이다.

거북선의 용도는 돌격선이다. 거북선은 기존의 판옥선 위에 거북 등 모양의 판자를 덮고, 배 앞에는 용머리 모양으로 그리고 뒤쪽은 거북이 꽁지처럼 만들었는데, 그 모양이 거북 형상을 하고 있었으므로 거북선이라는 이름을 붙였다. 거북선에는 선수와 선미에 각각 1문씩 그리고 좌우에 각각 6문씩 총 14문의 총통이 배치된, 당시로서는 최첨단의 돌격선이었다. 돌격선 용도로 건조된 거북선은 해전이 시작되면 가장 먼저 적의 지휘선을 향해 돌격하게 되는데, 이 때가 가장 위험한 상태가 된다. 일본 함선에 너무 가까이 접근한 상태가 되어서 칼싸움에 능한 일본 병사들의 표적이 되기 때문이다. 이 때문에 거북선은 판옥선의 선체를 기초로 상 갑판 위에 거북 등 모양의 덮개를 씌우고 칼이나 송곳을 꽂아 일본의 병사들이 배 위로 기어 올라 자유롭게 활동하지 못하도록 만든 것이다.

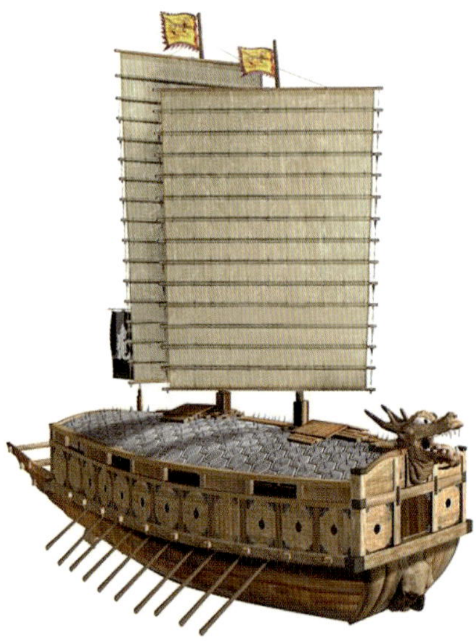
거북선 - 이순신은 이 최첨단 돌격선을 앞세운 새로운 해전 전술로 싸움마다 승리로 이끌었다.

이순신이 거북선을 만든 것은 판옥선의 문제점을 보완하기 위한 것이었다. 조선 수군은 당시로서는 최첨단 무기체계를 보유하고 있었지만 판옥선도 나름대로 문제가 있었다. 그것은 원거리에서 명중률이 현저히 떨어진다는 것이며, 명중률을 높이기 위해서는 가능한한 가까이 접근해서 함포를 쏘아야 하는데, 너무 가까이 접근했다가는 칼싸움에 능한 일본 병사에게 당할 수 있다는 취약점이 있었다. 이를 보완하기 위해서는 가까이 접근하여 총통을 쏠 수 있고 또한 일본 병사들의 장기인 등선육박전술로부터 조선 수군 병사들을 보호할 수 있어야 했는데, 거북선은 이런 요구를 충족하기에 안성맞춤인 함선이었다.

돌격선인 거북선이 만들어지자 이순신은 곧 바로 새로운 해전 전술을 개발하였다. 해전이 벌어지면 가장 먼저 거북선이 적의 지휘선을 향해 돌격한다. 그리고 5미터 내지 10미터 정도의 거리까지 접근하여 선수에 있는 용의 입구에 설치되어 있는 현자총통을 발사하여 적의 지휘부를 궤멸시킨다. 그리고는 돌아 나오면서 현측에 설치되어 있는 6문의 총통을 활용해 지휘선을 격파한다. 그 다음 조선의 주력 함선인 판옥선이 일제히 전진하면서 지휘관을 잃고 우왕좌왕하는 일본 함대를 각개 격파한다. 처음에는 총통을 쏘아 함선의 갑판과 상부 구조물을 격파하고, 은신처를 잃은 일본 병사들이 갈팡질팡할 때 조선 병사들의 장기인 활이 위력을 발휘한다. 일본 병사들의 칼싸움 능력이 동양 삼국 가운데 최고라면, 활 쏘는 실력은 조선 병사들이 최고였다. 갑판 위의 일본 병사들은 조선의 사부(射夫)들에 의해 모조리 사살된다. 모두 사살되어 갑판 위가 조용한 상태가 되면 조선의 함선들은 일본의 함선에 가까이 접근하여 화약과 짚을 버무려 불을 붙인 물체를 투척하여 태워버린다. 이른바 분멸(焚滅)이다. 이순신의 신예 해전전술은 거북선 돌격에 의한 지휘선 격파 및 지휘관 사살, 판옥선의 총통 공격에 의한 격파, 활을 이용한 사살, 화약을 이용한 분멸이라는 일관된 패턴으로 정형화 되었으며, 이런 해전 전술은 임진왜란 해전에서 매우 큰 효과를 보았다.

이순신이 개발하여 한산해전에서 사용된 것으로 널리 알려진 학익진(鶴翼陣)은 현측에 배치된 총통을 가장 효율적으로 활용할 수 있는 진형법이다. 한산해전에서 조선 함대를 향해 진격해 오는 일본 함대에 대해 이순신은 학익진을 펼쳐 먼저 선두에서 진격해 오고 있는 2, 3척에 화력을 집중하여 순식간에 격파한다. 학익진은 선수가 아니라 현측을 적선을 향하게 하는 진형법으로 현측에 배치되어 있는 다수의 총통을 일시에 사용하기 위한 것이다. 당시 판옥선에는 선수에 2문, 좌우 현측에 각각 8문씩 총통이 배치되어 있었다. 따라서 적선과 조우했을 때 가장 중요한 것은 총통의 사정거리에 들어오는 적절한 시점에 함선의 현측이 적을 향하도록 기동을 하는 것이다. 이순신은 근대 해군의 핵심 해전전술인 함포포격전술을 완벽하게 구사하였다. 당시 동·서양을 통틀어 함포포격전술을 이순신처럼 완벽하게 구사하는 지휘관은 없었다. 그런 면에서 이순신이 구사했던 한산해전에서의 학익진은 근대 함포포격전술의 효시라고 그 역사적 의미를 자리매김할 수 있을 것이다.

이런 전쟁 준비가 있었기 때문에 지상전에서의 패퇴에도 불구하고 조선 수군은 옥포해전부터 승전보를 올렸으며, 임진왜란을 극복하는 역사적 주역의 역할을 수행할 수 있었다. '준비 없는 승리는 없다'는 사실을 임진왜란은 우리에게 웅변으로 증명해 주고 있는 것이다.

● 주요 해전과 그 승리의 의미 – 한산해전, 명량해전, 노량해전

임진왜란에서 조선 수군의 해전에서의 승리는 조선이 임진왜란을 극복하는 데 어떤 역할을 했을까? 잘 알려진 것처럼 1592년 4월 13일 부산에 상륙하면서 임진왜란이 시작된다. 부산진 첨사 정발(鄭撥), 다대포 첨사 윤흥신(尹興信), 동래부사 송상현(宋象賢) 등 우리의 리더들은 나름대로 최선을 다해 싸웠다. 그러나 체계적인 준비를 토대로 조선을 침략한 일본군을 저지하기에는 역부족이었으며 20일이 채 못 된 5월 2일 수도 한성(漢城)이 함락되었다.

한산해전

연전연패의 지상군과 달리 조선 수군은 옥포해전을 시작으로 임진년(1592년) 첫 해에

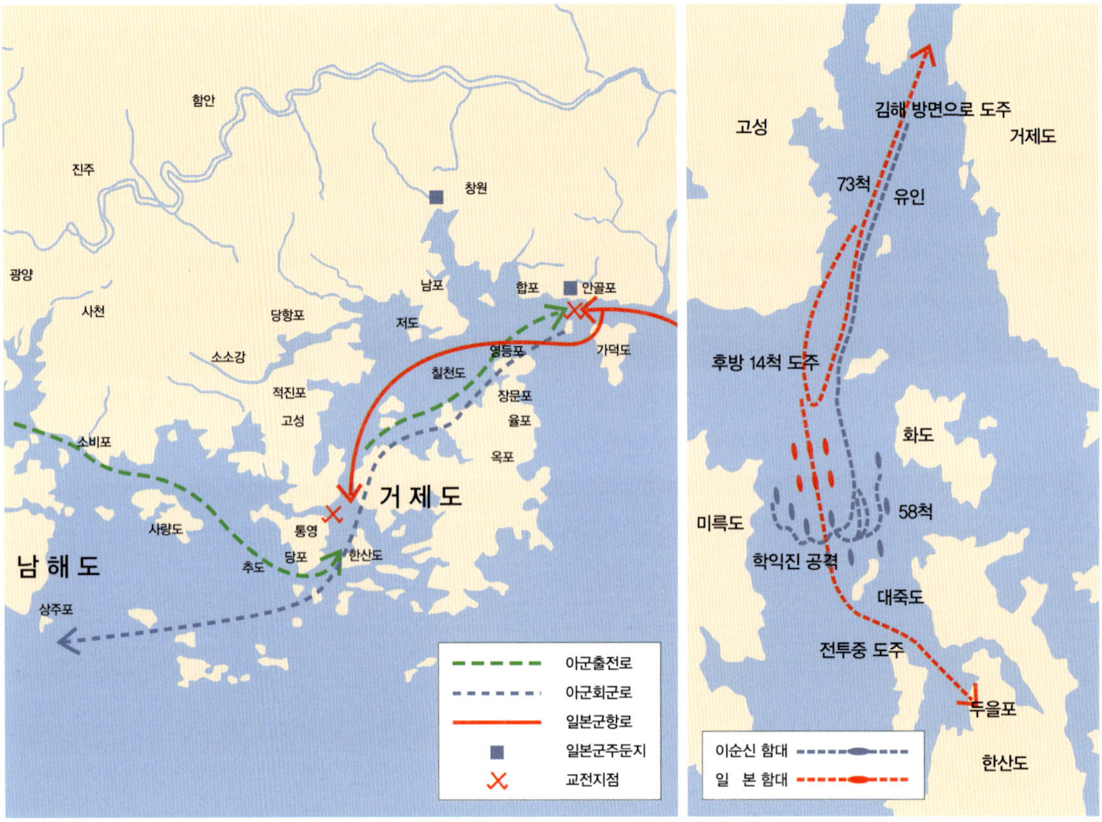

임원빈

한산해전 상황도

4번의 출동에서 10 여 차례의 해전을 모두 승리로 이끌며 남해의 제해권을 장악하였다. 특히 제3차 출동 중에 있었던 한산해전에서는 와키자카 야스하루가 이끄는 일본의 수군 정예부대 73척 중 59척을 격파하는 쾌거를 이룩하였다. 한산해전에서 완패한 일본 수군은 전의를 상실하였으며, 이 소식에 접한 도요토미 히데요시는 조선 수군과 해전을 벌이지 말 것을 지시하였다. 남해의 바닷길을 차단 당한 일본군은 보급에 심각한 타격을 받게 되었으며, 함경도와 평양까지 진격했던 일본의 선봉부대는 더 이상 진격하지 못하고 남해 연안으로 후퇴하지 않을 수 없게 되었다. 명나라에서의 구원병 파병과 평양성 전투에서의 승리는 일본군의 진격을 막는데 크게 기여했지만 조선 수군의 남해의 제해권 장악 또한 일본의 조선 침략의 목적을 좌절시키는 데 큰 몫을 했다.

한산해전의 승리로 남해의 제해권을 장악한 이순신은 임진년 다음 해인 1593년 여름에, 한산도에 삼도 수군의 전진기지를 설치하였다. 그리고 남해의 바닷길 차단 작전은 이순신이 통제사에서 파직되는 정유년(1597년) 초까지 성공적으로 지속되었다. 남해의 바닷길 차단 전략은 크게 두 가지의 큰 의미를 지닌다. 첫째는 앞서 설명한 것처럼 바닷길을 통한 보급로를 차단함으로써 일본군이 더 이상 북쪽으로 진격할 수 없도록 만든 것이며, 둘째는

명량해전이 벌어졌던 울돌목 전경

곡창인 호남을 보전할 수 있게 되어 조선이 전쟁을 수행할 수 있는 경제적 토대를 마련할 수 있었다는 것이다. 그 결과 일본군은 한성에서 후퇴하여 1593년 5월 경 부터 부산을 비롯한 남해 연안에 성을 쌓고 1597년 정유재란이 일어날 때까지 수세적으로 부대를 운영하게 되었다.

명량해전

일본은 명나라와의 강화회담이 결렬되자 재침을 위한 준비를 시작했으며 1597년 7월 칠천량 해전을 시작으로 대대적인 침략을 감행하였다. 이 때 동원된 병력은 14만 명이 넘었으며 그 목적은 호남을 공략하고 한성 이남의 땅을 장악하기 위한 것이었다. 일본의 선봉 부대는 하동, 구례, 남원, 전주를 거쳐 일시에 호남을 장악하였으며, 명량 해전이 벌어지는 1597년 9월에는 이미 한성의 코 앞인 충청도 직산까지 진격하였다. 조선 수군의 칠천량해전의 패배와 통제사 원균의 전사로 이순신은 1597년 8월 다시 통제사에 임명된다. 통제사가 된 이순신은 비록 어렵웠지만 기적과 같은 승리를 일구어 내었다. 명량해전의 승리를 통해 조선 수군은 그 건재함을 대내외에 과시하였다. 그리고 비록 남해의 바닷길은

노량해전 상황도

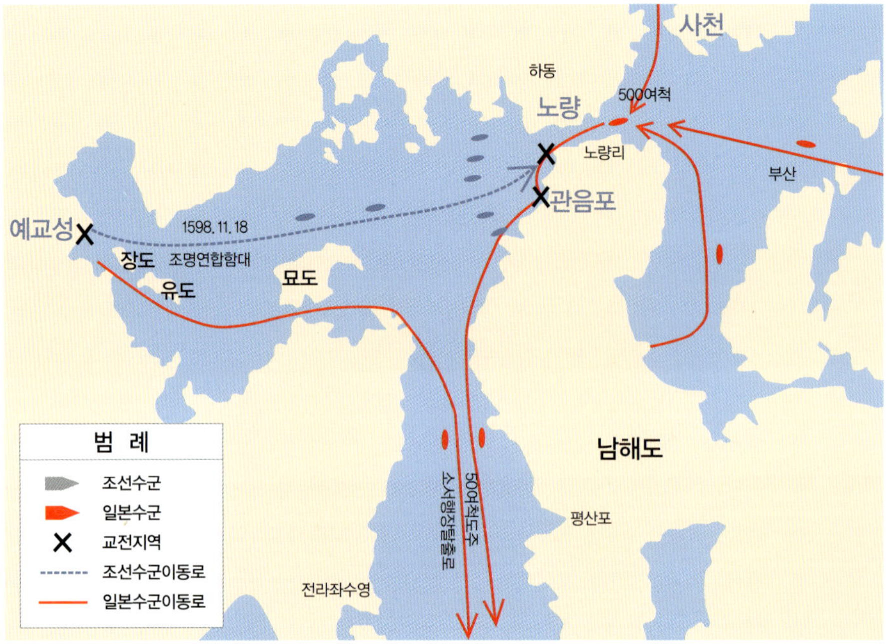

임원빈

내어 주었지만 다시 명량의 물목을 차단함으로써 충정도 직산까지 진격했던 일본의 선봉부대 그리고 전라도를 공략하고 있던 일본군들을 위축시켰으며, 결과적으로 그들을 순천 등의 남해안 연안으로 후퇴하게 만들었다. 명량해전의 승리는 다음의 두 가지 큰 의미를 가진다. 첫째는 조선 수군의 건재 과시 및 재건의 토대를 마련한 것이요 둘째는 수륙협공으로 경기도 이남의 땅을 장악하여 조선침략 전쟁을 승리로 장식하려던 도요토미 히데요시의 의도를 원천적으로 무력화시켰다는 것이다.

노량해전

마지막 노량해전은 이순신의 역사의식, 가치의식이 반영된 해전이다. 당시 이순신은 명나라 수군 장수 진린과 더불어 순천의 예교성에 있는 고니시 유키나가의 1만 5천 병력을 해상 봉쇄하고 있었다. 도요토미 히데요시의 사망과 더불어 철수 명령을 받은 일본군은 일본으로 돌아갈 준비를 하고 있었으며, 울산, 부산, 안골포, 사천, 남해 등지의 일본군은 철수하는데 별 문제가 없었다. 그러나 조명 수군 연합 함대에 의해 바닷길의 퇴로를 차단당한 고니시 유키나가의 부대는 쉽게 돌아 갈 수가 없었다. 이순신이 지키고 있었기 때문이었다. 임진왜란을 벌어지자 이순신은 하늘에 맹세를 하였다. 그것은 패륜적이고 반역사적인 침략자 일본군에 대해 하늘을 대신하여 철저히 응징하여 이 땅에 정의가 살아 있음을 보여주어야 한다는 것이었다. 그렇게 하기 위해서는 단 한 척도, 단 한 명도 일본으로 돌아가지 못하게 해야 한다는 것이 이순신의 생각이었다. 그런 면에서 이순신이 순국한 마지막 노량해전은 '정의가 승리하는 역사를 만들어야 한다'는 그의 가치의식, 역사의식이 반영된 상징적 해전이다.

현충사

충남 아산시 음봉면에 있는 충무공의 묘소

● 위대한 리더 이순신

실력과 전문성을 갖추고 괄목할 만한 성과를 창출한 리더를 필자는 '유능한 리더'라고 한다. 40여 회의 해전을 승리로 이끌면서 최소 700여 척 이상을 격파 및 나포하고, 6만 명 이상의 일본 병사들을 전사시킨 이순신의 전과는 그를 '유능한 리더'라고 불러 손색이 없다. 그러나 우리는 이순신을 '유능한 리더'를 넘어 '위대한 리더'라고 부른다. '위대한 리더'는 단순히 성과창출만으로는 되는 것이 아니며 창출된 성과 속에 인류의 보편적 가치가 내재되어 있어야 하며 나아가 고결한 인격까지를 갖추어야 한다.

이순신이 창출해낸 승리의 성과 속에는 '정의가 승리하는 역사를 만들어야 한다'는 가치의식이 내재되어 있다. 그가 단순히 병법과 전략전술에 탁월한 재능을 가진 리더였다면 우리는 그를 '유능한 리더'라고 부를지언정 '위대한 리더'라고 추앙하지 않을 것이다. 그는 전쟁을 일으킨 침략자 일본군을 철저히 응징하는 것이야말로 이 땅에 평화를 지키고, 정의가 흘러 넘치는 역사를 만드는 지름길이라고 생각하였다. 그런 면에서 '단 한 척도 일본으로 돌아가지 못하게 하겠다'고 한 평소의 신념을 실천한 마지막 노량해전은 이순신의 승리가 단순한 승리가 아닌 가치의식, 역사의식까지를 내포한 위대한 승리였음을 보여주는 상징적 해전이다.

어려운 시대를 살아갔지만 이순신의 주변에는 언제나 유능한 지휘관, 참모, 의병, 승병 심지어 백성들로 넘쳐났다. 자신보다는 나라와 백성을 먼저 생각하고, 불의와 타협하지 않고 꿋꿋하게 정의로운 길을 향해 가는 이순신의 고결한 인격에 감화되었기 때문이다. 이순신의 고결한 인격이 조선의 민, 관, 군의 전투역량을 결집시켜, 시너지화 된 막강한 전투력이 모든 해전에서 승리할 수 있었던 원동력이었던 것이다. 정의롭고, 올곧은 이순신은 상관과의 갈등과 마찰을 겪으면서 22년간의 관료 생활 동안 총 3번의 파직과 2번의 백의종군이라는 징계를 받았다. 그러나 나라가 이순신을 필요로 할 때 그는 언제나 위기 극복의 중심에 있었다. 이순신의 주변에는 그의 능력과 인품을 높이 산 류성룡을 비롯한 많은 후원자들이 있어 그를 지켜주었기 때문이었다. 우리 사회 곳곳에 '전문성'과 '가치의식' 그리고 '고결한 인격'까지를 갖춘 이순신 같은 위대한 리더가 살아남을 수 있는 생태계가 조성되는 날이 대한민국이 선진 일류국가가 되는 날일 것이다.

해양사 산책

장학근 전 순천향대학교 이순신 연구소장

● 해상(海商) 여인과 국제결혼한 수로왕

1세기경의 가야는 철기문명을 소유한 부족연맹의 국가였다. 여러 부족의 맹주격인 수로왕은 김해지역을 중심으로 해상무역과 철기문명을 이용한 농업으로 풍요를 구가하고 있었다. 신민으로부터 존경을 받던 수로왕의 결혼 모습이 삼국유사에는 다음과 같이 경이롭게 기록되어 있다.

"'짐이 이 땅에 내려온 것은 하늘의 명이니 짐의 배필이 되어 왕후가 될 사람도 역시 하늘에서 명할 것이니 경들은 염려하지 말라'하고 신하들에게 망산도에 나아가 기다리게 하였다. 이때 홀연히 바다 서남쪽에서 붉은 돛과 기를 단 배가 북쪽을 향해 다가왔다. 신하들이 망산도에서 불을 밝혀 흔드니 배에 탔던 사람들이 다투어 내렸다. 신하들이 안내하려 하니 '내가 평소 너희들을 알지 못하였는데 어찌 경솔히 따르겠느냐'라고 안내를 거절하자 신하들이 이 사실을 왕께 아뢰었다. 왕이 신하들을 데리고 대궐 밖 60보쯤 되는 산기슭에 장막을 치고 기다렸다. 왕후는 별진포에 배를 댄 후 내려 입었던 비단옷을 벗어 그것을 폐백으로 산신령에게 보냈다. 왕후가 임금계신 곳으로 다가 오자 왕이 영접하여 함께 장막 궁전으로 들어갔다."

위 기록에서 수로왕의 부인이 된 허왕후가 타고 온 배가 붉은 돛을 달고 왔으며, 신하들의 안내를 매몰차게 거절하고, 애타게 그리던 님을 만나기 전에 먼저 산신령에게 폐백을 드렸음을 알 수 있다. 또한 화려한 궁궐을 마다하고 임시로 마련한 장막의 궁전에서 신혼의 첫밤을 지낸 점에서 이국적인 모습을 발견하게 된다.

허왕후의 출신지에 대하여 인도 고대의 아요디아 백성의 일부가 한족의 박해로 양자강 연안의 무한지방 진주(普州)에 살다가 동지나해를 건너 김해로 왔다는 남방항로 도해설과

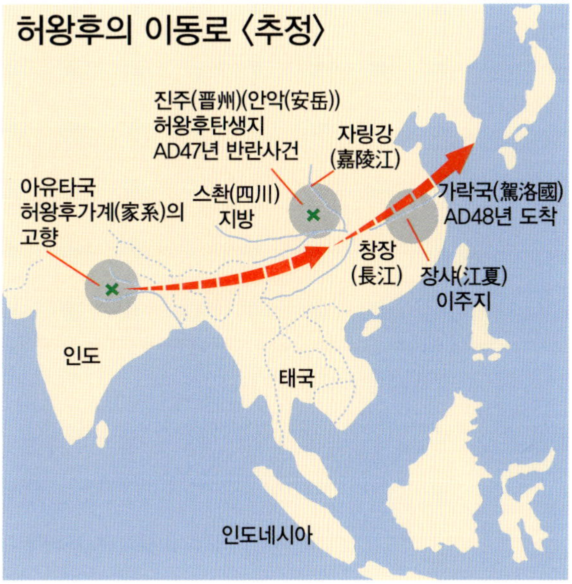

허왕후의 이동로 추정

시베리아계의 부족이 발해만에 정착했다가 북방연해를 따라 남하하여 김해로 왔다는 북방해로 남하설이 있다. 학설은 다르지만 허왕후계의 부족은 김해의 부족과는 다른 이민족이었으며, 해상 무역을 주업으로 했었던 부족이라는 데는 이론이 없다. 허왕후의 결혼 기사에서 해상무역이 활발히 행해지고 있음이 주목된다. 즉 허왕후가 김해에 배를 타고 도착했을 때, 갖고 온 예물에는 비단옷, 천, 금은, 주옥, 유리그릇 등이 이루 헤아릴 수 없었다는 기록과 결혼 후 왕비가 타고 온 배를 돌려 보낼 때 뱃사공 15명에게 각각 쌀 10석과 베 30필을 주어 돌려 보냈다는 사실에서 가야국은 사치품을 수입하고 생필품을 수출하였음을 알 수 있다. 또한 당시 해상교역에 동원된 배는 최소한 쌀 150석과 베 300필이상 적재할 수 있는 범선이었음을 짐작할 수 있다.

허왕후가 5월에 아유타국을 출발하여 7월 22일에 김해에 도착하였다는 기록을 상기해 볼 때 2개월 정도 풍랑을 헤치고 항해할 수 있는 견고한 범선의 왕래는 단순한 문물교역만으로 행해진 것이 아니었음을 알 수 있다. 첫 만남에서 수로왕은 "신하들이 왕비를 맞으라는 청이 있었지만 듣지 않았더니 이렇게 현숙한 부인을 맞이하게 되었구려"하고 말하자, 왕비는 조용히 "소녀는 아유타국(阿踰陀國) 공주인데 성은 허씨요 이름은 황옥이며, 나이는 16세입니다"라고 낭낭하게 말했다는 사실은 가야의 상인들이 아유타국에 많이 왕래하였기 때문에 그들로부터 16세의 어린 소녀가 결혼 전에 가야의 말을 배워 님과의 첫 만남에서 사랑의 밀어를 호롱불 아래서 나눌 수 있었음을 짐작케 한다. 이처럼 1세기에 있었던 수로왕의 국제 결혼은 당시 해상교역이 단순한 물물교환의 범위를 넘어 언어와 제도 같은 보이지 않는 문화의 교류가 해상을 통해 이루어졌음을 보여준다는 점에서 중요한 역사의미를 지닌다.

● 신라와 이슬람 문명의 만남

신라는 초기에는 고구려, 백제 사신과 동반하여 중국과 외교관계를 유지하였다. 이때 신라 사신과 조공무역선이 이용했던 항로는 북방항로(서해안 덕적도에서 출발하여 고구려 연안을 따라 중국을 왕래하던 항로)였다. 국력이 신장된 신라는 진흥왕 25년부터는 중국에 단독 사신을 파견하였다. 이는 부국강병을 위해서는 백제와 고구려의 간섭에서 벗어나 독자적인 외교와 국제무역을 할 필요성이 제기되었기 때문이다. 독자적인 대중국 외교와 국제무역을 뒷받침하기 위하여 신라는 서둘러 해군을 창설 확장하였다. 진평왕 5년(서기 583)에 선부서(船府署)가 신설되고 이를 관장할 태감(太監), 제감(弟監) 각 1명씩을 배치하여 선박의 건조와 해군병사를 훈련시키게 하였다. 점차 무역의 규모가 커지자 선부령 1명을 추가 배치하고, 신문왕 8년(688)에는 선부서를 선부경(船府卿)으로 승격시켜 선박 건조와 무역, 그리고 해군의 조직과 훈련을 관장케 하였다. 이렇게 신라의 경제력과 군사력이 급격히 강화되자 고구려는 신라의 대당 항로인 북방항로를 완전 봉쇄하였다. 신라는 국가 경제의 생명선인 중국과의 교역로가 막히자 과감히 새로운 항로를 개척하였다. 그것이 바로 황해 횡단로(덕물도-산동반도 소주 왕복)였다. 삼국을 통일한 신라는 발해와의 관계악화로 이 황해 횡단로를 계속 유지 발전시켰다. 이 황해 횡단로로 신라와 중국의 사신과 상선이 오고갔을 뿐만 아니라, 이슬람인들이 신라에 입국하고 신라의 승려들이 외국유학의 길을 떠났던 것이다. 아랍의 역사지리학자인 이븐 쿠르다지바는 그의 저서 「제도로 및 제왕국지」에 8세기 이슬람인들이 본 신라를 다음과 같이 기록해 놓았다.

"중국의 맞은 편에는 많은 산과 왕국들이 있는데 그곳에 바로 신라국이 있다. 이 나라는 금이 많으며 무슬림들이 일단 들어가면 그곳의 훌륭함 때문에 정착하고 만다."

알 마끄디시는 그의 저서 「창세와 역사서」에 신라의 자연환경을 다음과 같이 묘사하였다.

"중국의 동쪽에 한 나라(신라)가 있는데 그 나라에 들어간 사람은 그곳이 공기가 맑고 부유하며 땅이 비옥하고 물이 좋을 뿐 아니라 주민의 성격이 또한 양순하여 그곳을 떠나려 하지 않는다."

그리고 천문지리학자였던 앗 디미시끼는 「대륙과 대양의 경이에 대한 시대적 정선」이라는 저서에서 신라의 지하자원을 다음과 같이 기록하였다.

통일신라의 공예품들
금동불입상(좌상), 청동불입상(우상), 청동정병(좌하), 청동사리병(우하)

동국대박물관

신라 초기의 배모양 토용

"신라는 여러 종류의 강옥(鋼玉)과 귀중한 보석으로 충만된 좋은 지층을 가지고 있다……. 광산, 지하광 및 강바닥에 귀중한 보석이 많이 포함되어 있다."

이들의 증언처럼 신라시대의 고분과 유적에서는 각종의 보석과 금은 주옥들이 다량 출토되는데 그 공예기법이 뛰어남을 볼 수 있다. 8세기에 신라가 이슬람인들에게 관심을 끈 것은 풍부한 황금이었다. 금동불상과 범종은 신라의 금속공예가 매우 높은 수준에 도달했음을 보여주는 것이며, 금의 광범위한 용도와 다산을 입증해 주는 것이다. 신라의 황금에 대한 아랍 무슬림들의 관심에서 주목되는 것은 신라의 연금술이 아랍에 전해졌을 가능성이다. 일반적으로 금속공예의 발달은 연금술의 발달과 불가분의 관계가 있다. 역사적으로 고찰할 때 연금술의 내용은 크게 두 가지의 화학 기술로 구분되는데 첫째는 동, 납, 주석, 금, 은 등 금속 제조기술이고, 둘째는 불로장생의 선약 제조술이다. 중국을 비롯한 동양의 여러 나라에서는 도가사상에 힘입어 진사(辰砂)와 황금을 배합하여 선약을 만드는 것을 연단술이라 하였다.「신농본초」(神農本草)는 연단술과 약물학을 집대성한 것인데 여기에 인삼과 금설(金屑)을 포함한 11종의 한국 약재가 소개되어 있다. 이책에 금가루인 금설은 독이 있어 정련하여 복용치 않으면 죽지만 한국의 금설은 잘 정련되어 효험이 좋은 진약이라고 기록하고 있어 신라의 연단술 재료와 기술이 아랍상인을 통해 아랍 여러 나라에 전해졌을 가능성을 시사하고 있다.

아랍 이슬람인들 만이 일방적으로 신라로 입국한 것은 아니다. 같은 시기에 신라인들도 아랍 이슬람의 여러 나라를 순방하였는데 그 기록 중에 대표적인 것이 바로 신라의 고승 혜초(慧超, 704-0787)의「왕오천축국전」(往五天竺國傳)이다. 약관 16세 (성덕왕 18년)에 황해 횡단로를 통하여 당나라에 들어간 혜초는 인도의 고승 김강지(金剛智)와 그의 제자 불공(不空)을 만나 불교의 발원지를 순례할 것을 권유받았다.

그는 아랍인들이 개척한 해상 비단길을 따라 인도에 가게 되었으며, 약 4년간 인도와 아랍 이슬람 여러 나라를 순방하고 당나라 장안으로 돌아왔다. 신라출신의 고승 혜초의 아라비아 역방은 신라와 아랍 이슬람 여러나라의 관계사뿐만 아니라 동서문화 교류사에도 큰 의의를 지니고 있다. 즉 혜초는 한국인으로서는 최초로 아라비아를 다녀왔으며 한문화권에 속하는 사람으로서는 처음으로 아라비아 현지 견문록을 남기고, 인도, 페르시아, 아라비아, 중앙아시아에 관한 귀중한 지식을 소개, 전달함으로써 동서문화교류의 개척자 역할을 하였다. 그리고 그가 남겨놓은 저서는 8세기 무렵의 인도와 중앙아시아 및 페르시아와 아라비아에 관한 생동적이고 정확한 기록으로 이 방면의 연구에 귀중한 자료가 되고 있다.

8세기의 신라와 이슬람 문명의 만남은 오늘에 살고 있는 우리에게 아랍 이슬람문명의 재도전이라는 사명을 제시하고 있는 것이다. 그것은 석유 위기가 닥칠 때만 아랍을 생각할 것이 아니라 저 혜초처럼 살아 숨쉬는 연구와 접근이 필요하다는 것을 말해 준다.

불행하게도 신라와 아랍문명의 만남에 이용되었던 선박의 구조를 밝힐만한 자료는 없다. 신라 초기의 토용(土俑)에 나타난 배의 모형과 안압지에서 발굴한 소형쪽배를 토대로 하여 황해바다를 횡단하는 배를 추측할 때, 평저선에 돛과 노를 사용한 것으로 보인다.

● 통신사 박서생의 경제첩보

조선은 국가안보와 선진문화의 수입이라는 측면에서 명과 사대관계를 중요시 했다. 여진과 일본은 침략과 약탈을 방지하기 위해 경제 문화적 혜택을 베푸는 교린관계를 유지했다. 그래서 일본에 파견되는 통신사들은 일본사람보다 유식하다는 문화적 우월감을 갖고 일본을 다녀왔다. 그들의 보고서에는 일본의 저급한 문화생활을 소개하고 그들이 조선의 선진문화를 갈망하고 있다는 내용이 주류를 이루고 있다. 그런데 세종 11년(1429) 12월 3일 일본을 다녀 온 박서생(朴瑞生)만은 일본 문화에도 우리가 받아들여야 할 점이 있다는 이색적인 보고를 했다(세종실록, 세종 11년 12월 3일). 그 내용을 요약해 살펴보면 다음과 같다.

첫째, 일본 농민들은 수차(水車)를 사용해 논과 밭에 물을 대어 우리보다 많은 수확을 하고 있다. 수차 사용법이 우리나라에 없어 데리고 간 김신에게 그 원리를 알아보게 했는데, 일본 수차는 물이 떨어지는 힘을 이용해 수차가 저절로 돌아가면서 물을 퍼 올려 논밭에 물을 대고 있다고 한다. 우리나라의 내나 강은 물살이 약하긴 하지만 일본의 수차와 같은 모양을 만들어 발로 밟아 물을 퍼 올리면 두레박을 사용하는 것 보다 힘이 크게 절감 될 수 있을 것이다. 일본 수차의 모형을 그려 보내니 그 모형을 본 따 수차를 만들어 사용해 보는 것이 좋을 것이다.

둘째, 일본은 온 나라에 동전을 사용하고 있다. 우리나라가 면포나 미곡으로 물물 교환하는 것과 달리 일본은 동전을 사용하고 있기 때문에 먼 길을 여행하는 사람이라도 식량은 갖고 다니지 않고 동전만 허리에 차고 길을 떠난다. 또 길 가에는 여행자를 위해 잠자고 먹을 수 있는 집을 설치해 놓고, 여행자를 손님으로 맞이하고 있다. 여관 주인이 받는 동전의 가치에 따라 사람과 말에게 편의를 제공한다. 강과 내(川)에는 배를 잇대어 다리를 만들어 놓고 건너다니는 사람에게 돈을 받아 생활하고 다리를 보수하는 비용으로 사용한다. 일본은 토지세에서 다리의 통행세에 이르기 까지 모두 동전을 사용하는 데 익숙해 무거운 짐을 지고 먼 길을 가는 노고가 없다.

셋째, 일본 사람들은 남녀노소 구분 없이 목욕을 해 항상 몸을 깨끗이 하는 것을 좋아한다. 그래서 집집마다 욕실이 있고, 마을마다 목욕탕이 있어 주민들이 편리하게 사용하고 있다. 물 끓이는 사람이 호각을 불면 사람이 동전을 내고 목욕한다. 우리도 제생원, 혜민국, 광통교 등과 같은 의료기관과 지방의 의원 등에 욕실을 설치하여 몸을 깨끗하게 하고 또 돈을 사용하는 방법도 터득시키는 것이 좋겠다.

넷째, 일본의 상가 제도는 상인들이 각기 자기 상가 처마 아래에 널빤지로 진열대를 만들어 놓고 그 위에 물건을 진열해 먼지가 묻지 않고 손님이 물건을 보고 쉽게 고를 수 있다. 진열된 물건은 신분의 귀천 없이 누구나 살 수 있다. 우리나라 시장은 마른 것이나 젖은 물건을 구별해 진열하지 않고, 생선이나 육류 또는 채소를 모두 흙바닥 위에 두고 팔고 있어, 행인들이 물건 위에 앉기도 하고 물건을 밟기도 한다. 이제부터 종로에서 광통교까지 상점 처마에 보첩을 달고 보첩에 단을 만들어 어느 칸에 무슨 물건을 진열하고 있는지 표시를 해 손님이 쉽게 물건을 보고 살 수 있게 해야 한다.

다섯째, 통역 견습생 이생이라는 자가 이번 통신사 일행으로 일본을 다녀오는 길에 감자(甘蔗: 고구마를 말함) 종자를 구해왔다. 고구마는 맛이 달고 좋아서 생으로 먹으면 기갈을 해소하고 삶으면 사탕이 된다. 유구 사람이 중국 강남지방에서 종자를 얻어다 심은 것을 일본 사람이 유구에서 종자를 얻어다 일본에 심었다고 한다. 또 서여(마)라는 것을 얻어다 심었는데 큰 것은 기둥만하고 작은 것은 서까래만 하다. 그 종자도 구해다 우리나라에 보급하면 좋겠다.

박서생의 보고는 우리 삶을 보다 풍요롭고 편리하게 할 수 있는 경제첩보였다. 우리나라도 태조 3년 이민도가 동전 사용을 건의한 바 있다. 태종1년(1392)에 그 건의를 받아들여 동전보다 더 간편한 저화(楮貨: 지폐)를 만들어 시행했지만 전국적으로 보급되지 못했다. 세종 5년(1423)에 조선통보라는 동전을 주조했지만 그것도 통용되지 못하자 다시 면포를 기준으로 하는 물물교환이 지속되었다. 이런 불편한 조선의 현실과 달리 통신사 박서생의 눈에 비친 일본의 경제생활, 즉 중앙과 지방에 이르기 까지 간편한 동전이 사용되고 있다는 점은 부러움의 대상이 아닐 수 없었다. 또 일 년에 한 두 차례 목욕을 하는 우리 실정과 달리 집집마다 욕실이 구비되어 있고 마을마다 공중 목욕탕시설을 갖추고 있는 일본이 우리보다 청결한 생활을 하고 있음을 체험한 것이다. 유속을 이용해 관개사업을 하는 일본의 수차는 노동력을 줄일 수 있는 대안이었다. 일본상가 진열대에 가지런히 진열된 상품은 길가 맨 땅에 펼쳐져 있는 우리 노점상과 비교할 때 부러움의 대상이었다. 일본의 고구마와 마는 세종 때까지 우리나라에 도입되지 않은 식품이다. 그 종자를 구해 보급하면 좋을 것이라는 의견은 국가 차원에서 식생활의 개선과 시급한 구황정책일 수 있었다. 그러나 박서생의 경제첩보는 실속 없는 문화우월주의에 침잠되어 있는 관료들의 관심 밖의 일 이었다. 아쉬운 것은 세종마저 박서생의 경제첩보에 주목하지 못했다.

세종대왕기념사업회

세종대왕 어진

세종과 주변 관료들의 관심은 모두 중국의 문화수입에 있었다.

● 미지의 섬 무릉도, 요도, 삼봉도를 찾아서

조선 초기 수립된 해금정책(海禁政策)은 입지적으로 활발해야 할 해양활동을 위축시키는 작용을 하였다. 이러한 제한적 요소에도 불구하고 세종때부터 성종때까지 무려 63년간 새로운 섬을 찾으려는 노력이 계속된 사실이 있다.

세종 원년(1418년) 노비 원서(元瑞)의 무리가 무릉도에 들어가 살 것을 모의하다 적발되고, 불과 3일 후인 4월 7일 무릉도에 살던 17명의 남녀가 경기도 평구역 마을에 나타나 양식이 떨어졌다는 호소를 하게 되었다. 보고에 접한 세종은 "백성으로 하여금 굶주리고 곤궁한 일이 없게 하라"는 지시와 함께 안무단 50명을 두척의 군선에 분승시켜 무릉도민을 위로하고 무릉도에 관하여 조사케 하였다. 무릉도에 대한 조사가 진행되고 있는 동안 강원 감사 유계문이 "무릉도는 토지가 비옥하고 산물이 많으며, 선박의 정박이 가능하니 백성을 모집하여 살게 하고, 만호와 수령을 배치하여 백성을 보호하자"는 무릉도 경영론을 주장하였다.

한편, 10월 20일 조사를 마치고 돌아온 안무단은 "무릉도에는 별다른 산물이 없다"는 보고와 함께 "살고 있는 백성을 본토로 귀환시켜야 한다"는 무릉도 공도론을 건의하였다. 무릉도에 대한 경영론과 공도론이 논의되고 있을 때, 새로운 섬 요도가 무릉도 근해에 있다는 보고가 강원도 감사와 함길도 감사로부터 중앙에 보고되었다. 세종은 미지의 섬인 요도에 깊은 관심을 표명하면서 양도 감사에게 요도의 지형과 항도를 자세히 조사 보고하라고 지시하였다. 그 결과 함길도 감사로부터 목측으로 남해상(함길도에서)에 3개의 봉우리가 있는 섬을 발견했다는 보고가 있었으나, 인접지역인 강원도로부터는 특별한 보고가 없었다. 세종은 강원 감사에게 "요도의 위치는 반드시 확인해야 한다"고 말함으로써 미지의 섬을 찾아내야 한다는 강한 의지를 표시하였다. 그리고 매년 요도 발견자에 대한 포상을 시달하였다. 이러한 노력에도 불구하고 요도 탐색이 진전을 보지 못하자 세종은 "진실로 바다 가운데 있다면 어째서 찾지 못하는가?" 라고 실망감을 표시하면서 12년간 계속된 요도 탐색을 중지시켰다.

세종 27년간 일단락된 미지의 섬이 다시 정치문제화된 것은 25년이 지난 성종 원년(1469) 12월이었다. 당시 영안도 관찰사 이계손의 도정보고 중에 삼봉도에 도망해 살고 있는 사람이 있다는 내용이 있었다. 성종은 즉시 병조에 삼봉도 탐색을 명하였다. 이 명령에 따라 1472년 5월 28일 182명이 초마선 4척에 분승하여 강원도 울진항을 출발하여, 삼봉도를 찾아나섰다. 그러나 탐색단은 풍랑을 만나 표류하다 돌아오고 말았다. 이때 성종은 다음과 같은 말을 하였다. "국토를 넓히고 백성을 많이 모으는 것이 왕정에서 먼저 할 일이다. 삼봉도는 우리 강원도 지경에 있는데, 토지가 비옥하고 백성이 많이 거주하기 때문에 세종 때부터 사람을 보내어 이를 찾았으나 얻지 못하였다. 어떻게 하면 그 땅을 찾아서 백성을 많게 할 수 있겠는가?" 성종의 이 말은 삼봉도는 세종때 찾으려고 노력했던 요도이며, 이 미지의 섬을 찾아야 할 당위성은 국토를 넓히고 백성을 많게 하려는데 있음을 말하고 있다. 삼봉도 발견에 강한 집념을 갖게 된 성종은 영안도 관찰사에게 "바닷가에 사는 나이 많은 뱃사람에게 상세히 물어 삼봉도의 위치를 확인하라"고 지시하였다. 그 결과 성종 7년(1476) 10월 12일 영안도 관찰사는 "영흥에 사는 김자주가 삼봉도에 가서 그 모양을 그려왔다"며 증거물과 항정을 자세히 보고하였다. 성종은 이를 근거로 10월 17일 연안도 부령에서 확인 탐색단 34명을 마상선에 태워 동남해로 출항시켰다. 확인 탐색단은 12월 18일 돌아와 삼봉도는 실존의 섬이며, 주민도 있다는 보고를 하였다. 이후 조정에서는 200명에 이르는 대대적인 탐색단을 조직하려 했으나 삼봉도에 대한 논의는 끝내 중단되고 말았다. 그 이유는 요도, 삼봉도, 무릉도가 동도삼칭이라는 설, 독도라는 설, 실존했다가 사라진 섬이라는 설 등 의견이 분분했기 때문으로 보인다. 63년간 미지의 섬을 찾기 위한 노력은 성종의 말처럼 영토를 넓히고 백성을 많게 하기 위한 해양개척의 정신이 담겨진 것이었지만 결국 역사 속에 넘겨지는 책장처럼 우리의 마음을 기쁘게도 서글프게도 하고 있다. 기쁨은 한 때나마 해양진출의 기상을 우리 역사 속에서 접할 수 있다는 것이고, 슬픔은 성종대 이후 역사의 방향이 공도론으로 굴절되어 낭만의 바다, 희망의 바다를 외면했다는 것이다.

● 조선의 선진문물을 일본에 실어 나른 통신사선

조선정부가 중국에 파견하는 외교관을 연행사라고 하며 일본에 파견한 외교관을 통신사라고 불렀다. 이들 외교관들은 상주 외교관이 아니라 해당국의 요청 또는 우리나라의 필요에 의해 갔다 돌아오는 왕래 외교관이었다.

조선이 일본에 사신을 파견하기 시작한 것은 태조 3년(1394) 김거원과 범명 스님을 보낸 것이 최초의 일이며, 임진왜란으로 정지되었던 통신사 파견은 도쿠카와 막부의 요청으로 재개 되어 순조 11년(1811)까지 통신사 파견이 지속되었다. 통신사의 구성은 정사

(정3품) 1명, 부사(종3품) 1명, 종사관(5, 6품) 각 1명, 통역관 3명, 제술(기록원), 서기, 의원, 호송군인(경호원), 노군 등 수행원이 300명에서 500여 명에 이르렀다. 통신사 파견이 예상되면 바다를 항해할 배를 건조하거나 판옥선을 개조하기 시작한다. 수군통제영에서 대선 2척, 중, 소선 각 1척을 준비하고, 경상좌수영에서 중, 소선 각 1척을 건조하여 기선(騎船)과 화물선 3척으로 선단을 편성하였다. 기선의 제1선에는 국서를 지닌 정사가 승선하고, 기선 제2선에는 부사가, 제3선에는 종사관이 승선하며 복물선 3척에는 각종 물품과 수행원들이 나누어 승선한다. 통신사 일행이 제일 먼저 도착하는 곳은 대마도다. 통신사 일행이 대마도에 도착하면 대마도 도주가 마련한 안내 선단의 호위를 받으며 에도성(江戶城: 지금의 도쿄)으로 갔다. 조선 통신사는 보통 참의급에서 선발되었지만 일본에 가서는 수상과 동격의 대우를 받았다. 조선 통신사는 일본의 실권자 막부장군이 바뀔 때 국제적으로 그 권위를 인정받기 위해 일본 측의 요청이 있으면 축하사절이란 명분으로 파견되는 것이 관례였다. 조선 통신사 일행을 맞이하기 위해 일본 측에서는 1,400여 척의 배와 1만여 명에 이르는 인원이 동원되고 그 접대비가 한 주(州)의 일년 경비를 소비할 정도로 성대했다. 통신사 일행이 서울을 떠나 에도까지 갔다 오는 기간은 대략 5개월에서 8개월이 걸렸다.

통신사는 국왕의 서계(書啓: 외교문서)를 휴대하고, 인삼, 호피, 모시, 삼베, 매, 각종 비단과 붓, 먹, 은장도, 청심원 등을 예물로 가지고 간다. 일본은 전국민적 축제분위기에서 통신사를 맞이하고, 성대한 향응을 베풀며, 통신사 숙소에는 수행원에게 글이나 글씨를 받기 위해 몰려든 군중으로 인산인해를 이루었다. 1636년부터는 막부의 요청에 의해 2명의 광대를 데리고 가서 일본 국왕 앞에서 곡마단을 연출했는데, 그 인기가 대단하여 곡마묘기나 통신사의 행진을 자개로 새긴 도장주머니가 일본 귀족 사이에 널리 유행했다. 일본의 화가들은 통신사 일행의 활동을 대형병풍, 판화, 두루마리 그림 등으로 그렸는데 수 많은 작품이 지금까지 전해지고 있고, 통신사 일행이 일본 사람에게 준 사소한 선물도 귀중하게 간직하여 지금 일본문화재로 지정된 것도 적지 않다. 통신사가 일본을 다녀오면 일본 내에서 조선 붐이 일고, 일본의 유행이 바뀔 정도로 일본 문화 발전에 많은 영향을 주었다.

통신사선

19세기에 들어서면서 일본에서는 반한적(反韓的)인 국학운동이 일어나 조선통신사가 대마도를 넘어 일본 본토에 들어오지 못하도록 했다. 그 연장선에서 1876년 운양호 사건이 일어나게 된 것이다.

통신사 환영도

● 사무역의 첨병 역관선

조선에서 일본으로 파견되는 외교사절단이 통신사만 있었던 것은 아니고 역관사라고 하는 또 하나의 외교사절단이 있었다. 이 때의 역관사란 통신사 파견시 통신사를 수행하던 역관과는 별도의 것으로 강호(江戶)에 가지 않고 대마도에서 여러 가지 외교적 업무와 행사를 치르고 귀국했다.

역관사는 대마도주의 환도(還島)를 위로하는 의미도 겸하고 있었기 때문에 문위행(問慰行)이라고도 불리웠으며, 1636년 파견을 계기로 조선조 말까지 50여 회에 걸쳐 파견되었다. 역관사는 대개 다음 세 가지의 목적을 달성하기 위해 파견되었다. 첫째, 통신사 파견에 앞서 실무 외교를 다루기 위하여, 둘째, 덕천막부 장군가(德川莫府 將軍家)의 경조사(慶弔事)를 축하·위로하기 위하여, 셋째, 대마도주를 축하·위로하기 위해서이다. 역관사의 규모는 당상역관(정 3품)을 위시하여 100여 명이 2척의 선박에 나누어 타고 대마도로 갔다. 체제기간은 짧게는 15일에서 길게는 4개월이 걸렸다.

대마도에 파견된 역관 일행은 공적 외교 교섭을 하는 것이 원칙이었지만 사적 경제 활동도 벌였다. 당상역관은 대마도 체제 중 공적 행사에 사용할 물품 이외에 개인적 상행위를 위한 물건을 지참할 것이 허용되었는데 일종의 이권에 해당했다. 즉 정사인 당상역관이 지참한 도자기는 대마도주가 구입하는 것이 상례로 되어 있었다. 또한 역관을 수행했던 사람들도 도자기, 생사(실), 인삼 등을 가지고 가서 상행위를 하였다. 이와 같이 역관

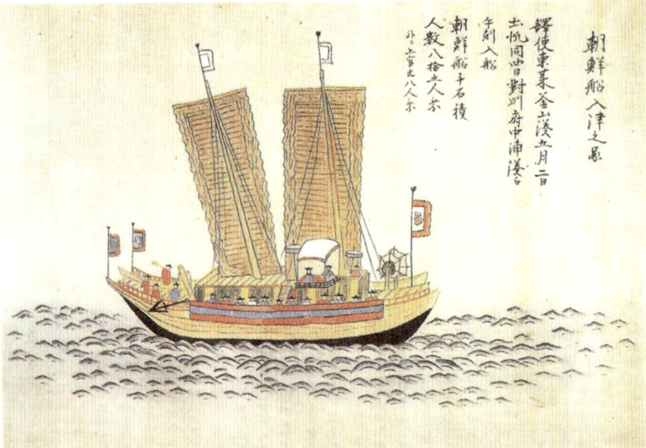

부산과 대마도를 오고 간 역관선

일행의 대마도 파견은 공무수행과는 별도로 경제활동과도 관련이 있으며, 그들이 소지한 물건의 양은 결코 적지 않았다. 1672년의 경우 역관이 지참한 다완이 4,200여 점이 넘었으며, 1675년경 대마도주의 창고에는 재고의 다완이 20,000여 점이나 쌓여 있었다고 한다. 이 많은 물동량을 실어나르던 선박은 역관선이었다. 역관선은 통신사선에 비해 크기만 조금 작았을 뿐 형태는 같았다. 통상 통신사선으로 인용되는 경응대학 도서관(慶應大學 圖書館) 소장의 〈조선선입진지도〉(朝鮮船入津之圖)는 엄밀한 의미에서 통신사선이 아니라 역관선이다. 역관선도 역시 수군의 판옥선을 일부 보완하여 사용한 것이다.

● 고요한 아침의 나라에 포성을 울린 콜로라도호

대원군이 집권한 1850-1860년대의 조선은 고요한 아침의 나라라고 불리웠다. 중국을 제외한 모든 나라에게 통상의 문호를 폐쇄한 데서 붙여진 이름이다. 서구열강들은 상선이나 군함에 대포를 설치하고 조선연해에 접근하여 무력으로 쇄국의 문을 개방시키려고 하였다.

그중의 한 사건이 신미양요이다. 신미양요는 대동강에서 일어난 미국상선 제너럴셔먼호 소파사건(1866)에 대한 문책과 차후 유사한 사건에서 미국민의 생명과 재산의 보호를 조선으로부터 보장받을 목적으로 1871년 4월 8일 미함대가 물치도 해상에 모습을 들어냄으로써 시작되었다. 미함대는 선두에 대포 45문을 적재하였고 3개의 돛과 보조증기기관을 보유한 3,425톤급의 기함 콜로라도호가 650명의 장병을 승선시키고 있었고, 오른편에는 배수량 2,400톤, 중형포 12문을 적재한 알래스카호와 베니시아호가 뒤따랐고, 왼편에는 포함 모노카시호와 팔로스호가 각각 곡사포를 적재하고 있었다. 조선은 미함대의 불법연해 침범과 통상교섭의 거부의사를 미함대에 전달했으나, 미국측은 포함을 이용하여 조선의 관문인 강화해협을 탐측하겠다는 주장을 하였다. 이는 포함으로 조선을 위협하여 문호를 개방시키겠다는 것이었다. 조선이 분명한 입장을 밝히지 않자, 이를 무언의 보증으로 해석한 미함대는 포함 2척과 보조 주정 4척을 동원하여 묘박지를 떠나 강화해협 입구부터 손돌목까지 아무런 저항을 받지않고 탐측을 실시하였다. 미국의 행동에 침묵을 지키고 있던 조선 포대(광성보)의 사자기가 펄럭였다. 이를 신호로 하여 약 2백문에

강화군청

신미양요 때 한·미 간 무력 충돌의 현장 덕진진

달하는 조선의 대포가 일제히 탐측선단을 향해 포화를 뿜기 시작하였다.

역사상 최초의 한 · 미간 무력충돌은 이렇게 발생하였다. 양측이 다같이 상대방의 문화적 전통과 관습, 그리고 외교적 접촉 방법을 몰랐던 데서 이같은 무력충돌이 야기된 것이다. 손돌목 포격사건은 결국 한미전쟁을 유발하게 되었다. 6월 3일부터 7일간 강화도에 상륙 준비를 한 미함대는 6월 10일 오전 10시 30분 기함 콜로라도호의 공격신호에 따라 선두에 9인치포 2문을 추가 배치한 모노카시호가 팔로스호, 증기런치선 4척, 상륙용 소형보트 22척, 병력 10개 보병중대로서 808명을 지휘하였다. 조선군은 초지진, 덕진진, 광성보에서 혈전을 벌였으나 근대 과학병기로 무장된 미군에게 강화도내의 진영을 모두 점령당하고 말았다.

콜로라도호에 승선해 있던 아시아 함대 사령관 로저스 제독은 6월 12일 상륙부대와 예하 전함정에게 철수 명령을 내렸다, 그는 조선당국이 미함대의 위력에 굴복하여 곧 협상에 응할 것으로 믿었다. 그러나 조선의 관민들은 지구책을 강구하면 앞서 프랑스 함대의 경우처럼 미국함대도 퇴각할 것이라 믿고 있었다. 미함대가 철수하자 고종은 다음과 같은 교서를 반포하였다.

“이처럼 몇 년을 지난다 해도 끝까지 양보하지 않고 배척할 것이며, 만약 ‘화’(和) 자를 논하는 자는 마땅히 매국지율(賣國之律)로 다스리겠다.”

미국의 조선원정 목적이 조선개항이었으나 고종의 교서가 말해주듯, 조선은 더욱 강한 쇄국정책을 단행함으로써, 미국의 포함 외교는 실효를 얻지 못하였다. 1866년 프랑스 함대, 1871년 6월 미국의 원정함대를 격퇴시켰다고 믿은 조선은 여하한 서방국가도 격퇴시킬 수 있는 쇄국정책을 더욱 견고히 할 결의를 하였다. 그렇게 강열한 포성이 울렸으나, 주변국과 서구열강의 과학문명의 발전을 외면한 은둔자 조선은 쇄국의 장막을 걷으려 하지 않았던 것이다.

콜로라도호

● 신미양요 때 미국 장교가 조선 병사를 칭찬하다

병인양요가 프랑스 신부의 처형을 문제 삼아 조선을 침략한 사건이라면, 신미양요는 미국상인 프레스톤이 제너럴셔먼호라는 소형범선을 이끌고 대동강을 거슬러 오르다 조선군의 공격을 받아 배는 불타고 승조원 19명이 익사한 사건을 구실로 미국이 군함 5척과 병력 1,230명을 이끌고 강화도를 침범한 사건이다. 미군은 함포사격을 가한 후 병력을 초지진에 상륙시켜 점령한 후 광성보까지 점령했다. 강화도 최후의 보루는 광성보였다. 광성보에는 어재연 장군이 약 1천명의 군대를 거느리고 엄히 수비를 하고 있었다. 그러나 조선군이 보유하고 있는 무기는 미군의 무기에 비하면 너무나 낙후된 것이었다. 조선의 대포는 소구경일 뿐만 아니라 통나무로 된 포좌에 고정되어 있었고, 후장식 대포여서 사정거리도 짧았다. 조선 수비병이 지니고 있던 총은 징갈(Jingalls)총으로 이 총은 사용하기 불편한 화승총이었다. 이 총을 발사하려면 두 사람이 필요했고, 활강총의 양식으로 목표를 향해 조준하고 있는 동안, 다른 한 사람은 어깨 위에서 총신을 붙잡고 있어야 했다. 이렇게 발사하면 귀가 찢어질 듯 폭음이 일어나고 연기가 구름처럼 일어났다. 한번 발사하면 또 다시 탄약을 장전해야 한다. 그렇지만 명중률과 위력은 보잘 것 없었다. 그러나 조선군은 군장면에서는 미군에 열세했지만 전투는 용감했다. 그들은 화력면에서 공격력이 약하고, 발포해 보았지만 치명률이 낮은 구식총을 가지고 있었기 때문에 맨주먹으로 전투하는 것과 다름없었다. 그럼에도 불구하고 광성보 전투에 참전했던 슐레이 해병소령은 그의 저서 「성조기 아래 45일」에다 조선군의 용맹성을 다음과 같이 기록해 놓았다.

"조선군은 근대적인 총을 한 자루도 보유하지 못했다. 조선군은 징갈총이나, 그처럼 노후한 구식 무기를 가지고 신식 미국 함포와 미군의 성능 좋은 총과 맞서 싸웠다. 총을 쏘다 총알이 떨어지면 그들은 돌을 던졌다. 돌이 떨어지면 그들은 소리를 질렀다. 이렇게 조선군은 결사적으로 장렬하게 싸우면서 아무런 두려움 없이 그들의 진지를 사수하다 죽어갔다. 나는 가족과 국가를 위해 이보다 더 장렬하게 싸운 병사들을 다시 찾아 볼 수 없을 것이다."

대한제국의 군함 양무호

미 함대가 물러간 후 우리 조정은 쇄국정책을 강화하겠다는 교서를 전국에 반포하고 전사한 어재연 장군의 품계를 올려주는 조치를 취했을 뿐이다. 역사의 평가도 마찬가지다. 우리는 이제라도 미군 장교 슐레이 소령과 같은 무명용사에 대한 안목을 가져야 한다. 사학계에서 영웅사관을 경계한다고 하면서 우리의 역사는 아직도 영웅사관을 극복하지 못했다. 국가를 위해 목숨을 바친 무명용사의 애국심과 용감성이 기록되지 않기 때문에 우리 역사는 생명력이 있는 역사가 아니라 아득히 먼 전설의 역사가 되어 있는 것이다.

최초의 군함 양무호

1800년대에 접어들면서 금단의 땅 조선에 무한의 충격을 가해 온 것은 근대과학문명의 산물인 양포와 증기기관으로 무장한 이양선(異樣船)들의 해상 도발이었다. 1866년 병인양요와 제너럴셔먼호 격침사건, 1867년 남연군묘 도굴사건, 1871년 신미양요로 이어지는 사건들은 모두 이양선에 양포를 적재한 양이들의 해상도발 사건이었다. 조선은 이와 같은 위기를 극복하기 위하여 위정척사론을 사상적 지주로 삼아 국민을 단결시키고 무기개발국과 화포과를 신설하는 한편 프랑스제 대포를 모델로 대포의 제조, 목탄증기선의 건조실험, 수레포의 제조, 해군 무관학교의 신설, 양반자제를 중심으로 한 청국 수사학당으로 유학생 파견, 군함 구입을 목적으로 한 신사유람단의 일본 파견 등 해양방위를 강화하기 위한 일련의 조치를 취했다. 그러나 당쟁과 세도정치 그리고 쇄국정책으로 연계되면서 해양방위 강화노력은 실패하고 오히려 이를 구실로 집권층의 무능과 부패는 국가재정의 약화와 집권력의 결핍을 초래하였고 그것은 열강의 침략에 적절한 조치를 취하지 못하게 만들었다.

약 10년 동안 구미 열강에 항거했던 대원군 정권이 무너지고 민씨 정권이 집권하였지만 새로운 정치세력과 유생세력간의 마찰로 문호를 개방하지 않을 수 없게 되었다. 이 시기에 일본은 조선의 해양방위력이 미약함을 간파하고 운양호 사건을 날조하여 불평등 조약인 병자수호조약을 체결하였다. 이후 일본은 청일전쟁(1894)과 노일전쟁(1904)을 유발하여 조선의 국권을 잠식하였다. 일본은 고종황제 즉위 40년을 즈음하여 외국사절이 군함을 타고 오면 우리 군함으로 출영하여 예포로 답례하는 것이 외교적 관례라 하여 국제정세에 어두운 고종으로부터 양무호 구입에 관한 즉흥적 결정을 하게 하였다. 이렇게 하여 1904년 4월 16일 인천항에 도착한 양무호의 제원은 다음과 같다.

- 선명 : 양무호, 건조년 : 1888년
- 총톤수 : 3,432톤
- 전장 : 105미터, 선폭 : 12.5미터
- 속력 : 최대 13.5노트, 평상속력 : 10.5노트
- 주 기관 : 3연성기 1,750마력, 석탄소비 : 1일 43톤
- 화물적재량 : 4,087톤
- 무장 : 8인치포 4문, 5인치포 2문
- 양총 : 150정, 검 : 100자루, 권총 : 22정
- 승무원 : 72명, 함장 : 신순성

양무호는 1888년 영국에서 건조할 당시 화물선이었다. 일본 삼정물산합명회사가 1894년 자사의 석탄 운반선으로 사용키 위해 25만원에 구입하여 선명을 승립환으로 개명하였다.

이후 동남아 석탄 운반선으로 사용하다가 일본 공사관의 계략에 의해 조선 외무부를 경유하여 조선 군부와 1903년 1월 25일 매매 계약을 체결하였는데, 계약선가는 55만원이었다. 일본이 승립환을 조선에 강매한 이유는 성능이 부실하고 연료인 석탄을 과다 소비하여 채산성이 없었을 뿐만 아니라 수리비가 계속 증가하였기 때문이다. 일본은 화물선인 승립환에다 이미 폐기처분된 적성호의 낡은 포를 부착한 후 화물선을 군함으로 둔갑시켜 조선에 판매하였던 것이다.

고종황제는 군함 구입이 결정되자 함명을 양무호(揚武號)라고 선포하였다. 당시 구한국 정부는 일본의 보호국(반식민지)으로 전락된 상태였으며, 국가재정이 고갈된 처지에서 55만원의 군함 구입비는 국가재정의 출혈이 아닐 수 없었다. 당시 여론은 “한 명의 수병도 없는 실정에서 군함을 구입한 것은 재정의 낭비”라는 비판이 있었으며 군부대신 윤웅렬도 이점을 시인하였다. 구한국 정부가 함가 55만원 중 20만원을 지불한 후 잔여분 35만원을 연체하자 삼성물산측은 일본공사를 업고 1904년 12월 4일 의정부에 압력을 가해 이자를 포함한 417,645원 20전을 받아 갔다.

구한국 정부는 초대함장으로 일본상선학교를 졸업한 신순성을 임명하고 인천에서 72명의 승무원을 모집하였으나, 상선으로 이용하기에는 너무 컸고, 또 이 선박으로 운송할 만한 화물도 없었다. 선박이 노후하여 고장 또한 잦았고, 수리할 능력도 없었다. 단지 노일전쟁이 발발하였을 때 일본의 군수물자를 잠시 수송하였고, 동학이 발생하자 이를 진압하기 위해 아산으로 출동한 것 외에는 인천항에 정박해 있었다. 재정만 낭비한 채 이용가치가 없었던 양무호는 1909년 일본 원전상회(原典商會)에 고철로 매각되었다.

● 고종의 근대화는 왜 성공하지 못했는가?

고종이 희망했던 ‘근대화’란 서구문물을 수용하여 대외적으로 국가의 독립을 유지하고 대내적으로는 국민이 풍요를 누리며 살 수 있는 사회체제를 이룩하려고 했던 노력을 의미한다. 불행하게도 고종이 추진했던 근대화 노력은 성공하지 못하고 이웃나라 일본의 침략을 받아 급기야 식민지로 전락하는 운명이 되었다. 가슴 아픈 일이지만 조선이 일본의 식민지로 전락한 요인을 살펴보면 다음과 같다.

첫째, 시장성 문제다. 중국, 일본, 조선은 모두 서양 열강으로부터 문호개방을 강요 당했다는 공통점이 있지만 문호 개방의 시점이 다르다. 청국은 1842년, 일본은 1845년, 그리고 조선은 1876년에 문호를 개방했다. 문호 개방의 시기가 다른 것은 서세동점이라고 지칭되는 서구 열강의 동진 목적이 자본주의 시장획득에 있었기 때문이다. 자본주의 시장이라는 관점에서 동양3국 중 서구 열강의 주된 침략대상국은 중국이었다. 일본과 중국의 문호개방도 장기적 관점에서 보면 시장성의 가치를 배제할 수는 없었으나 중국과 비교하면 적극적인 시장개척의 대상국은 되지 못했다. 일본의 개국이 영국 아닌 미국에 의해 이루어진 배경은 당시 영국이 인도와 중국문제에 여념이 없었다는 국제사정이 크게 작용하였다. 미국이 일본을 개항시킨 것도 일본의 시장성이 아니라 중국의 거대시장을 확보하기 위해 연료 및 보급을 위한 중간 기착지로서, 그리고 일본근해에서 포경업에 종사하는 미국어선단의 피난지로서 일본의 개항이 필요했던 것이다. 그러나 조선은 서양제국으로부터 시장성이라는 시야에 주목의 대상이 되지 않았다. 단지 프랑스 선교사와 미국 상인의 살해여부를 확인하기 위해 일시적인 문책성의 군사력을 시위하는 정도였다. 조선의 시장성 가치는 서양제국이 아니라 이웃한 청국과 일본에 의해서 주목되어 한반도에서 청 · 일 양국의 군사적 대립 분위기가 조성되었다. 조선의 문호개방으로 한반도에서 청일양국의 군사력이 대립하게 되었을 때 조선 내부의 정치세력은 쇄국주의파, 일본파, 청국파, 그리고 친러파 등으로 분열되었다.

둘째, 쇄국주의 영향이다. 조선이 청국과 일본에 비해 근대화를 수용할 준비를 갖추지 못했던 것은 오랜 기간의 쇄국정책을 고수했기 때문이다. 중국의 경우 광동무역, 일본의 경우 나가사끼 무역으로 장기간 서양문물을 접하고 있었다. 그러나 조선만은 쇄국정책으로 서양문물과 접할 바늘구멍만한 숨통도 존재하지 않았다. 조선은 프랑스와 미국 함대의 침략을 물리친 후, 쇄국정책을 더욱 강화하여 스스로 은둔의 길을 가고자 했다. 그 결과 일본에 의해 강제 개항되었을 때에도 조정은 문호개방의 필요성을 공개적으로 설명하지 못했다. 두 번의 서양열강의 대규모 군함침략을 물리친 조선 정부가 일본의 소규모 군함시위로 개항을 단행하게 된 것은 조선 내부에 싹트기 시작한 문호개방론의 영향도 무시할 수 없었다. 그런데도 조선 내부의 자주적 문호개방론을 국론으로 정립하지 못했다. 일본의 경우 미국에 의해 강제 개항되었지만 일본의 메이지 정부는 서양과 맺은 불평등조약을 평등조약으로 수정하겠다는 의지를 공개적으로 천명하여 국민의 불만과 불안을 설득해 갔다. 그리고 만국공법이라는 서양이론을 이용하여 민심을 수습함으로써 일본 국민에게 서양 문화와 문명을 받아들이는 것이 결국 부국강병의 방법임을 설득하고 이해를 구하였다.

조선의 경우 일본에 의해 강제로 개항되자 조선 조정은 "일본과 서양은 같지 않으며, 일본에 의한 개국은 서양문화의 수용이 아니라 옛 일본과의 관계지속일 뿐"이라고 문호개방의 현실을 변명했다. 그것은 개화를 반대하는 위정척사파(쇄국주의파)의 반대를 무마하기 위한 것이었을 뿐, 조선에게 요청되는 근대화정책을 국민에게 이해시키지 못함으로써 조선은 적극적인 근대화의 청사진을 마련하지 못했다.

셋째는 자주적 근대화를 추진할 관료와 지식인의 부족이다. 일본의 경우 근대화를 위해 서양 여러 나라에 유학생을 파견했다. 유학생들은 유학중인 나라뿐만 아니라 인접국의 근대화 된 학문과 기술을 상세히 파악하여 본국에 보고하였고 정부는 그것을 검토하여 서양의 우수한 문화를 수용하는 정책을 수립하고 추진했다. 이에 비해 조선의 유학생 파견은 청국과 일본에 한정되었고 그것마저 재정부족으로 단기간 교육에 불과했을 뿐만 아니라 그들의 문명 개화론은 국내 기득권 세력에 의해 배제되었다.

역사적 교훈을 얻기 위해 일본의 근대화 성공과 조선의 실패 요인을 살펴볼 필요가 있다. 일본의 근대화 성공에는 다음과 같은 요인이 작용했다.

첫째, 국익우선주의다. 일본도 우리와 같이 개항이후 국론분열이 심각했다. 개화세력과 수구세력, 왕정복고파와 명치유신파의 알력은 몇 번의 내란 위기를 맞기도 했다. 그러나 정파 간의 논쟁과 대립도 대외침략과 정한론에서는 거의 의견의 일치를 보았다. 또 서구문명의 수용, 군사제도 정비와 해군력의 육성 등에서는 비록 방법을 달리했을 지라도 지향하는 목표는 유사했다. 그것은 정파 간의 목표가 모두 국가이익을 우선시했기 때문이다.

둘째, 국력신장주의다. 일본은 개항하면서 미국과 불평등 조약을 맺었다. 일본의 모든 정파는 불평등 조약을 평등조약으로 개선시키기 위해서는 국력이 신장되어야 한다는데 의견의 일치를 보고 있었다. 그 방법이 바로 조선과 만주를 점령하여 그곳에서 국력신장의 재원을 확보해야 한다는 것이었다. 불행하게도 조선과 만주는 국력이 강대한 청나라의 영향하에 있었다. 일본은 만주와 조선에서 중국의 영향력을 배제할 구실을 대만에서 찾았다. 1871년 69명의 류쿠인이 항해도중 표류하여 대만 남단에 상륙했다. 그들 중 54명이 대만 원주민에게 학살되고, 3명이 익사했으며, 12명이 도망쳐 나왔다. 일본은 당시 유구가 일본의 가고시마현에 조공을 바쳐 온 사실을 이용하여 자국민 보호라는 명분으로 1874년 대만원정을 단행했다. 일본은 청국과 협상을 통해 배상금 50만원(청국화폐)를 받아 냈다. 일본은 그 배상금 중 일부를 적자재정에 충당하고 대부분을 군사력 확충에 사용함으로써 군사력이 청국을 능가하게 되었다. 대만문제로 인해 일본은 군사력뿐만 아니라 청국 중심의 동아시아 질서를 일본 중심으로 전환시키는데 성공했다. 그 여력으로 일본은 조선을 개항할 수 있었다.

셋째, 선진기술의 적극 수용이다. 일본이 전통적으로 생각해 온 유럽의 선진국은 16세기부터 유대를 맺어 온 네덜란드였다. 일본은 네덜란드의 소개로 프랑스에 유학생을 파견했다. 일본의 유학생들은 프랑스에서 군사학을 배우면서 육군은 독일, 해군은 영국이 앞선 나라라는 사실을 알게 되고 그 사실을 본국에 보고했다. 일본은 즉시 육군은 독일을, 해군은 영국을 모델로 삼아 두 나라에 군사 유학생을 파견했다. 또한 각종 무기와 군함도 대부분 그 두 나라에서 구입하여 국제간의 우호를 돈독히 했다.

조선의 경우 당쟁으로 문벌주의가 확대되었고, 그것은 급기야 세도정권으로 변모했다.

당쟁, 문벌주의, 세도정권은 모두 국익보다 정파, 문벌, 족벌의 이익을 우선시 하였으며, 기득권 유지와 기득권 진입을 위한 투쟁에 국력을 소진시켰다. 그 결과 근대화가 필요한 시기에 국력 신장의 재원과 인재가 부족하여 국제정세 변화에 신속한 대응력을 갖지 못했다. 이렇게 가슴 아픈 한 말의 역사를 재론하는 것은 국가가 얼마나 소중한 것이며, 국익을 우선하는 정책과 국민을 설득할 수 있는 정치적 논리가 얼마나 강한 힘을 갖는가를 강조하기 위함이다.

세계최초로 태평양 단독횡단의 위업을 달성한 강동석군의 요트 선구자호 (현재 해사 박물관 앞에 전시되어 있다)

● 태평양을 횡단한 선구자호

우리나라의 지형적인 특성으로 삼면이 바다인 해양국가이다. 그러면서도 개화기 이전의 사서는 물론 개인문집에서 조차 해양자원 이용론이나 해양사상을 고취하는 글이 거의 없다. 부국론과 경세론을 집중적으로 연구하여 국가부흥을 모색했던 실학자들마저도 바다를 바라보고 '바다에 뜬 달이 처량하다', '떠도는 돛단 배가 내 신세 같다'는 감상적인 몇 편의 시를 남겼을 뿐 '바다는 우리의 삶의 터전이요, 자원의 보고이니 바다를 개척하여 국가를 부흥시키자'는 글은 거의 찾아볼 수 없다. 조선의 기본법전인 경국대전에서 노를 저어 보이지 않는 데까지 나아간 자는 잡아다 곤장을 친다는 조문까지 있다. 이와 같은 상황을 고려할 때, 우리 나라 사람들은 자연에 도전하기 보다는 자연에 순응하는 삶을 살아왔다고 볼 수 있다. 그러나 바다를 두려워 했던 우리에게 바다는 미지의 세계이며 도전해볼 가치가 있다는 강한 메시지를 우리에게 전달해 준 사건이 있었다. 미국 남가주대학 2학년에 재학중이던 강동석군이 길이 8.7m, 무게 4톤의 조그마한 요트에 몸을 싣고, 1990년 11월 9일 로스엔젤레스를 출발하여 하와이 - 웨이크섬, 오키나와를 거쳐 1991년 6월 3일 부산에 입항한 일이 그것이다. 돛단배를 타고 태평양을 횡단한 것이다. 파도와 태풍을 헤쳐온 것은 배였지만 두려움의 대양을 친숙한 바다로 인식케 한 것은 젊은 용기였다. 단 한척의 배로 단 한사람이 태평양을 횡단한 것은 세계 역사상 강동석 군이 최초였다.

해군사관학교 박물관 앞에는 그가 타고 온 〈선구자호〉가 전시되어 있는데 안내판에는 다음과 같은 글이 적혀있다.

"이 배는 미국 남가주대학 2학년에 재학 중이던 강동석군이 로스엔젤레스에서 부산까지 세계 최초로 태평양을 단독 횡단했던 요트 선구자호이다. 대한 남아의 기상을 과시한 강군은 태평양 시대의 역군이 될 해군사관생도와 청소년에게 바다에 도전할 수 있는 꿈과 용기를 일깨워 주었으며, 1991년 6월 19일 선구자 호를 해군사관학교에 기증하였다."

찾아보기(가~사)

마

바

사

찾아보기(사~타)

아

자

차

카

타

찾아보기(파~Z)